国防科技大学
本科教材出版经费资助

无机及分析化学实验

WUJI JI FENXI HUAXUE SHIYAN

王清华　邹晓蓉　编著

国防科技大学出版社
·长沙·

图书在版编目(CIP)数据

无机及分析化学实验/王清华,邹晓蓉编著.—长沙:国防科技大学出版社,2016.9(2020.1 重印)

ISBN 978-7-5673-0450-5

Ⅰ.①无… Ⅱ.①王… ②邹… Ⅲ.①无机化学-化学实验-高等学校-教材 ②分析化学-化学实验-高等学校-教材 Ⅳ.①O61-33 ②O65-33

中国版本图书馆 CIP 数据核字(2016)第 202932 号

国防科技大学出版社出版发行

电话:(0731)84572640 邮政编码:410073

责任编辑:罗 燕 责任校对:梁 慧

新华书店总店北京发行所经销

国防科技大学印刷厂印装

*

开本:710×1000 1/16 印张:18.5 字数:332 千字

2016 年 9 月第 1 版 2020 年 1 月第 3 次印刷 印数:901-1700 册

ISBN 978-7-5673-0450-5

定价:45.00 元

前　言

本教材根据化学教学内容与课程体系改革的精神，借鉴国内其他院校化学实验教学体系和内容改革的经验，结合我校历年来的实验教学实践以及我校无机化学、分析化学实验课程的要求而编写，是化学专业、应用化学专业、医学专业和军事材料工程专业无机化学实验和分析化学实验课程的教材，也可作为其他专业化学实验课的选用教材。

本书在编写过程中，注意了以下几点：

1. 力求打破无机化学实验和分析化学实验的界线，将其教学内容紧密地结合起来，以避免实验内容上不必要的重复，节约实验教学学时，循序渐进地培养学员的独立实验能力，使实验内容系统化。

2. 尽可能地体现化学教育教学内容改革的精神。全书共分五个部分，46 个实验，包括基本操作训练与化学常数测定、元素化学性质及定性分析、定量分析及综合训练等方面的实验。在综合训练实验部分加大了综合设计型实验，选编了有关“非水溶剂”的无机合成、高温固相合成、水热化学反应等方面的实验内容，以供学员自学，使学员在综合运用无机及分析化学知识、实验手段方面得到训练。

本教材于 1999 年由王本根、王清华、吴水生和邹晓蓉编写，首次由我校内印投入教学，2008 年由王清华和王本根负责做了较大幅度的修订。现由王清华副教授和邹晓蓉副教授在原教材的基础上编著而成。王清华负责第一部分（无机实验相关）、第二部分、第三部分、第五部分和附录，邹晓蓉负责第一部分（分析实验相关）、第四部分和第五部分（实验5－11、5－12），赖嫒嫒、满亚辉也参与了部分编写工作。特别感谢王本根教授和吴水生副教授的关心与帮助。

由于作者的水平有限，教材中存在缺点和错误在所难免，敬请读者批评指正。

编　者

2016年5月

目 录

第一部分 基本仪器、基础知识和基本操作技术

1.1 实验常用简单仪器介绍

实验常用仪器见表 1 - 1。

表 1 - 1 实验常用仪器

仪器名称	规 格	用 途	注意事项
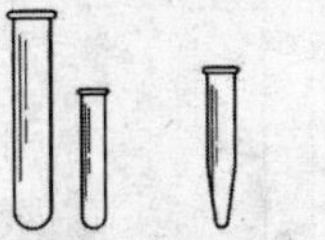 试管 离心试管 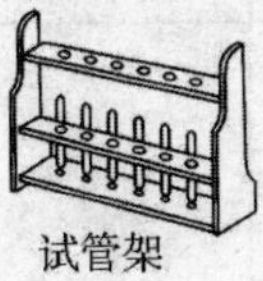 试管架	分硬质试管、软质试管、普通试管、离心试管。普通试管以(管口外径×长度)·mm 表示，离心试管以容积·mL 表示。试管架有木制和铝制材质等	用作少量试液的反应容器，便于操作和观察。离心试管还可用于定性分析中的沉淀与分离。试管架用于存放试管	加热后不能骤冷，以防试管炸裂。盛试液不超过试管的 1/3 ~ 1/2
 (铜) (木) 试管夹	木制，金属(钢或铜)丝制	用于夹拿试管	防止烧损(木制)或锈蚀
 毛刷	以大小和用途表示，如试管刷，烧杯刷等	洗刷玻璃仪器	谨防刷子顶端的铁丝撞破玻璃仪器

（续表）

仪器名称	规　格	用　途	注意事项
 烧杯	以容积·mL 表示	用于盛放试剂或用作反应器	加热时应放在石棉网上
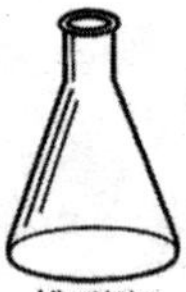 锥形瓶	以容积·mL 表示	反应容器。振荡方便，常用于滴定操作	加热时应放在石棉网上
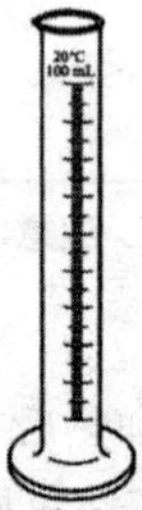 量筒	以容积·mL 表示	用于量取一定体积的液体	不能受热
 容量瓶	以容积·mL 表示	用于配制准确浓度的溶液	不能受热
 称量瓶	以（外径×高）·mm 表示	用于准确称取固体	不能用火直接加热

（续表）

仪器名称	规 格	用 途	注意事项
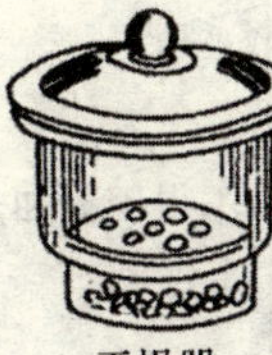 干燥器	以外径·mm 表示	用于干燥或保存试剂	不得放入过热物品
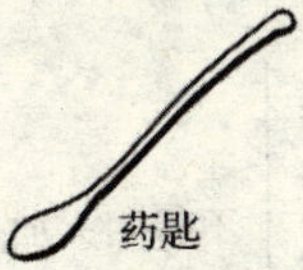 药匙	牛角、瓷制或塑料制成	取固体物体	试剂专用，不得混用
 滴瓶	以容积·mL 表示	用于盛放试液或溶液	滴瓶不得互换，不能长期盛放浓碱液
 细口瓶  广口瓶	以容积/mL 表示	细口瓶和广口瓶分别用于盛放液体试剂和固体试剂	不能直接加热
 表面皿	以口径·mm 表示	盖在烧杯上	不得用火加热
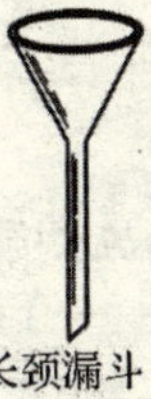 长颈漏斗  漏斗	以口径·mm 表示	用于过滤	不得用火加热

（续表）

仪器名称	规　格	用　途	注意事项
 布氏漏斗 抽滤瓶或吸滤瓶	布氏漏斗为瓷质，以容量·mL 或口径·mm 表示，吸滤瓶以容积·mL 表示	用于减压过滤	不得用火加热
 分液漏斗	以容积/mL 和形状（球形、梨形）表示	用于分离互不相溶的液体，也可用作发生气体装置中的加液漏斗	不得用火加热
 蒸发皿	以口径·mm 或容积·mL 表示，材质有瓷、石英、铂等	用于蒸发液体或溶液	一般忌骤冷、骤热，视试液性质选用不同材质的蒸发皿
 坩埚	以容积·mL 表示，材质有瓷、石英、铁、镍、铂等	用于灼烧试剂	一般忌骤冷、骤热，视试液性质选用不同材质的坩埚
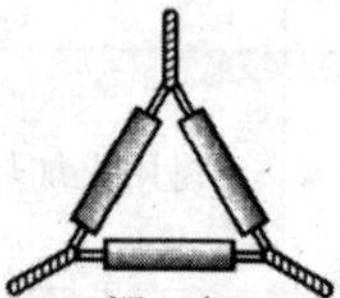 泥三角	有大小之分	支撑灼烧坩埚	灼烧后应放在石棉网上
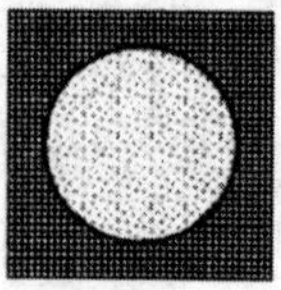 石棉网	有大小之分	支撑受热器皿	不能与水接触

（续表）

仪器名称	规 格	用 途	注意事项
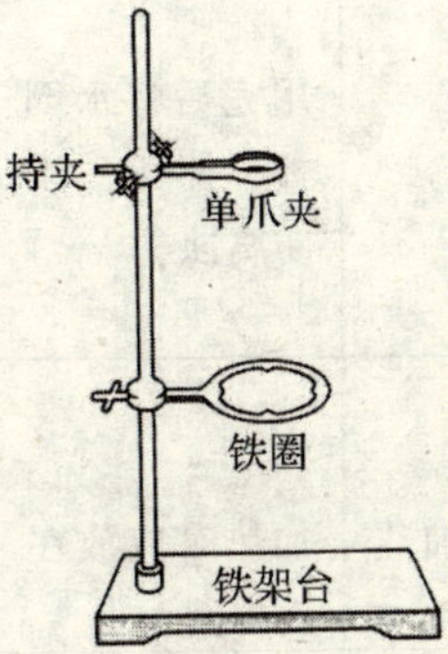	铁质	用于固定或放置容器	
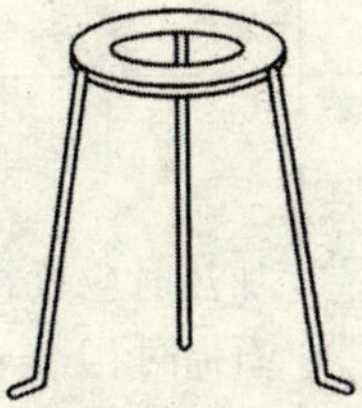 三角架	有大小，高低之分	支撑较大或较重的加热容器	要放平稳
 研钵	以口径·mm 表示，材质有瓷、玻璃、玛瑙或铁等	用于研磨固体试剂	不能用火直接加热，依固体的性质选用不同材质研钵
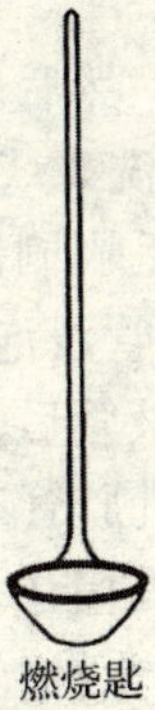 燃烧匙		用于燃烧物质	

（续表）

仪器名称	规　格	用　途	注意事项
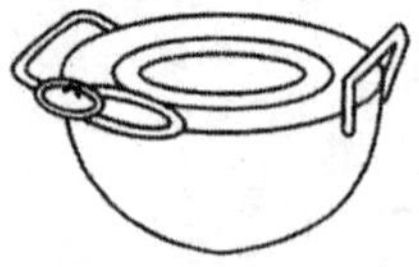 水浴锅	铜质或铝质，有大、中、小之分	用于水浴加热	用完后将水倒掉，擦干，以防腐蚀
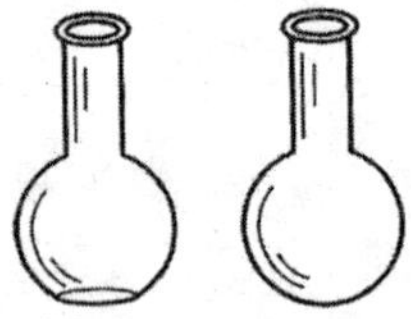 平底烧瓶　圆底烧瓶	以容积·mL 表示	可作为长时间加热的反应容器	加热时应放在石棉网上
 蒸馏烧瓶	以容积·mL 表示	用于液体蒸馏，也可用于制取少量气体	加热时应放在石棉网上

1.2　基础知识与基本操作技术

1.2.1　玻璃器皿的洗涤方法和常用洗涤剂

1. 洗涤方法

一般玻璃器皿如烧杯、锥形瓶、量筒等，先用自来水冲洗，然后用毛刷蘸去污粉或洗涤剂刷洗，再用自来水冲洗干净，最后用蒸馏水润洗 2 ~ 3 次。

带刻度的容量器皿，为了保证容积的准确性，一般不宜用毛刷刷洗，应选用适当的洗液来洗。比较脏的器皿需浸泡一段时间，如移液管浸泡方法，可在移液管上口接一小段橡胶管，再以洗耳球吸取洗液充满移液管后，以自由夹夹紧橡胶管，洗液就可停留在移液管内；用对碱式滴定管乳胶管有腐蚀性的洗液浸泡时，则须将乳胶管取下，用废橡胶乳头将管口下方堵住，再倒入洗液。

滴定管等量器，不宜用强碱性的洗涤剂洗涤，以免玻璃受腐蚀而影响容积的准确性。洗干净的玻璃仪器，其内壁应该不挂水珠，此点对滴定管特别重要。采用纯水冲洗仪器时，用水顺壁冲洗并加摇荡，再用少量水多洗几次，既能清洗得好、快，又能节约用水。

称量瓶、容量瓶、碘量瓶、干燥器等具有磨口塞、盖的器皿，在洗涤时应注意各自的配套，切勿“张冠李戴”，以免破坏磨口处的严密性。

光度分析所用的比色皿，容易被有色溶液染色，通常用盐酸-乙醇混合液浸泡(内外壁)，然后再用水洗净。

2. 常用洗涤剂

(1) 去污粉或合成洗涤剂

去污粉由碳酸钠、白土和细砂等混合而成。洗涤时，先将要洗的仪器用水润湿，拿润湿的毛刷沾少量去污粉或洗涤剂，来回轻柔地刷洗，待仪器内外壁全刷洗到以后，用水冲洗到没有细微的沙粒或泡沫时止，再用蒸馏水润洗2~3次。用于洗涤沾有不溶性污物、油污和有机物的无精确刻度的仪器。

(2) 铬酸洗液

将40g研细的$K_2Cr_2O_7$加入到温热的500mL浓硫酸中小火加热，切勿加热到有白烟冒出。边加热边搅拌，冷却后储于细口瓶中，就得到铬酸洗液。配成的铬酸洗液常有深红色的三氧化铬晶体析出，对洗涤无碍，其化学反应为:

$$K_2Cr_2O_7 + H_2SO_4 = K_2SO_4 + 2CrO_3 + H_2O$$

洗涤时先将器皿用水润湿，尽量倒掉器皿内的水，以免冲稀洗液；再往器皿中加入少量洗液，然后慢慢转动器皿，让器皿内部全部被洗液润湿，转动并浸泡几分钟后将洗液倒回原细口瓶；用自来水冲净器壁上的洗液后，再用蒸馏水或去离子水润洗3次。这种洗液对有机物和油污的去污能力特别强，适用于精确的测量仪器或口小管细的仪器的洗涤。

这种洗液是一种酸性很强的强氧化剂，腐蚀性很强，并且铬有毒，使用时应注意安全，勿溅在衣物、皮肤上。当洗液颜色变成绿色时，由于$K_2Cr_2O_7$中的Cr(Vl)被还原剂还原成Cr^{3+}(绿色)，无氧化作用，洗涤效能下降，应重新配制。废液用$FeSO_4$还原后，用大量水稀释才能排放。

(3) 还原性洗液

常用的还原剂有Na_2SO_3加稀H_2SO_4的溶液、$FeSO_4$酸性溶液、$H_2C_2O_4$加稀HCl溶液、$NH_2OH \cdot HCl$溶液等，用以洗涤氧化性污物。

要充分应用已有的化学知识来选择适当的洗液。例如，装过碘溶液的瓶子，常有碘附着在瓶壁上，可用 $1mol \cdot L^{-1}$ KI 溶液洗涤，效果非常好；对附着 MnO_2 的玻璃器皿，可用 $H_2C_2O_4$ 的酸性溶液或盐酸羟胺等还原剂洗液，效果较好。

（4）含 $KMnO_4$ 的 NaOH 水溶液

将 10g $KMnO_4$ 溶于少量水中，再注入 100mL 10% NaOH 溶液即成。该溶液适用于洗涤油污及有机物。洗后在器皿上留下的 MnO_2 沉淀可用（3）中还原性洗液将其洗净。

（5）盐酸－乙醇(1∶2)洗涤液

适用于洗涤有机试剂染色的比色皿。比色皿应避免用毛刷和铬酸洗液，以免被磨损或染色。洗涤时，用洗涤液浸泡后再用水润洗 2～3 次。

1.2.2 玻璃器皿的干燥

常见的干燥方法有晾干、烤干、吹干、烘干、快干等五种，见图 1－1 至图 1－5。

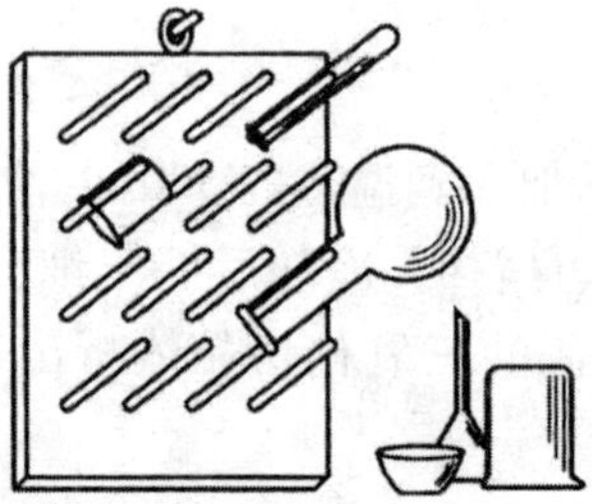

图 1－1 晾干

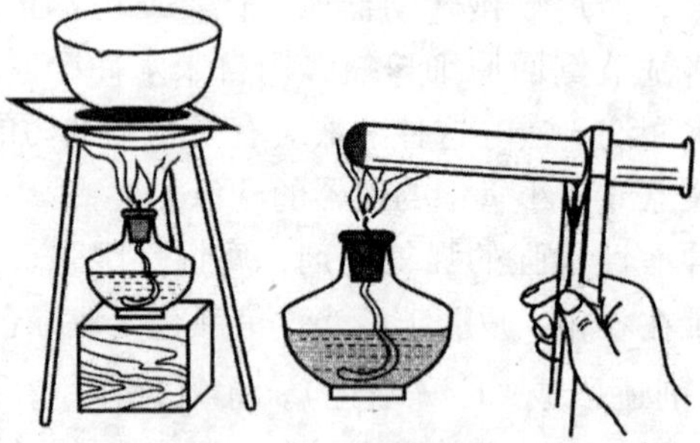

图 1－2 烤干(仪器外壁擦干后，不断地摇动使受热均匀，用小火烤干)

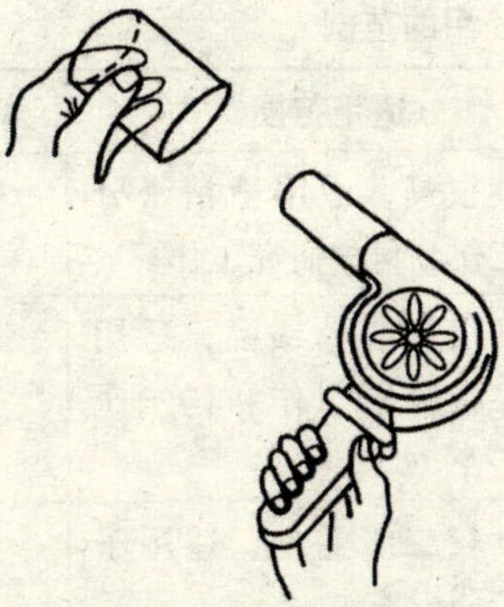

图 1-3　吹干

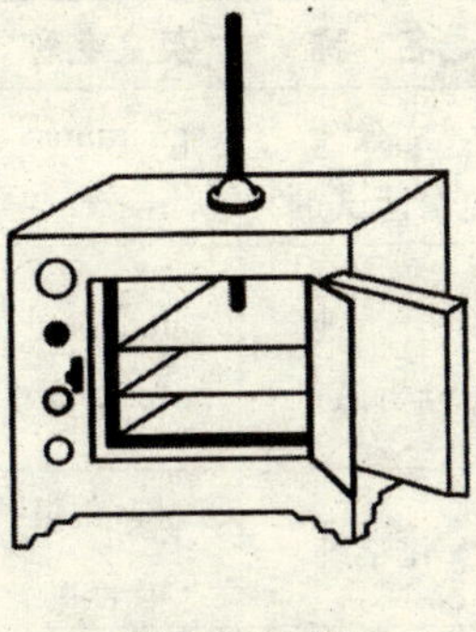

图 1-4　烘干

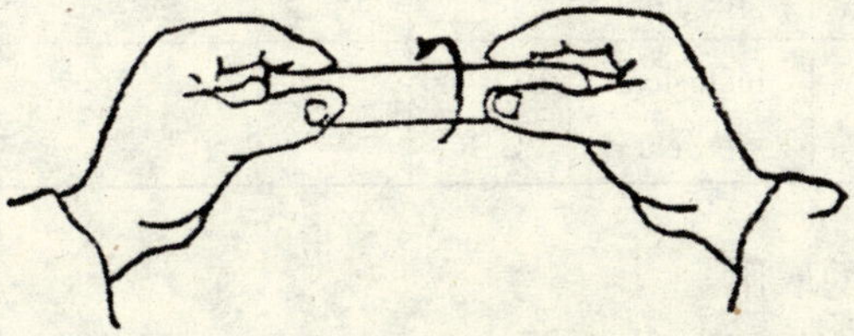

图 1-5　快干（有机法）（先用丙酮淋洗一遍，丙酮倒回原瓶然后晾干或吹干）

1.2.3　化学试剂

1. 化学试剂的规格

化学试剂根据其用途，可分为通用试剂和专用试剂两类，又根据其纯度划分试剂的等级规格。因此，分析者必须对化学试剂类别和等级有一个明确的认识，做到合理使用化学试剂，既不超规格造成浪费，又不随意降低规格而影响分析结果的准确度。

专用试剂规定只有一种级别，具有特殊用途。例如，超纯试剂、光谱纯试剂、色谱纯试剂。光谱纯试剂，其杂质用光谱分析方法测不出来或杂质的含量低于某一限度，是光谱分析中的标准物质；色谱纯试剂是在最高灵敏度下无杂质峰，作为色谱分析中的标准物质，但它们不等同于基准物质。基准物质相当于或高于优级纯试剂，通常用于滴定分析中的基准物质，供直接配制标准溶液，或用来标定滴定溶液的准确浓度。在特殊情况下，市售的试剂纯度不能满足要求时，分析者应自己动手精制。试剂规格和使用的范围见表1-2。

表 1-2 试剂规格和使用的范围

等级	名称	英文名称	符号	适用范围	标签标志
一级品	优级纯（保证试剂）	guarantee reagent	G. R	纯度很高，适用于精密分析工作和科学研究工作	绿色
二级品	分析纯（分析试剂）	analytical reagent	A. R	纯度仅次于一级品，适用于多数分析工作和科学研究工作	红色
三级品	化学纯	chemical reagent	C. R	纯度较二级差些，适用于一般分析工作	蓝色
四级品	实验试剂医用	laboratorial reagent	L. R	纯度较低，适用作实验辅助试剂	棕色或其他颜色
	生物试剂	biological reagent	B. R 或 C. R		黄色或其他颜色

2. 化学试剂的取用

（1）液体试剂的取用

所有盛装试剂的瓶上都应贴有明显的标志，写明试剂的名称、规格及配制日期。千万不能在试剂瓶中装入不是标签上所写的试剂。没有标签标明名称和规格的试剂，在未查明前不能随便使用。书写标签最好用绘图墨汁，以免日久褪色。

液体试剂根据用量的多少，一般采用滴瓶、细口瓶分装。当对液体的体积不作精确要求时，在取用时一般用滴管吸取，或用试管、量筒以倾注法量取。下面分别加以介绍。

① 滴管吸取　一般的滴管一次可取 1mL，约 20 滴。从滴瓶中取用液体试剂时，应使用滴瓶中的专用滴管。先用手指紧按滴管上部的橡皮乳头，挤出其中的空气，然后松开手指，吸入试液。滴管绝不能伸入所用的接受容器中，以免污染试剂，如图 1-6 所示。滴管专用，用完后放回原处，切不可将瓶塞张冠李戴。

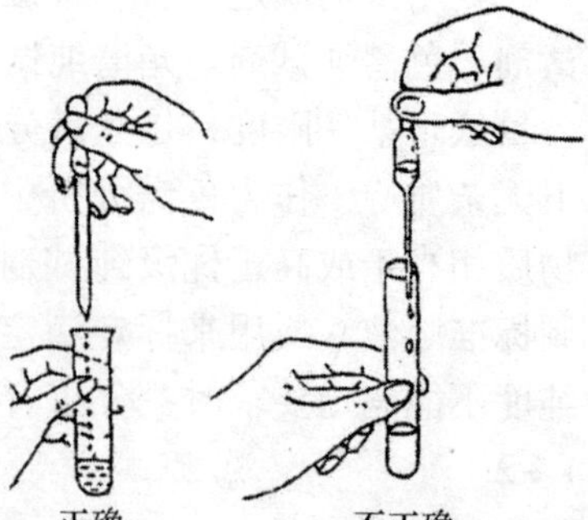

图 1-6 用滴管向试管中滴试剂

② 用倾注法量取　量筒有 5mL，10mL，50mL，100mL，1000mL 等规格。如图 1-7

所示，取液时，先将试剂瓶的瓶塞取下，倒放在桌面上，左手拿量筒，右手拿试剂瓶（试剂瓶的标签朝上，正对手心，以免被试液腐蚀）。瓶口紧靠盛接容器的边缘慢慢倒出所需体积的试液后，将瓶口在量筒上轻靠一下，再将试剂瓶竖起。当用试管代替量筒时，操作相似。

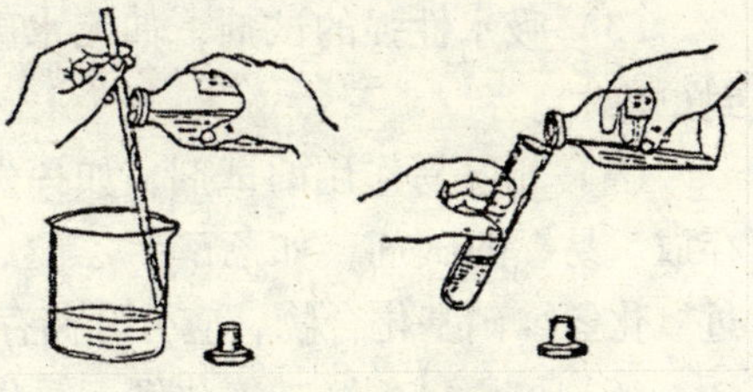

图 1－7　用倾注法量取

（2）固体试剂的取用

固体试剂一般用专用药勺取用。药勺的两端为大小两个匙，分别取用大量固体和少量固体。如图 1－8 至图 1－10 所示，粉状的固体用药勺或纸槽加入。取用块状的固体时，应将试管倾斜，使其慢慢沿管壁滑至试管底部，以免碰破管底。

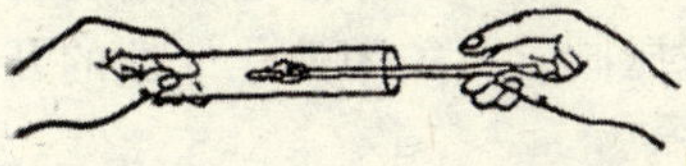

图 1－8　用药勺送入固体试剂图

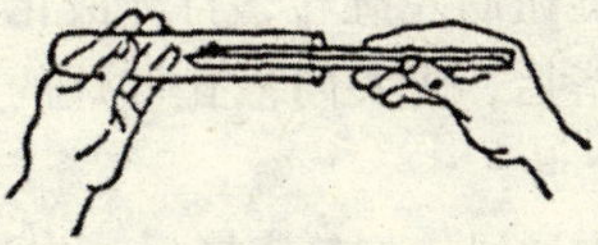

图 1－9　用纸槽送入固体试剂

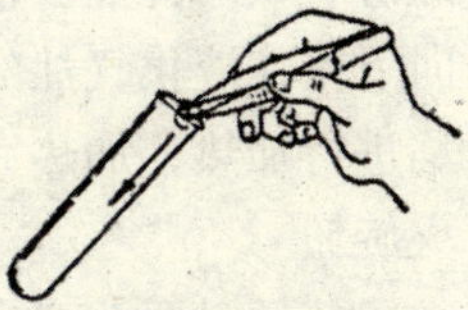

图 1－10　加入块状固体

取试剂不宜超过指定用量，已取出的试剂不能倒回原瓶，可放在老师指定的容器内供他人使用。

3．试剂的保管

试剂的保管在实验室中也是一项十分重要的工作。

有的试剂因保管不当而变质失效，这不仅是一种浪费，而且还会使分析工作失败，甚至引起事故。一般的化学试剂应保存在通风良好、干净、干燥的房子里，防止水分、灰尘和其他物质的污染。同时，根据试剂性质应有不同的保管方法。

（1）容易侵蚀玻璃而影响试剂纯度的，如氢氟酸、氟化物（氟化钾、氟化钠、氟化铵）、苛性碱（氢氧化钾、氢氧化钠）等，应保存在塑料瓶或涂有石蜡的玻璃瓶中。

（2）见光会逐渐分解的试剂，如过氧化氢（双氧水）、硝酸银、焦性没食子酸、高锰酸钾、草酸、铋酸钠等，与空气接触容易逐渐被氧化的试剂，如氯化亚锡、硫酸亚铁、亚硫酸钠等，以及易挥发的试剂，如溴、氨水及乙醇等，都应放在棕色瓶内，置冷暗处。

(3) 吸水性强的试剂，如无水碳酸盐、苛性钠、过氧化钠等，应严格密封(蜡封)。

(4) 相互易作用的试剂，如挥发性的酸与氨，氧化剂与还原剂，应分开存放。易燃的试剂，如乙醇、乙醚、苯、丙酮与易爆炸的试剂，如高氯酸、过氧化氢、硝基化合物，应分开储存在阴凉通风，不受阳光直接照射的地方。

(5) 剧毒试剂，如氰化钾、氰化钠、氢氟酸、二氯化汞、三氧化二砷(砒霜)等，应特别妥善保管，经一定手续取用，以免发生事故。

1.2.4 加热方法

实验室常用的加热装置有：液化气灶、酒精喷灯、电炉、电热套、管式炉、马弗炉、恒温水浴锅等。下面分别加以介绍。

1. 液化气灶加热

小型单孔液化气灶用来作热源时，具有使用方法简单、燃料来源方便、经济省钱的优点。使用时，先打开液化气罐的减压阀，放出液化气，再轻轻向下按住液化气灶的旋钮向左旋转，打开液化气灶，旋转旋钮选择合适的火焰进行加热，加热完毕后，先关闭液化气灶的减压阀，再关闭液化气灶的开火旋钮。

使用时要注意室内通风，加热完毕后，先让液化气灶冷却后再盖上布套，离开实验室时一定要再检查一遍，液化气罐关闭后才能离开。

2. 酒精灯加热

酒精易燃，使用时注意安全。添加酒精时用漏斗(图1-11)，以防洒落酒精。用火柴点燃(图1-12)，不能用其他燃着的酒精灯来点火。用外焰进行加热时(图1-13)，要用试管夹夹持试管加热。酒精灯不用时，盖上灯帽，使火熄灭，不可用嘴吹灭，灯帽要盖严，以防酒精挥发。

图1-11 添加酒精加入酒精量为1/2~1/3壶

图1-12 点燃酒精

图1-13 正确加热

3. 酒精喷灯加热

常用的酒精喷灯分座式和挂式，座式酒精灯(图 1 – 14)，灯下部为燃料罐，从加液口加入酒精。用漏斗加入酒精后，必须盖好加液口的盖子，以防不慎引燃罐内的酒精。燃料罐上方有一个预热槽，使用时先在预热槽中装上酒精并点燃，待槽内酒精气化从管口喷出时，将点燃的火柴移近管口。调节空气调节器(图 1 – 15)，调节火焰的大小。加热后盖灭或旋转调节器熄灭酒精喷灯。

必须注意：在预热时要充分，使喷出的酒精全部气化，否则，酒精呈液态喷出，容易形成“火雨”，引起火灾。连续使用半小时后，需冷却后添加酒精再继续使用。

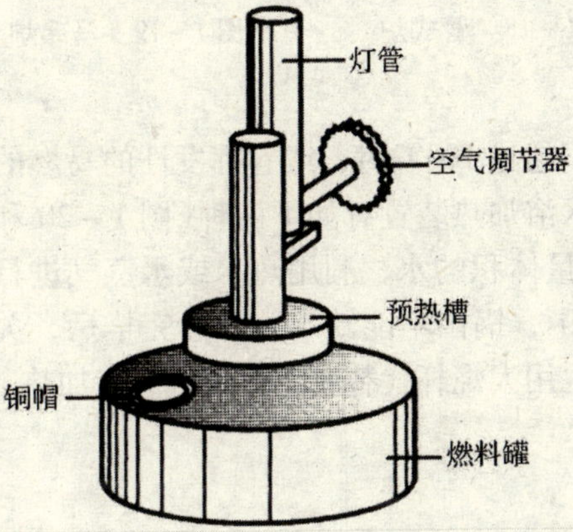

图 1 – 14 座式酒精喷灯

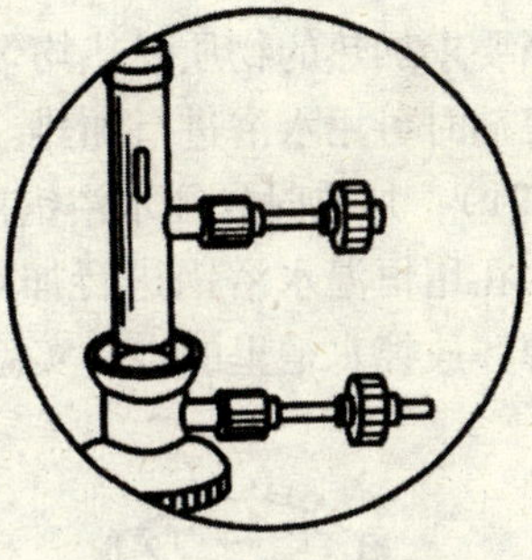

图 1 – 15 空气调节器

4. 电炉、电热套、管式炉、马弗炉加热

电炉(图 1 – 16)：可用于容器中液体的加热，加热时在容器和电炉之间隔一层石棉网，以使加热均匀。

电热套(图 1 – 17)：对于球形容器的加热比较方便，并可通过调节器使加热温度控制在某个温度附近恒温加热。

管式炉(图 1 – 18)：有一个管式炉膛，炉膛中插入一根耐高温的瓷管或石英管，瓷管中再放入盛反应物的瓷舟，炉内可通入空气或其他气体。它利用电热丝或硅碳棒加热，温度可高达 900℃。

马弗炉(图 1 – 19)：又叫高温炉，最高温度可达 1000℃至 1300℃。使用时，将试样放入坩埚或其他耐高温容器中，打开炉门，用长柄坩埚钳将其放入炉内，关好炉门进行灼烧。使用马弗炉时应注意以下事项。

(1) 升温时，不能将温度一次调高，应分阶段逐渐升温。

（2）灼烧完毕后，炉内立即断电，但不要马上打开炉门，以防炉膛骤冷碎裂。

（3）高温炉不用时，应将炉门关好，以免耐火材料受潮气浸湿，并将电闸拉下，切断电源。

（4）高温炉旁不能放置精密仪器和易燃物品，在高温炉房内应备有灭火器。

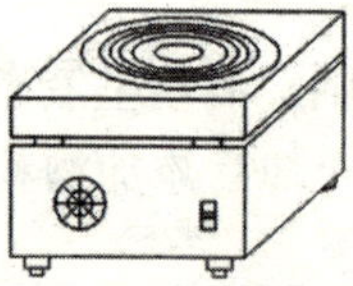

图1－16 电炉

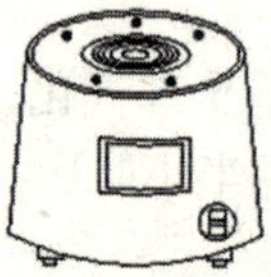

图1－17 电热套

图1－18 管式炉

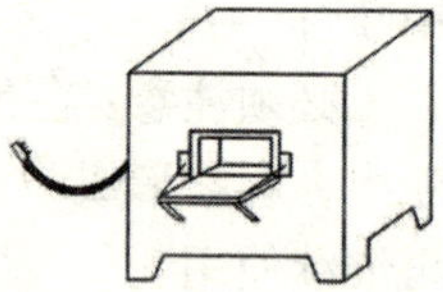

图1－19 马弗炉

5. 水浴加热

当要求加热的物质受热均匀而温度不超过100℃时，或有挥发性的易燃的有机溶剂时可用水浴进行加热。常用的水浴加热装置有如下两种（图1－20和图1－21），加热时先往水浴锅内注入适量体积的水，利用热水或水蒸气进行加热。在用恒温水浴锅进行加热的过程中，锅内不能缺水，加热完毕后，关闭电源并放掉水槽里的水。实验室有时也用大烧杯代替水浴锅进行水浴加热。

图1－20 水浴加热

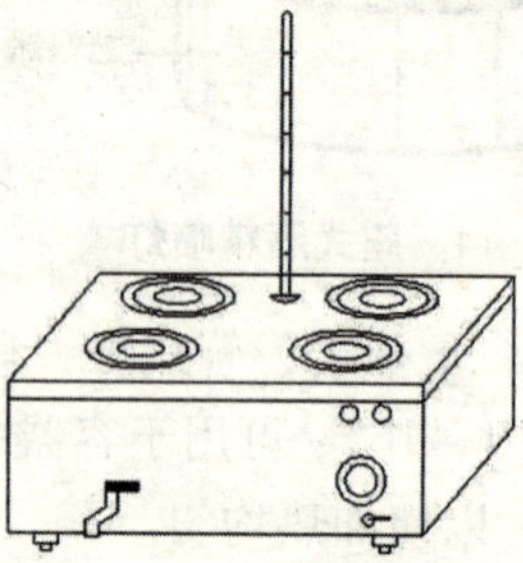

图1－21 恒温水浴

1.2.5 蒸发浓缩、结晶与重结晶

1. 蒸发浓缩

当溶液的浓度很小，而欲制备的盐溶解度又较大时，为了能从中析出该物质的晶体，就需对溶液进行蒸发浓缩。在无机制备中，蒸发浓缩一般在水浴上进行。常用的蒸发器是蒸发皿，皿内盛放的液体以不超过其容量的三分之二为宜。若溶液的浓度很小，并且物质对热的稳定性又较好时，也可先在石棉网上直接加热蒸发，后转入水浴中继续加热蒸发，随着加热的进行，溶

液就不断浓缩。蒸发到一定程度后冷却，就可析出晶体。

2. 结晶

晶体析出的过程叫结晶。结晶时析出晶体的大小与纯度、溶质溶解度及结晶的条件有关。当溶液的浓度较高、溶质的溶解度较小时，溶液的饱和程度较高，结晶的晶核多，快速冷却时，得到的是细小晶体；当溶液的饱和程度低，缓慢结晶，晶核少，晶体易长大，得到的是颗粒较大的晶体。从纯度来看，结晶速度快，晶体颗粒小，纯度较低，但晶体太小且大小不均匀时，易形成糊状物，夹带母液较多，不易洗涤，也影响纯度；溶液的浓度不高，缓慢冷却时，就能得到较大晶体，这种晶体夹带杂质少，易于洗涤，得到纯度较高的晶体，但母液中剩余的溶质较多，损失较大。因此，结晶速度适宜、颗粒适中、大小均匀时，才能得到产量较高、品质较纯净的晶体。

3. 重结晶

当第一次结晶所得的物质的纯度不符合要求时，可进行重结晶。重结晶是提纯物质的一种方法，它适用于溶解度随温度有显著变化的化合物。其方法是在加热的情况下，使被纯化物质溶于适量的水中形成溶液，经蒸发进行一次再结晶。若一次重结晶还达不到要求，还可进行再次重结晶。

1.2.6　沉淀与固液分离、滤纸及滤器

1. 沉淀

在各类制备无机物的化学反应中，在水溶液中进行的沉淀反应得到较为广泛的应用，对这类反应的要求是：沉淀反应充分进行、沉淀尽量少带杂质，且易于固液分离。一般来说，沉淀可分为晶形沉淀和非晶形沉淀：晶形沉淀结构紧密，颗粒较大，吸附、包藏的杂质较少；非晶形沉淀是由许多微小晶体颗粒不规则地聚集而成的，它结构疏松，吸附、包藏的杂质较多，特别是氢氧化物沉淀，含有大量的配位水分子，体积更为庞大，吸附能力更强，包含的杂质更多。生成沉淀的晶形主要受两个因素——成核速率（构晶离子聚集起来生成微小晶核的速率）和晶核长大速率（构晶离子在晶核上有规则地排列成晶格的速率）的影响。当成核速率小、晶核长大速率大，构晶离子能够整齐地排列成晶格，可得到晶形沉淀。反之，若成核速率大、晶核长大速率小，构晶离子来不及整齐地排列，就容易形成非晶形沉淀。制备晶形沉淀，就要特别注意沉淀的条件，简单说来，可以归纳为五个字“稀、慢、搅、热、陈”。

“稀”，反应溶液和沉淀剂的浓度都要适当稀一些，这样成核速率相对

小，易生成晶形沉淀。溶液较稀时，杂质的浓度也相应小，被吸附的可能性也小，但溶液太稀，则体积大，会影响收率，增加沉淀时间，从而降低生产效率。

“慢”和“搅”，应在充分搅拌下缓慢地加入沉淀剂，特别是在开始阶段应在不断搅拌下滴加。通常在加入沉淀剂的局部区域，由于来不及扩散，沉淀剂的浓度要比其他区域高，使得该局部区域过饱和程度大，成核速率大。为了尽量减小沉淀剂局部过浓现象，限制成核速率，在操作上强调“慢”和“搅”。

“热”，应将溶液加热后进行沉淀，一般来说，沉淀的溶解度随温度升高而增大，所以在热溶液中沉淀时，溶液的过饱和度相对较小，成核速率相对于晶核长大速率也小，易于生成过滤性能好的晶形沉淀。另外，沉淀吸附杂质的量随温度升高而减少，所以在热溶液中可得到较纯净的沉淀。需要注意的是，应冷却后过滤，以免因温度高沉淀在母液中溶解得多而降低收率。

“陈”，在沉淀完全析出后，将刚生成的沉淀与母液在一定温度下放置一段时间，这一过程称为“陈化”。在陈化过程中，小颗粒沉淀溶解，大颗粒沉淀长大。可得到过滤性能好、杂质含量低的沉淀。

2. 固液分离

沉淀形成后，接下来的是溶液与沉淀的分离。常用的固液分离方法有三种：倾析法、过滤法和离心分离法。

(1) 倾析法

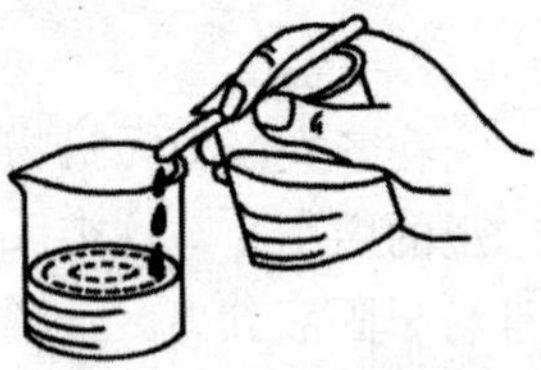
图 1-22 倾析法

当沉淀的密度较大或结晶的颗粒较大，静置后能沉降至容器底部时，可用倾析法进行沉淀的分离和洗涤。具体做法是把沉淀上部的溶液倾入另一容器内，然后往盛着沉淀的容器内加入少量洗涤液，充分搅拌后，沉降，倾去洗涤液(图 1-22)。如此重复操作 3 遍以上，即可把沉淀洗净，使沉淀与溶液分离。

(2) 过滤法

分离溶液与沉淀最常用的操作方法是过滤法。过滤时沉淀留在过滤器上，溶液通过过滤器而进入容器中，所得溶液叫作滤液，过滤方法共有 3 种：常压过滤、减压过滤和热过滤。

①常压过滤　此法最为简便和常用，在常压下使用玻璃漏斗和滤纸进行过滤。滤纸的折叠和漏斗的准备参见 1.2.14 节。

过滤装置如图 1-23 所示。过滤时应注意以下几点：调整漏斗架的高度，使漏斗末端紧靠接受器内壁。先倾倒溶液，后转移沉淀，转移时应使用玻璃棒。倾倒溶液时，应使玻璃棒指向 3 层滤纸处。漏斗中的液面高度应低于滤纸高度的 2/3。

图 1-23　常压过滤装置

如果沉淀需要洗涤，应待溶液转移完毕，将少量洗涤剂倒入沉淀，然后用玻璃棒充分搅动，静止放置一段时间，待沉淀下沉后，将上方清液倒入漏斗，如此重复洗涤 2~3 次，最后把沉淀转移到滤纸上。再用洗瓶或滴管从滤纸边缘稍下的部位，按螺旋形向下冲洗，按“少量多次”的原则冲洗几次，清洗至达到要求为止。

② 减压过滤　此法可加速过滤，并使沉淀抽吸得较干燥，但不宜过滤胶状沉淀和颗粒太小的沉淀，因为胶状沉淀易穿透滤纸，颗粒太小的沉淀易在滤纸上形成一层密实的沉淀，溶液不易透过。

仪器的安装如图 1-24 所示，过滤时的操作方法是：先将滤纸剪成比布氏漏斗的内径略小，但又能把瓷孔全部覆盖的大小，将纸平整地放置在布氏漏斗内，用少量水润湿滤纸，将滤纸安放在抽滤瓶上，安装时应注意使漏斗的斜口与吸滤瓶的支管相对。开泵，减压使滤纸与漏斗贴紧。检查有无漏气现象，再慢慢将需要过滤的溶液转移到布氏漏斗中，开始过滤。当打开水龙头的时候，水泵中急速冲出的水流将系统内的部分空气带走，使泵内形成负压，由于瓶内与布氏漏斗液面上形成压力差，因而加快了过滤速度。抽滤完毕时，先拔掉连接吸滤瓶和泵的橡皮管，再关泵，以防反吸。为了防止反吸现象，一般在吸滤瓶和泵之间装上一个安全瓶。

有些强酸性、强氧化性的溶液过滤时不能用滤纸，可用石棉纤维代替，强酸性和强氧化性的溶液还可使用砂芯漏斗，但强碱性溶液会腐蚀玻璃，不可使用玻璃砂芯漏斗。

③ 热过滤　某些物质在溶液温度降低时，易成结晶析出，为了滤除这类溶液中所含的其他难溶性杂质，通常使用热滤漏斗进行过滤(图 1-25)，防止溶质结晶析出。过滤时，把玻璃漏斗放在铜质的热滤漏斗内，热滤漏斗内装有热水以维持溶液的温度。

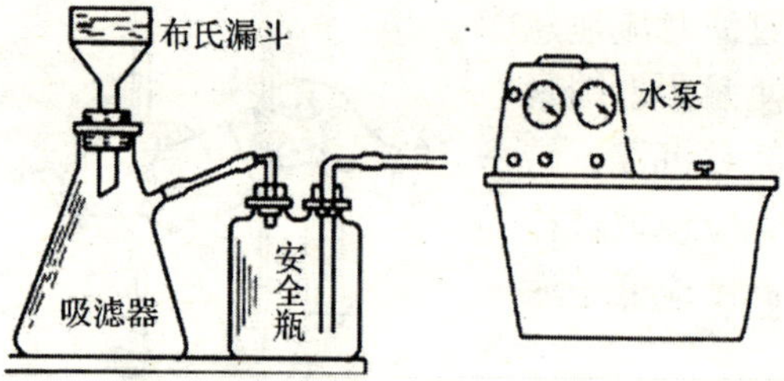

图 1－24 减压过滤装置

图 1－25 热过滤装置

(3) 离心分离法

当被分离的沉淀量很小时，可把沉淀和溶液放在离心管内，再放入离心机(图 1－26)中进行离心分离。使用离心机时，将盛有沉淀的离心试管放入离心机的试管套内，在与之相对称的另一试管套内也放入盛有等量的水的试管，然后缓慢起动离心机，逐渐加速。停止离心时，应让离心机自然停止。

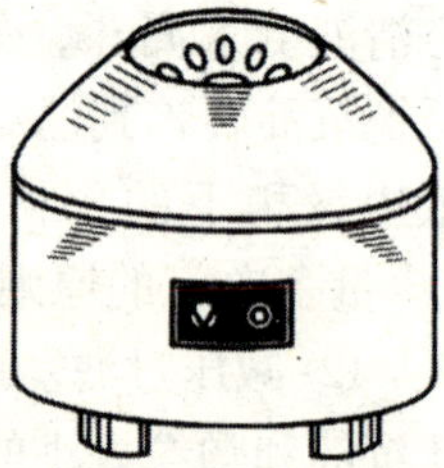
图 1－26 电动离心机

3. 滤纸及滤器

在定量分析过程中，遇到要除去溶液中固体杂质或沉淀与母液的分离时，一般采用过滤技术。可用脱脂棉、玻璃棉或滤纸放在漏斗内过滤，也可用微孔玻璃漏斗过滤。下面主要介绍滤纸和微孔玻璃漏斗。

(1) 滤纸

分析化学中常用的有定性和定量滤纸两种。滤纸按孔隙大小分为“快速”、“中速”和“慢速”三种；按直径大小分为7cm，9cm，11cm，15cm 等几种。过滤时应根据沉淀的性质选择滤纸的类型。如 $BaSO_4$ 属细晶形沉淀，应选用“慢速”滤纸；$MgNH_4PO_4$ 属粗晶形沉淀，宜选用“中速”滤纸；$Fe_2O_3 \cdot nH_2O$为胶体沉淀，需选用“快速”滤纸。根据沉淀量的多少，选择滤纸的大小，一般要求沉淀的总体积不得超过滤纸锥体高度的1/3。

定性滤纸的纤维中含硅量较高，灼烧后的灰分重量较大，不宜作重量分析。

定量滤纸的纸浆是经过盐酸和氢氟酸浸煮后制成的，纸内铁、铅、硅等含量很低。国产滤纸灼烧后的灰分重量 $<0.1mg$，在定量分析中，可忽略不计，所以常叫作“无灰滤纸”。国产滤纸的规格见表 1－3。

表 1－3　国产滤纸的规格

编号	102	103	105	120	127	209	211	214
类别	定	量	滤	纸	定	性	滤	纸
灰分	0.02mg·张				0.2mg·张			
滤速	快速	中速	慢速	慢速	快速	中速	慢速	慢速
盒上色带标志	白	蓝	红	橙	白	蓝	红	橙

（2）微孔玻璃漏斗（或坩埚）

微孔玻璃漏斗和坩埚的形状，如图 1－27 和图 1－28 所示。

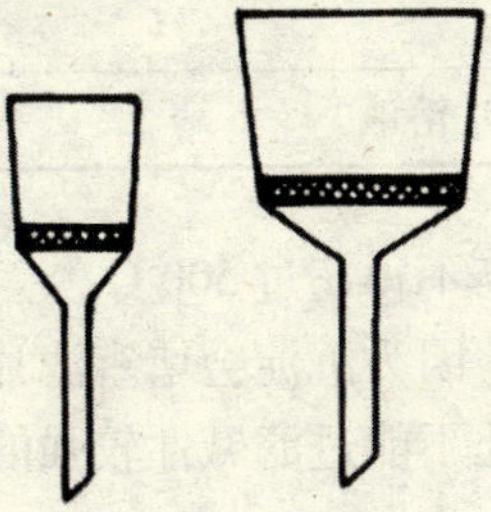

图 1－27　微孔玻璃漏斗

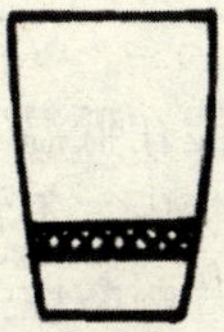

图 1－28　微孔玻璃坩埚

滤器中的滤板是由玻璃粉末在 600℃左右下烧结制成的多孔性滤片，再焊接在相同或相似膨胀系数的玻壳上制成，又叫砂芯漏斗、砂芯坩埚。按滤片的平均孔径由大至小共分为六级，G_1 ~ G_6。其规格和用途见表 1－4。

表 1－4　滤器的规格和用途

滤板代号	滤板平均孔径·μm	一般用途
G_1	80 ~ 120	过滤粗颗粒沉淀
G_2	40 ~ 80	过滤较粗颗粒沉淀
G_3	15 ~ 40	过滤化学分析中的一般结晶沉淀和含杂质的水银
G_4	5 ~ 15	过滤细颗粒沉淀
G_5	2 ~ 5	过滤极细颗粒沉淀
G_6	<2	过滤细菌

在定量分析中，一般用 G_4 ~ G_5（相当于慢速滤纸）过滤细晶形沉淀，用 G_3（相当于中速滤纸）过滤非晶形或粗晶形沉淀。

由于滤器的滤片容易吸附沉淀物和杂质，使用后清洗滤器是很重要的。

根据附着物性质选用不同的洗涤液浸泡4~5h，再用水冲洗至无沉淀物后，烘干备用。

根据吸附在玻璃微孔滤器上的沉淀，可分别选用表1-5中的洗涤液。

表1-5 某些沉淀物的洗涤液

沉淀物	洗涤液
各种有机物	铬酸洗液、四氯化碳或其他有机溶剂
铁质残渣、氯化亚铜	含 $KClO_4$ 的热浓盐酸
硫酸钡	100℃的浓 H_2SO_4
汞渣	热浓 HNO_3
氯化银	氨水或 $Na_2S_2O_3$ 溶液

玻璃坩埚只能在低温下干燥和烘烤，最高不得超过500℃。

凡沉淀呈浆状后，不宜用玻璃坩埚过滤，因为沉淀会堵塞滤片细孔。

玻璃坩埚滤片耐酸性强，耐碱性弱，因此不能过滤碱性较强的溶液。

1.2.7 样品的干燥

一般固体样品往往含有湿存水，即样品表面及孔隙中吸附了空气中的水分，在分析前要干燥驱除湿存水，这样测得的结果是恒定的。标定溶液的基准试剂也要进行干燥后才能使用。另外，有些实验中用到的气体或溶剂要进行干燥脱水。总之，在分析实验中，有关干燥技术是一项很重要的内容。

驱除固体、气体或液体中的少量水分均称为干燥，不同物质干燥方法不同。实验中常用的干燥方法是加热干燥和干燥剂干燥。

1. 加热干燥

通过加热将物质中水分蒸发掉，从而达到干燥的目的。

对于受热不易分解的物质可在常压下进行。常用电热干燥箱（俗称烘箱）、红外线灯、热空气等进行直接干燥，干燥温度105~110℃。注意易燃、易爆、易挥发以及有腐蚀性或有毒物品禁止放入干燥箱内。

对于受热易分解的物质，应在减压下进行，常用的有真空干燥箱，在较低的温度下干燥。

2. 干燥剂干燥

干燥剂主要用来干燥气体和液体中含有的游离水分。根据被干燥物质的性质选用适宜的干燥剂是十分重要的，常用干燥剂有以下几种。

（1）无水氯化钙

无水氯化钙是一种广泛的干燥剂，吸湿量比较大，适用于一般气体、液体或固体中湿存水的干燥。

由于它能与醇、酚、胺、氨基酸、酰、低级酮、醛和酯形成化合物，因此不能用它来直接干燥这类试剂。

（2）无水硫酸镁

无水硫酸镁是较好的干燥剂之一，吸水速度比较快，吸湿性也较强。在不能应用氯化钙的情况下，可使用无水硫酸镁。

（3）氢氧化钠

氢氧化钠是一种吸水速度较快的强碱性干燥剂，适用于胺类及碱性物质以及气体的干燥，不宜用于醇、酯、醛、酮、酸、酚等的干燥。

（4）五氧化二磷

五氧化二磷是一种酸性干燥剂。其干燥能力是各种干燥剂中最强的一种，因而可用于已被其他干燥剂干燥过的物质，不宜用来干燥水、醇、氨、卤化氢等物质。

（5）浓硫酸

浓硫酸是一种比较好的干燥气体的干燥剂，通常装在洗气瓶中使用。它不能用来干燥乙醚、乙醇、有机碱性物质，以及其他能与之反应的物质（如 H_2S，NH_3 等）。

（6）硅胶

硅胶是一种无定形的具有多孔结构的二氧化硅，为便于辨别它的吸水程度，常在硅胶中加入钴盐。此种硅胶在干燥时为蓝色，吸水后变为粉红色，常称为变色硅胶，其变色原理是硅胶中的无水钴盐为蓝色，一旦吸收水分后逐步形成带结晶水的钴盐而转变为紫红或粉红色。吸水失效后，可在120℃下烘干后重复使用。

（7）钠石灰

钠石灰是一种用来干燥水、醇、酸的干燥剂，并能吸收二氧化碳。使用时，将钠石灰装在干燥管或干燥塔中并与反应系统连接，避免水分或二氧化碳进入。

（8）活性炭

活性炭是一种用途十分广泛的吸附剂，主要用于处理有机物。使用后失效的活性炭可进行活化，活化温度控制在620℃，不要超过700℃。

（9）分子筛

分子筛是一种良好的吸附剂。各种规格的分子筛，对特定物质有选择性的吸附作用，在吸附、分离方面具有广泛的用途。

可用分子筛干燥的气体有：空气、天然气、氮、氩、氧、氢、二氧化碳、乙炔、乙烯等。干燥的液体有：乙醇、乙醚、丙酮、苯、正己烷、甲乙酮、环己烷等。用分子筛干燥脱水后的气体和液体，含水量一般小于10ppm。

分子筛在使用前要进行活化处理。通常，在常压下，450～550℃加热2h。当超过650℃时，分子筛晶体结构会受到破坏，从而影响其性能，甚至丧失其吸附能力。若吸附物质是有机物时，可先用水蒸气将分子筛中的吸附物质取代出来，然后再按上述方法进行脱水活化。

3．常用基准试剂的干燥处理条件

常用基准试剂的干燥处理条件见表1－6。

表1－6　常用基准试剂的干燥处理条件

基准物质	使用前的干燥条件
Na_2CO_3	270～300℃干燥至恒重
$KHC_6H_4(COO)_2$	105～110℃干燥至恒重
$Na_2B_4O_7 \cdot 10H_2O$	NaCl－蔗糖饱和溶液保干器中室温保存
$Na_2C_2O_4$	105～110℃干燥至恒重
$K_2Cr_2O_7$	约120℃干燥至恒重
KIO_3	105～110℃干燥至恒重
$KBrO_3$	180℃干燥1～2h
$AgNO_3$	硫酸干燥器中保存
$CaCO_3$	105～110℃干燥至恒重
NaCl	在500～600℃下灼烧至恒重
As_2O_3	硫酸保干器中放置至恒重
Cu	在硫酸保干器中放置24h
Zn	1∶1 HCl冲洗表面，再用乙醇、丙酮冲洗。保干器放置24h

4．保干器的使用

灼烧后的坩埚和沉淀、干燥后的试样或试剂不能放在空气中冷却。因为在空气中冷却时，又会吸收空气中的水分，故必须在保干器中冷却。

保干器是一种具有磨口盖子的厚质玻璃器皿，磨口上涂有一薄层凡士林，使其更好地密合。底部放适当的干燥剂，其上架有洁净带孔的瓷板，以便放置坩埚和称量瓶等其他容器。

开启保干器时，应左手按住保干器的下部，右手握住盖子的圆顶向前小心推开器盖（如图 1－29）。盖子取下后倒置在安全处，切忌放在桌子的边缘，以防盖子滚落跌损。放好保干物后，及时盖上盖子，也应握住盖的圆顶推着盖好。当放入热的坩埚时，应稍稍打开保干器盖1～2次。

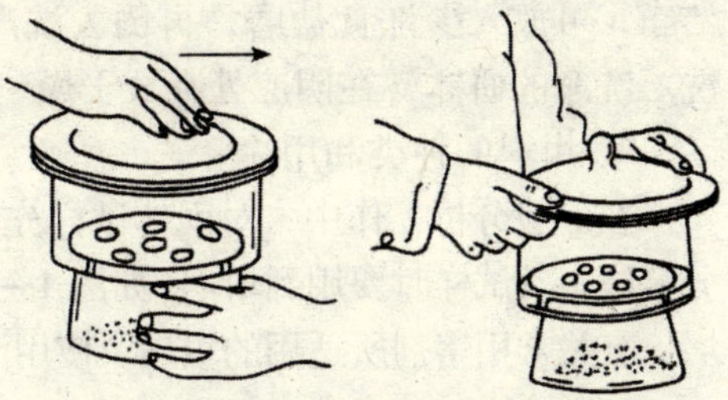

(a) 开盖　　(b) 搬移

图 1－29　保干器的使用

1.2.8　常用研钵和坩埚的使用

1. 研钵的种类和用途

在分析中常常遇到取来的固体试样颗粒较大，不宜直接进行分析。如大块矿样需先用压碎机（如颚式粉碎机、球磨机等）破碎成小颗粒，然后将小颗粒用研钵（如图 1－30）研碎。

研钵种类：玻璃研钵、瓷研钵、玛瑙研钵。

研钵规格：以内径大小表示。

研钵用途：研钵除了粉碎试样或固体试剂外，也可用来混合固体物质。如配制 I_2 溶液时，将 I_2 和 KI 置于研钵中，加入少量蒸馏水研磨，直至 I_2 全部溶解。

(a) 研钵　　(b) 坩埚

图 1－30

根据样品性质和硬度选用不同的研钵。一般试样可用玻璃或瓷研钵，对硬度较大和研磨高纯物质时可用玛瑙研钵。下面对玛瑙研钵使用作一介绍。

玛瑙是一种天然的贵重非金属矿物，是 SiO_2 溶胶体在地壳中多年沉积形成的晶体，含有少量氧化物（Al，Fe，Ca，Mg，Mn 等氧化物），是石英的一个变种，硬度较大（莫氏七度），与大多数化学试剂不起反应。

使用玛瑙研钵时应注意：不宜研磨硬度太大的物质，以免损坏其表面；由于玛瑙主要成分是石英，不能和氢氟酸接触；不能受热，洗涤后不能在烘箱中干燥；洗涤玛瑙研钵，应先用水冲洗，必要时可使用稀盐酸洗涤，若仍不洁净，可放入少许食盐磨，再倒去洗净，若污斑黏结得很牢固，可用细砂擦洗。洗净的研钵，在阴凉处存放干燥。

2. 坩埚的种类和用途

在一般分析工作中，对固体试样先要进行试样分解，制成溶液。在用熔融分解法制备试样时要用到坩埚(如图 1－30)，不同的熔剂要采用不同材质的坩埚。有关常用熔剂所适用的坩埚及使用温度列于表 1－7 和表1－8。

表 1－7　常用熔剂所适用的坩埚

熔剂种类	适用坩埚						
	铂	铁	镍	银	瓷	刚玉	石英
无水碳酸钠(钾)	+	+	+	−	−	+	−
氢氧化钠(钾)	−	+	+	+	−	−	−
过氧化钠	−	+	+	+	−	+	−
氰化钾	−	−	−	−	+	+	+
硫酸氢钾	+	−	−	−	+	−	+
焦硫酸钾	+	−	−	−	+	−	+
硫代硫酸钠	−	−	−	−	+	+	+
碳酸钾钠: 酒石酸钾·(4:1)	+	−	−	−	+	+	−
焦硫酸钾: 氟化氢钾·(10:1)	+	−	−	−	−	−	−

表 1－8　各类坩埚最高使用温度

坩埚种类	铂	银	镍	铁	石英	刚玉	瓷
熔点·℃	1773	960	1455	1535		2045	
最高使用温度·℃	1200	700	900	700	1000	1000	1300

3. 各类坩埚使用注意事项

(1) 铂坩埚

铂是一种贵重金属，质地柔软，使用时应十分小心，不要用手揉捏和用玻璃捣刮。可用于灼烧、熔融、处理氢氟酸等实验。

由于铂易与碳素形成碳化铂，在高温下与铁形成合金，因此铂坩埚的加热和灼烧不能与电炉丝、铁板接触，不能在还原焰上加热。热的铂器皿，要用尖端包有一层铂的坩埚钳夹取。大多数金属在较高温度时能与铂形成合金，故不能用来灼烧或熔融金属。铂与常用的酸不发生化学反应，但溶于王水、氯水和溴水中，故处理含卤素或能析出卤素的试样时不能使用铂坩埚。

铂器皿应经常保持清洁和光亮，使用前后都必须进行仔细的洗涤。一般可用1∶1HCl 溶液煮沸清洗。若仍有污点，再用 $K_2S_2O_7$，Na_2CO_3 或硼砂熔融 5～10min，取出冷却后再放入热水中煮沸 10min，这样清洗后的铂器皿，清洁光亮。

（2）银坩埚

银在火焰上加热时，极易生成一层氧化银薄膜，因而，不能用于重量法称量沉淀。

新的银坩埚应先在 300～400℃ 马弗炉中灼烧，然后用热稀 HCl 和蒸馏水洗净。银能被 HNO_3 和浓 H_2SO_4 溶解，所以不能与这些酸接触。银极易与硫生成硫化银沉淀，因此不能使用含硫的物质。

洗涤方法：用氢氧化钠熔融清洗，或用 1∶3 的盐酸作短时间的浸泡，然后用滑石粉摩擦，用纯水洗涤并干燥。

（3）镍坩埚

镍对碱物质抗腐蚀能力很强，故常用作熔融样品的容器。如熔融铁合金、矿渣、黏土、耐火材料等。

在高温时镍易被氧化，所以镍坩埚不能用于沉淀的灼烧和称量。新的镍坩埚应先在马弗炉中灼烧 2～3min 成蓝紫色或灰黑色，除去表面的油污，并使表面生成氧化膜，然后用1∶20稀盐酸煮沸片刻，用水冲洗干净。熔融状态的 Al，Zn，Pb，Sn，Hg 等金属盐，都能使镍坩埚变脆，所以不能熔融这些金属的盐类。镍极易溶于酸，浸取坩埚中的熔融物时不能用酸。镍中一般含有铬、铁等金属，实验中应考虑这类杂质的影响。

洗涤方法：在每次使用前，应先在水中煮沸数分钟，必要时，也可用极稀的盐酸稍煮片刻，然后，用 100 目的细砂摩擦清洗并干燥。

（4）铁坩埚

在铁坩埚中，低硅钢坩埚的性能较好，但在使用时，应考虑坩埚中硅的影响。

铁坩埚使用前，应进行表面纯化处理：先用稀盐酸洗涤，再用细砂纸将坩埚擦净，放入含有 5% 的稀硫酸和 1% 稀硝酸混合液中浸泡 10min 取出洗净烘干后，放在 300～400℃ 的马弗炉中灼烧 10min 即可。清洗铁坩埚时，一般用冷的稀 HCl 即可。

（5）石英坩埚

石英为 SiO_2 的晶体，主要杂质为 Na，Al，Fe，Mg，Ti 和 Sb。其具有极强的抗化学腐蚀能力，除氢氟酸、热磷酸外，不与其他酸作用。高温时，极易和强碱以及碱金属的碳酸盐作用，可作为酸性和中性盐类熔融的器皿。石英质脆、易碎，使用时要小心。

洗涤方法：可用酸性洗液浸泡，洗净后，用蒸馏水煮沸数次，每次煮沸要更换新水，最后用纯净干燥的氮气吹干。

（6）刚玉坩埚

刚玉坩埚是由多孔性熔融氧化铝制成，具有质坚、耐高温特点，只适用于某些弱碱性熔剂样品，不能熔融酸性熔剂。

（7）瓷坩埚

瓷坩埚是由 SiO_2（73%），Al_2O_3（9%），CaO（11%）和 Na_2O（6%）组成，其内外壁均涂上一层釉，其抗蚀性比玻璃强。

由于其吸水性差，易于恒重，所以可作为重量法的称量容器。由于瓷是硅酸盐，易被碱、氢氟酸和热磷酸溶液腐蚀，使用时必须注意这点。可用于 $K_2S_2O_7$ 等酸性熔剂熔融样品。清洗瓷坩埚可用稀盐酸煮沸，后用蒸馏水洗净。

在重量分析实验中，常常几个瓷坩埚同时灼烧恒重。为了避免混乱，灼烧前，可在坩埚上书写号码。配制书写用药水的方法是将少许结晶的三氯化铁加入数毫升蓝墨水中溶解后，蘸写在坩埚上，灼烧成红色后可长期保留字痕。

1.2.9 高压气体钢瓶的使用

在实验室还可以使用气体钢瓶直接获得各种气体。

气体钢瓶是储存压缩气体的特制的耐压钢瓶。使用时，通过减压阀（气压表）有控制地放出气体。由于钢瓶的内压很大（有的高达 15MPa），而且有些气体易燃或有毒，所以在使用钢瓶时要注意安全。使用钢瓶的注意事项：

（1）钢瓶应存放在阴凉、干燥、远离热源（如阳光、暖气、炉火）处。可燃性气体必须与氧气钢瓶分开存放。

（2）绝不可使油或其他易燃性有机物沾在气瓶（特别是气门嘴和减压阀）上，也不得用棉、麻等物堵漏，以防燃烧引起事故。

（3）使用钢瓶内的气体时，要用减压阀（气压表）。各种气体的气压表不得混用，以防爆炸。

（4）不可将钢瓶内的气体全部用完，一定要保留 0.005MPa 以上的残留压力（减压阀表压）。可燃性气体如 C_2H_2，应剩余 0.2 ~ 0.3MPa。

（5）为了避免各种气瓶混淆而用错气体，通常在气瓶外面涂以特定的颜色以便区别，并在钢瓶上写明瓶内气体的名称。表 1 - 9 为我国气瓶常用的标记。

表 1－9 我国气瓶常用标记

气体类别	瓶身颜色	标字颜色	气体类别	瓶身颜色	标字颜色
氮	黑	黄	氨	黄	黑
氧	天蓝	黑	二氧化碳	黑	黄
氢	深绿	红	氯	黄绿	黄
空气	黑	白	乙炔	白	红

1.2.10 气体的制备、净化、干燥与收集

1. 气体的制备方法

常见气体的制备方法见表 1－10。

表 1－10 实验室常用的几种气体制备方法

制备方法	反应装置图	适用气体	注意事项
加热试管中的固体制备气体		O_2，NH_3，N_2，NO 等	1. 将固体平装入试管底部，铺平，管口略向下倾斜； 2. 检查装置的气密性； 3. 先用小火来回加热后，再固定在有固体物质的部位加热
利用启普发生器制备气体	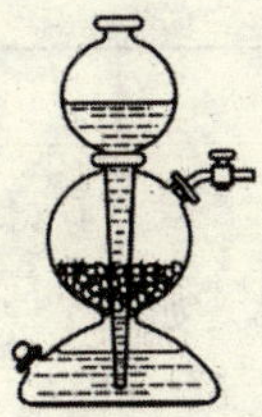	H_2，CO_2，H_2S 等	1. 启普发生器不能加热，装在发生器内的固体必须是块状的； 2. 在葫芦状的容器中先放些玻璃棉或橡皮垫圈，由气体出口加入固体药品。固体药品的量不超过中间球体容积的 1/3，以防反应过激，气体从导管冲出
利用蒸馏瓶和分液漏斗制备气体	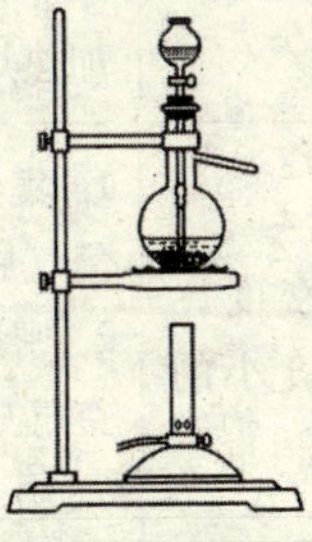	CO，SO_2，Cl_2，HCl 等	1. 分液漏斗管应插入液体下面，形成液体封闭系统，同时漏斗中的液体容易流下来； 2. 必要时可微微加热； 3. 必要时也可加回流装置

2. 气体的干燥和净化

通常制得的气体都带有酸雾和水汽，要经过净化和干燥后使用。酸雾可用水或玻璃棉除去；水汽可用浓硫酸、无水氯化钙或硅胶吸收。一般情况下使用洗气瓶(图1－31)、干燥塔(图1－32)或U形管、干燥管(图1－33)等设备进行净化。液体装在洗气瓶内，无水氯化钙和硅胶装在干燥塔或U形管内，玻璃棉装在U形管内。气体中如还有其他杂质，则应根据具体情况分别用不同的洗涤液或固体吸收。

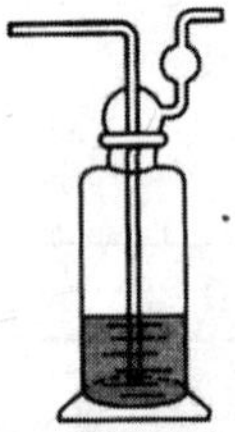

图1－31 洗气瓶

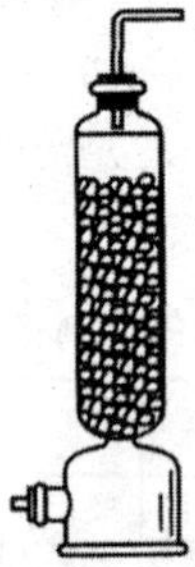

图1－32 干燥塔

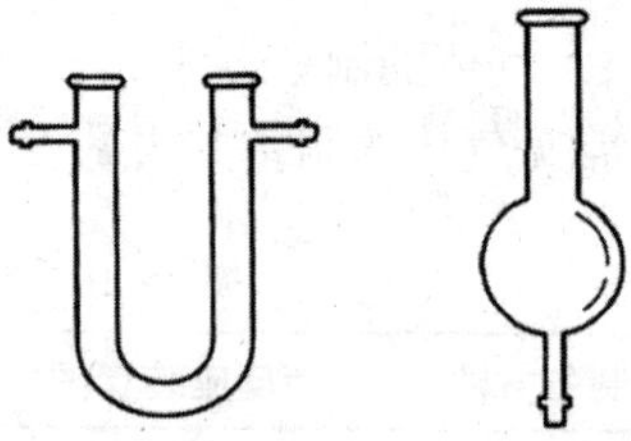

(a) U形管 (b) 干燥管

图1－33

3. 气体的收集

根据气体的性质和密度，气体的收集方法见表1－11。

表1－11 气体的收集

收集方法	实验装置	适用气体	注意事项
排水集气法	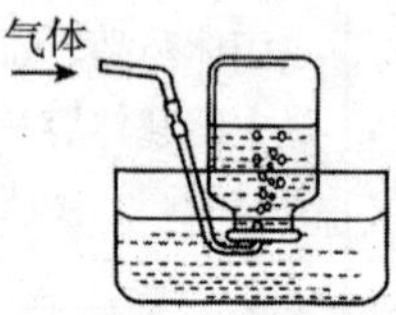	难溶于水气体。如 H_2，O_2，N_2，NO，CO，CH_4，C_2H_2	1. 集气瓶装满水，不要有气泡； 2. 停止收集时，先拔出导管(或移开水槽)后，才能移开制备装置中的加热灯具
向下排空气法	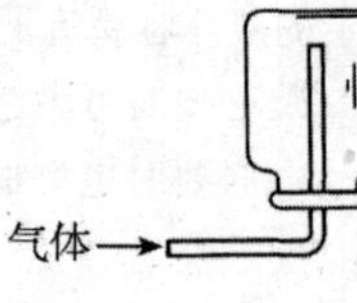	易溶于水，密度比空气平均密度小的气体。如 NH_3	1. 集气导管应尽量接近集气瓶底； 2. 密度与空气接近或在空气中易氧化的气体不宜用排气法吸收。如NO等

（续表）

收集方法	实验装置	适用气体	注意事项
向上排空气法	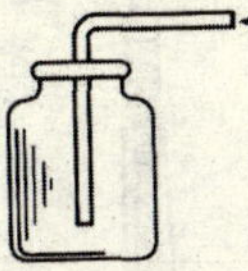	易溶于水，密度比空气平均密度大的气体。如 HCl，Cl_2，CO_2，SO_2 等	1. 集气导管应尽量接近集气瓶底； 2. 密度与空气接近或在空气中易氧化的气体不宜用排气法吸收。如 NO 等

1.2.11　容量瓶、移液管、吸量管、滴定管的洗涤与使用

1. 移液管、吸量管

移液管是用于准确移取一定体积溶液的量器。它是一根细长而中间膨大的玻璃管，在管的上端刻有标线，膨大部分标有它的容积(mL)和标定时的温度(如图 1－34 所示)。

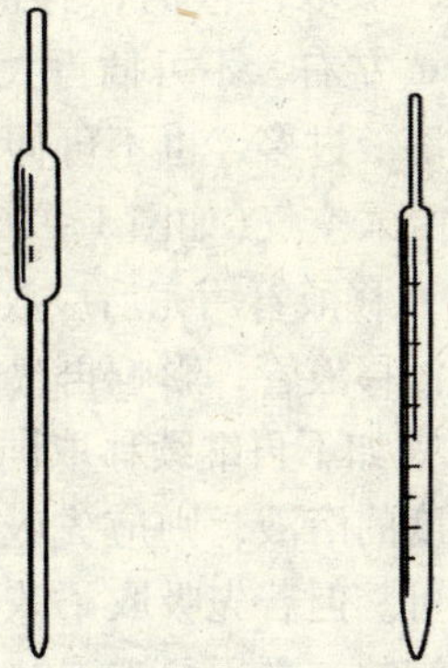

图 1－34　移液管　图 1－35　吸量管

移液时，将溶液吸入管内，使液面与标线相切，再放出，则放出的溶液体积就等于管上标示的容积。常用移液管的容积有 5mL，10mL，25mL 和 50mL 等多种。由于读数部分管径小，其准确性较高。

分度吸管又叫吸量管(如图 1－35 所示)，可以准确量取所需要的刻度范围内某一体积的溶液，但其准确度差一些。将溶液吸入，读取与液面相切的刻度(一般是在零刻度)，然后将溶液放出至适当刻度，两刻度之差即为放出溶液的体积。

吸量管在使用前应按下述方法洗到内壁不挂水珠：将吸量管插入洗液中，用洗耳球将洗液慢慢吸至管容积 1/3 处，用食指按住管口，把管横过来润洗，然后将洗液放回原瓶。如果内壁严重污染，则应把吸量管放入盛有洗液的大量筒或高型玻璃缸中，浸泡 15min 到数小时，取出后用自来水及纯水冲洗，再用纸擦去管外的水。

移取溶液前，先用少量该溶液将吸管内壁洗 2～3 次，以保证转移的溶液浓度不变。然后把管口插入溶液中(在移液过程中，注意保持管口在液面之下)，用洗耳球把溶液吸至稍高于刻度处，迅速用食指按住管口。取出吸管，

使管尖端靠着贮瓶口，用拇指和中指轻轻转动吸管，并减轻食指的压力，让溶液慢慢流出，同时平视刻度，直到溶液弯月面下缘与刻度相切时，立即按紧食指。然后把准备接受溶液的容器倾斜成45°，将吸管移入容器中，使管垂直，管尖靠着容器内壁，放开食指，让溶液自由流出。待溶液全部流出后，按规定再等15s或30s，取出吸管。在使用非吹出式的吸管或无分度吸管时，切勿把残留在管尖的溶液吹出。吸管用毕，应洗净，放在吸管架上。

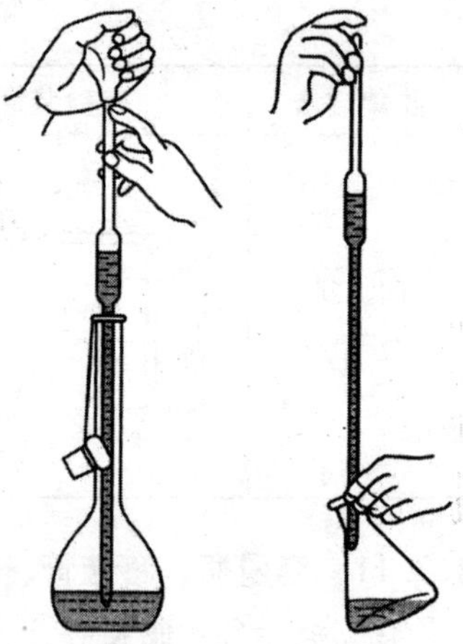

(a) 吸液　　(b) 放液

图1－36　移液管的使用方法

使用移液管的注意事项：

(1) 吸取溶液时，移液管下端应插入液面下1cm左右，不可插得太深，以免移液管外壁沾的溶液过多，也不可伸入太少，以免液面下降时吸入空气(如图1－36所示)。

(2) 移液管用完后应放在专用的移液管架上，不允许随便放在实验台上，以免沾污移液管，影响再次使用。

(3) 如不再继续移取同一种溶液，应立即洗涤干净。若分别吸取同一种不同浓度的溶液，则应先吸取浓度低的溶液，吸取浓溶液前，只要用该溶液润洗即可。但若先吸取了浓溶液再吸稀溶液，则在吸取稀溶液前必须先用去离子水润洗，再用稀溶液润洗，才可吸取稀溶液。

(4) 在使用图1－34中的移液管时，待试液流出后停留15s即可。管尖端部分仍留有少量溶液，一般不要吹出，因为移液管标示的容积不包括这部分体积。

吸量管的使用方法基本上与移液管相同，区别在于管内的最后一滴溶液应吹出，因为吸量管标示的容积包括这部分体积。当使用图1－35中的吸量管时，一般需将管中的试液全部放净，吹出最后一滴溶液。

移液管一般最好用浓硫酸－重铬酸钾洗液来清洗：

在上口套上一段橡皮管，先用洗耳球将洗液吸入管中超过刻线部分，再用夹子夹住，直立浸泡一段时间(也可用洗耳球将洗液吸入管中,再用手指堵住上口,平握移液管,不断转动,直到洗液浸润全部内壁)，最后将洗液放回原瓶中。

2. 容量瓶

容量瓶是一个细颈梨形的平底瓶，带有磨口塞。容量瓶是为配制准确浓度的溶液用的，常和移液管配合使用，以把某种物质分为若干等份，通常有 25mL，50mL，100mL，250mL，500mL，1000mL 等数种规格。

一般的容量瓶都是“量入”容量瓶，标有“In”（过去用“E”表示），主要用来配制标准溶液，或稀释一定量溶液到一定体积，以备进行数次测定用。当液体充满到标线时，瓶内液体的体积恰好与瓶上的标称容量相同。另一种是“量出”容量瓶，标有“Ex”（过去用“A”表示）。液体充满到标线后，按一定要求倒出全部液体，其体积恰好与瓶上的标称容量相同。这种容量瓶用来量取一定体积的溶液，使用时应辨认清楚容量瓶上的标记。

在使用容量瓶前，应先检查以下几项内容：

① 标线位置离瓶口是否太近，太近则不宜使用；

② 是否漏水。检查时，瓶内装入水，盖好瓶塞后，一手用食指按住瓶塞，其余手指拿住瓶颈标线以上部分，另一手用指尖顶住瓶底边缘(图 1 - 38)将瓶倒立，检查是否漏水。然后，将瓶塞转动 180°后，再检漏。漏水的容量瓶不宜使用。瓶塞应用适当长度的塑料丝系在瓶颈上，或夹在食指和中指间(有的玻璃塞可倒立于桌面上)。

容量瓶使用前也要洗净。洗涤容量瓶时，先用自来水清洗多次。倒出水后，内壁如不挂水珠，即可用蒸馏水洗好备用，否则就必须用洗液洗涤。先尽量倒去瓶内残留的水，再倒入适量洗液，倾斜转动容量瓶，使洗液布满内壁，同时将洗液慢慢倒回原瓶。然后用自来水充分洗涤容量瓶及瓶塞。每次洗涤应充分振荡，最后用少量蒸馏水洗 3 次。

用容量瓶配制溶液时，若固体试样或试剂容易溶解，并且溶解时没有很大的热效应，则可用漏斗将试样或试剂直接倒入容量瓶内溶解。也可在烧杯中先将试样或试剂溶解，待溶液冷却后，再转移至容量瓶内(图 1 - 37)。转移时，一手拿玻璃棒，一手拿着烧杯，在瓶口上慢慢将玻璃棒从烧杯中取出，并将它插入瓶口(但不要与瓶口接触)，再让烧杯嘴贴紧玻璃棒，慢慢倾斜烧杯，使溶液沿着玻璃棒流下。当溶液流完后，在烧杯仍靠着玻璃棒的情况下慢慢地将烧杯直立，使烧杯和玻璃棒之间附着的液滴流回烧杯中，再将玻璃棒末端残留的液滴靠入瓶口内。在瓶口上方将玻璃棒放回烧杯内，但不得将玻璃棒靠在烧杯嘴一边。用少量蒸馏水冲洗烧杯 3 ~ 4 次，洗出液按上法全部转移入容量瓶中，然后加蒸馏水稀释。稀释到溶液的体积达容量瓶容积的 2/3 时，直立旋摇容量瓶(图 1 - 38)，使溶液初步混合(此时切勿加塞倒立容量瓶)。旋摇时，先用右手食指与中指夹住瓶塞(如为塑料瓶塞,可将它倒立在桌上)，然后拇指在前，中指和食指在后拿住瓶颈标线以上的地方。不要一把握瓶颈，更不要拿在标线以下的地方。旋摇时应注意勿使溶液溅出，然后慢慢加水到接近标线约1cm左右，等待1～2min，待瓶颈内壁的水流下后，再用洗瓶或滴管加水至弯月面的最下缘与标线相切(热溶液应冷至室温后,才能稀释至标线)。盖上瓶塞，将瓶倒立，待气泡上升到顶部，再倒转过来，反复多次，使溶液充分摇匀。按同样的操作，可将一定浓度的溶液准确地稀释到一定体积。

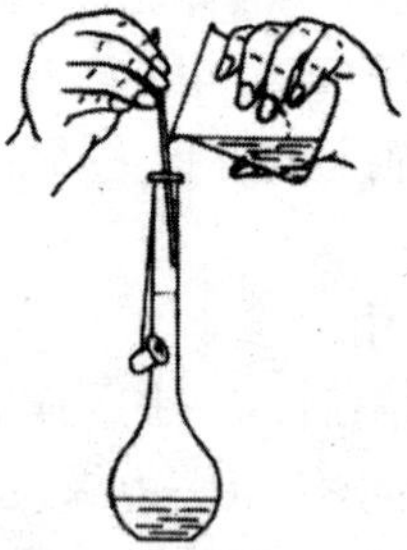

图1-37　转移溶液到容量瓶中

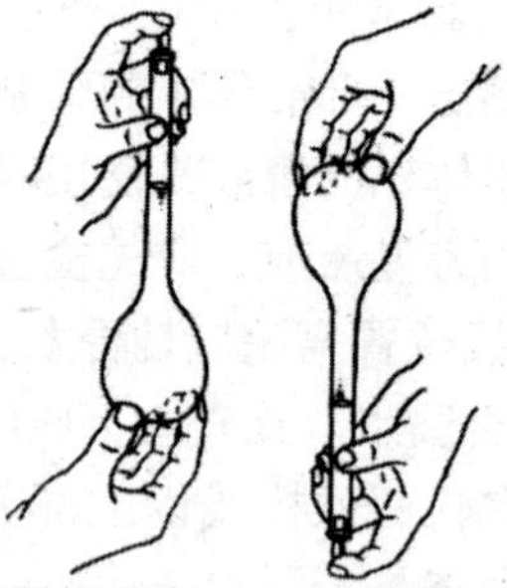

图1-38　容量瓶的摇动方法

容量瓶的使用注意事项：

① 容量瓶不能久贮溶液，尤其是碱性溶液会侵蚀瓶壁，并使瓶塞粘住，无法打开；

② 容量瓶不能加热；

③ 容量瓶的瓶塞和瓶盖应配套使用，不可乱放乱用。

3．滴定管

滴定管是在滴定过程中，用于准确测量滴定溶液体积的一类玻璃量器。滴定管一般分酸式和碱式两种。酸式滴定管的刻度管和下端的尖嘴玻璃管通过玻璃旋塞相连，它适于盛酸性和氧化性的溶液；碱式滴定管的刻度与尖嘴玻璃管之间通过橡皮管相连，在橡皮管里装有一颗玻璃珠，用以控制溶液的流出速度。碱式滴定管用于装盛碱性溶液，不能用来放置高锰酸钾、碘和硝酸银等能与橡皮起作用的溶液。常用的滴定管有50mL和25mL等(图1-39)。

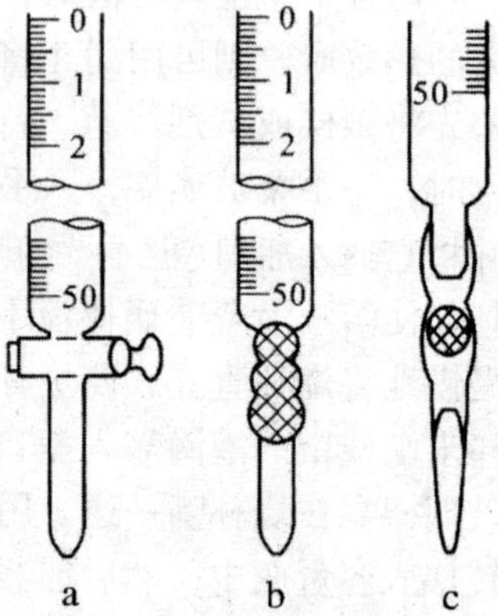

图1-39　酸式滴定管a和碱式滴定管b，c

(1) 酸式滴定管(简称酸管)的准备

酸管是滴定分析中经常使用的一种滴定管。除了强碱溶液外，其他溶液作为滴定液时一般均采用酸管。

使用前，首先应检查活塞与活塞套是否配合紧密，如不密合将会出现漏水现象，则不宜使用。其次，应进行充分的清洗。

为了使活塞转动灵活并克服漏水现象，需将活塞涂油脂(如凡士林或真空活塞脂)，操作方法如下：

取出活塞，用吸水纸将活塞和活塞套擦干，注意勿使滴定管壁上的水再次进入活塞套；用手指将油脂均匀地涂抹在活塞的两头上。油脂涂得太少，活塞转动不灵活，且易漏水；太多则活塞孔易被堵塞。不要将油脂涂在活塞孔上下两侧，以免旋转时堵塞活塞孔。活塞插入活塞套时，活塞孔与滴定管平行，不要转动活塞。插好后，向同方向旋转活塞柄，直到活塞和活塞套上的油脂层全部透明，最后套上小橡皮圈。经处理后，活塞转动灵活，油脂层没有纹路(图 1－40)。

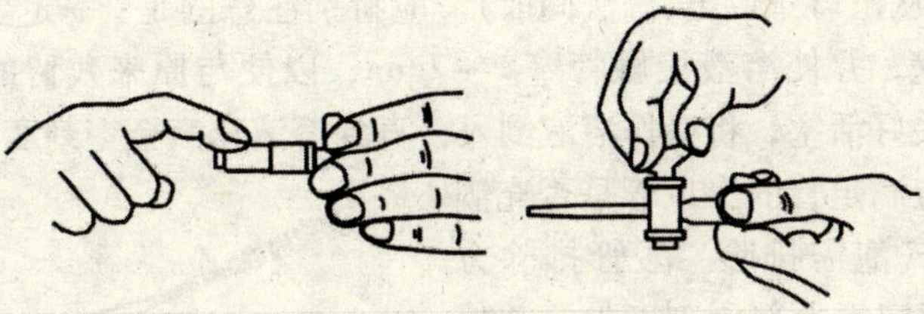

图 1－40 旋塞涂凡士林

用自来水注满滴定管，将其放在滴定管架上静置约 2min，观察有无水滴漏下，然后将活塞旋转 180°，再如前检查，如果漏水，应重新涂油。

若出口管尖被油脂堵塞，可将它插入热水中温热片刻，然后打开活塞，使管内的水突然流下，将软化的油脂冲出。注意从管口将水倒出时，务必不要打开活塞，否则活塞上的油脂会冲入滴定管，使内壁重新被玷污。出口管内的水从活塞下端放出，然后用蒸馏水洗 3 次。对于 50mL 滴定管，第一次用约 10mL，第二、三次各用 5mL 左右。清洗时，双手持滴定管身两端无刻度处，边转动边倾斜滴定管，使水布满全管轻轻振荡，然后直立，打开活塞将水放掉，同时冲洗出口管。

(2) 碱式滴定管(简称碱管)的准备

碱式滴定管使用前应检查乳胶管和玻璃球是否完好。若胶管已老化，玻璃球过大(不易操作)或过小(漏水)，应予更换。

碱管的洗涤方法与酸管相同。在需要用洗液洗涤时，可除去乳胶管，用塑料乳头堵塞碱管下口，或将玻璃球往上捏，使其紧贴在碱管的下端。这样便可直接倒入洗液浸泡。

(3) 操作溶液的装入

装入操作溶液前，应将试剂瓶中的溶液摇匀，使凝结在瓶内壁上的水珠混入溶液，这在天气比较热、室温变化较大时更为必要。混匀后将操作溶液直接倒入滴定管中。一般情况下，不得用其他容器来转移。操作时，左手前三指持滴定管上部无刻度处，并可稍微倾斜，右手拿住细口瓶往滴定管中倒溶液。小瓶可以手握瓶身(瓶签向手心)，大瓶则仍放在桌上，手拿瓶颈使瓶慢慢倾斜，让溶液慢慢沿滴定管内壁流下。

如果装操作溶液的试剂瓶较大，直接从试剂瓶中将溶液倒入滴定管中不方便时，可用一个小的干净烧杯，经过操作溶液润洗以后，将操作溶液用该小烧杯来转移至滴定管中。

用摇匀的操作溶液将滴定管洗三次(第一次 10mL,可由上口放出,第二、三次各 5mL,可从出口管放出,洗法同前)。应特别注意的是：一定要用操作溶液洗遍全部内壁，并使溶液接触管壁 1 ~ 2min，以便与原来残留的溶液混合均匀。最后，关好活塞，将操作溶液倒入，直到溶液充满至零刻度以上为止。

注意检查滴定管的出口管是否充满溶液，如有气泡需排除。酸管排除方法：右手拿滴定管上部无刻度处，并使滴定管倾斜约 30°，左手迅速打开活塞使溶液冲出(下面用烧杯承接溶液)。如仍有气泡，可能是出口管未洗净，必须重洗。碱管排除方法：右手拿住滴定管，左手拇指和食指拿住玻璃球所在部位并使乳胶管向上弯曲，出口管斜向上；然后捏乳胶管，使溶液从管口喷出(图 1 -41)，再一边捏乳胶管，一边把乳胶管放直。注意乳胶管放直后，再松开拇指和食指，否则出口仍会有气泡。

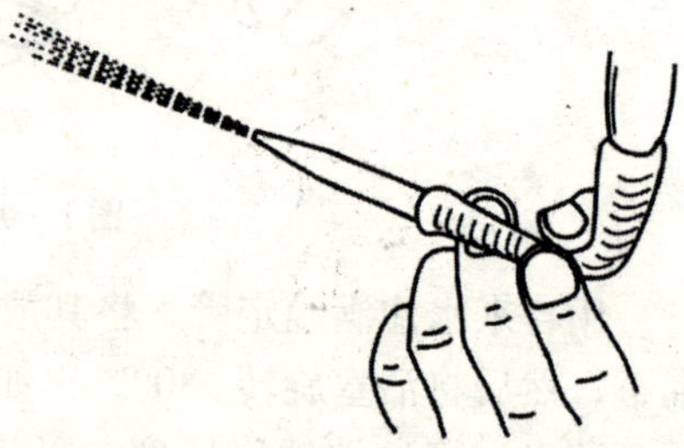

图 1 -41　碱式滴定管气泡的排出

(4) 滴定管的读数

读数时应遵循下列原则：

① 装满或放出溶液后，必须等 1 ~ 2min，使附着在内壁的溶液流下来，再进行读数。

② 读数时，滴定管可以夹在滴定管架上，也可以用手拿滴定管上部无刻度处。不管用哪种方法读数，均应使滴定管保持垂直。

③ 对无色或浅色溶液，应读取弯月面下缘最低点，视线与液面成水平；溶液颜色太深时，可读液面两侧的最高点。注意初读数与终读数采用同一标准。

④ 读数时，必须读到小数点后第二位，即要估计到0.01mL。

⑤ 对乳白板蓝线衬背滴定管，应取溶液界面处蓝线上下两尖端相对点的位置读数。

⑥ 读取初读数前，应将管尖悬挂着的溶液除去。读取终读数前，检查出口管处是否悬有溶液，如有，则此次读数不能取用。

（5）滴定管的操作方法

进行滴定时，应将滴定管垂直地夹在滴定管架上。

如使用的是酸管，左手无名指和小指向手心弯曲，轻轻地贴着出口管，用其余三指控制活塞的转动(图1－42)。注意，不要向外拉活塞以免推出活塞造成漏水；也不要过分往里扣，以免造成活塞转动困难，操作不能自如。

如使用的是碱管，左手无名指及小指夹住出口管，拇指与食指在玻璃球所在部位往一旁捏乳胶管，使溶液从玻璃球旁空隙处流出(图1－43)。注意：不能使玻璃球上下移动；不要捏到玻璃球下部的乳胶管；停止加液时，应先松开拇指和食指，最后才松开无名指与小指。

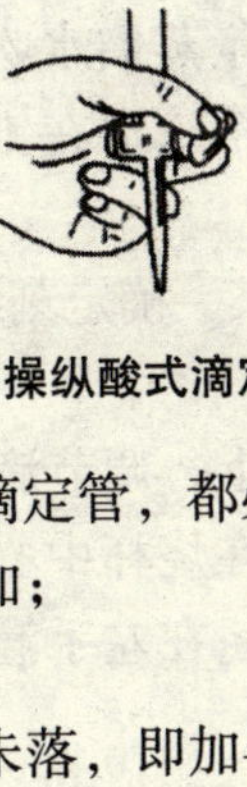

图1－42 操纵酸式滴定管旋塞

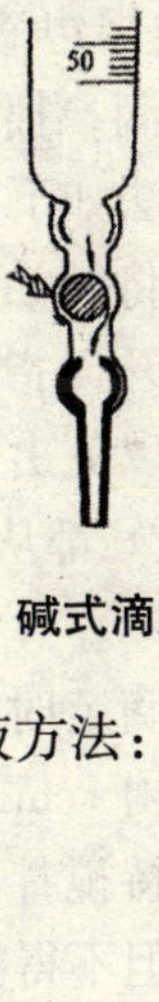

图1－43 碱式滴定管的操作

无论使用哪种滴定管，都必须掌握下面三种加液方法：

①逐滴连续滴加；

②只加一滴；

③使液滴悬而未落，即加半滴。

（6）操作方法

滴定操作可在锥形瓶或烧杯内进行，并以白瓷板作背景。

在锥形瓶中滴定时，用右手前三指拿住瓶颈，使瓶底离瓷板约2～3cm。同时调节滴定管的高度，使滴定管的下端伸入瓶口约1cm。左手按前述方法滴加溶液，右手运用腕力摇动锥形瓶，边滴边摇动(图1－44)。

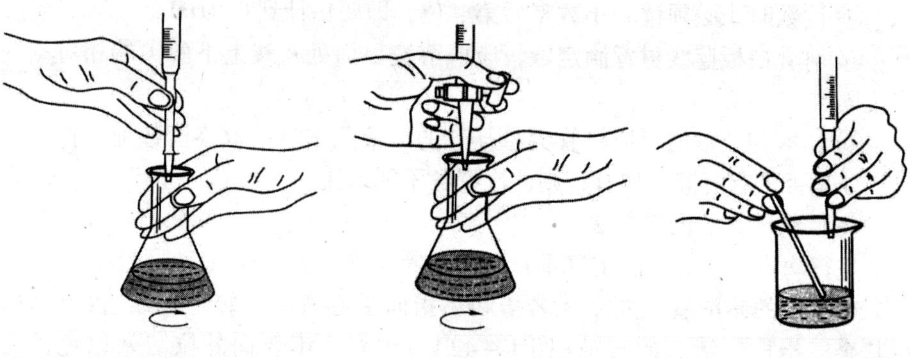

（a）碱式滴定管的操作　　（b）酸式滴定管的操作　　（c）在烧杯中滴定

图1-44　滴定方法

滴定操作中应注意以下几点：

① 摇瓶时，应使溶液向同一方向作圆周运动(左右旋均可)，但勿使瓶口接触滴定管，滴定管始终保持在锥形瓶的中心线上。

② 滴定时，左手不能离开活塞任其自流。

③ 开始时，边摇边滴，滴定速度可稍快，但不要流成“水线”，接近终点时，应改为加一滴，摇几下。最后，加半滴，直至溶液出现明显的颜色变化。加半滴溶液方法如下：微微转动活塞，使溶液悬挂在出口管嘴上，形成半滴，用锥形瓶内壁将其沾落，然后用洗瓶以少量蒸馏水吹洗瓶壁。用碱管滴加半滴时，应先松开拇指与食指，将悬挂半滴溶液沾在锥形瓶内壁上，再放开无名指与小指，以免出口管尖出现气泡。

④ 每次滴定最好都从0.00(或从0附近的某一确定刻线)开始，这样可减小误差。

在烧杯中进行滴定时，将烧杯放在白瓷板上，调节滴定管的高度，使滴定管下端伸入烧杯内1cm左右。滴定管下端应在烧杯中心的左后方处，但不要靠壁过近。右手持搅拌棒在右前方搅拌溶液。在左手滴加溶液的同时，搅拌棒作圆周搅动，但不得接触烧杯壁和杯底。

滴定结束后，滴定管内剩余的溶液应弃去，不得将其倒回原瓶，以免沾污整瓶操作溶液。随即洗净滴定管，并用蒸馏水冲洗后，倒挂在滴定管夹上备用。

1.2.12　水的净化与离子交换器

实验室中清洗仪器、配置溶液、分析测定都对所用水的纯度有一定的要求。自来水含有各种杂质，不符合实验的要求。用于实验中的水，一定要经过纯化处理，因此实验室用纯水制备是每个化学工作者应具备的基本知识之一。

天然水中的杂质除悬浮物等不溶性物质外，还含有溶于水的钙、镁、钠等盐，以 K^+，Na^+，Ca^{2+}，Mg^{2+}，Cl^-，SO_4^{2-}，SiO_3^{2-}，HCO_3^- 等离子状态存在，以及溶于水的气体 O_2，N_2，CO_2 和某些有机物等。根据不同的实验要求，对水的纯化方法也不同，通常使用蒸馏法或离子交换法来获取纯净水。

1. 蒸馏水

自然界的水经蒸馏器蒸馏冷凝制出的水叫蒸馏水。实验室中可用蒸馏烧瓶、冷凝管等仪器制取蒸馏水（图 1－45）。将自来水放入烧瓶中加热气化，水蒸气上升经冷凝管冷凝后流入接收容器中，成为蒸馏水。也有供实验室使用的电热蒸馏器。蒸馏水仍含有微量杂质，一般在 25℃ 时其电导率为 $2.8\times10^{-6}\sim6.3\times10^{-8}\,S\cdot cm^{-1}$。

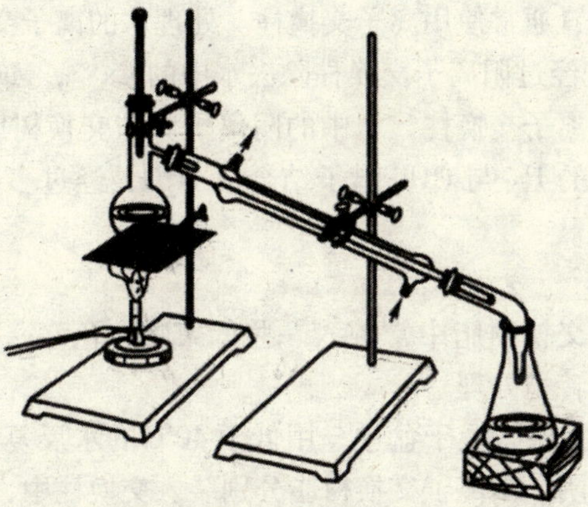

图 1－45　水的蒸馏装置

2. 去离子水

用离子交换法制备的纯水叫去离子水（或称无离子水）。目前，这种方法已广泛被各实验室和工业部门的化验室采用。离子交换法除用于制备去离子水外，还可用于稀有金属的分离、提纯，金属的回收，抗菌素的提取等各个方面。

（1）交换原理

离子交换法是将自来水依次通过装有阳、阴离子交换树脂的离子交换柱，以除去水中的杂质离子。离子交换树脂是具有网状骨架结构的固态高分子聚合物。在其骨架结构上的活性官能团起着和溶液中离子交换的作用。如聚苯乙烯磺酸型阳离子交换树脂，就是苯乙烯和一定量二乙烯苯的共聚物，经过浓硫酸处理，在共聚物的苯环上引入磺酸基($-SO_3H$)而成，它是强酸性的阳离子交换树脂。当树脂经过水浸，充分膨胀之后，骨架内的孔隙扩大了，处在苯环上的磺酸基($-SO_3H$)上的氢离子便可与水中的阳离子(如 Ca^{2+}，Na^+，Mg^{2+}等)交换。

$$R-SO_3^-H^+ + Na^+ = R-SO_3^-Na^+ + H^+$$

式中 R 是苯乙烯和二乙烯苯的共聚物。

阴离子交换树脂是在共聚体的网状骨架中引入氨基等碱性基团，如季铵盐型强碱性阴离子交换树脂 $R-N(CH_3)_3^+OH^-$，其中 OH^-离子可与水中的阴离子 X^-进行交换。

$$R-N(CH_3)_3^+OH^- + X^- = R-N(CH_3)_3^+X^- + OH^-$$

（2）交换装置

制备纯水的装置通常使用离子交换柱。处理水的离子交换柱连接如图 1-46 所示。自来水先经过阳离子交换柱除去水中的 Ca^{2+}，Mg^{2+}等阳离子。除去阳离子的水流入阴离子交换柱，水中的阴离子又与交换树脂中的 OH^-发生交换，两柱中置换出的 H^+与 OH^-离子结合成 H_2O，经过多次交换即可得到化学纯水。

（3）制备操作

新购置的离子交换树脂中常混入一些低聚物、色素、灰砂等，使用时必须除去杂质，进行转型处理。

漂洗处理：将新树脂置于盆中，用低于 40℃的水反复漂洗，洗至上层清液呈无色，然后将阴、阳离子交换树脂分别装入交换柱中，加水浸泡 24h。

强酸性阳离子交换树脂的转型处理：将阳离子交换柱串联在一起，加入 $2mol\cdot L^{-1}$盐酸将柱内水替换出去，静置 2~3h，用水洗至流出液的 pH 值为 3~4。再加入 $2mol\cdot L^{-1}$ NaOH 溶液静置 2~3h 后，水洗至流出液的 pH 值为 9~10。然后用 $2mol\cdot L^{-1}$HCl 进行转型处理，1kg 树脂耗酸 4.5L。注意：转型时 HCl 流速不可过快，以 $60mL\cdot min^{-1}$为宜。盐酸加完后，用去离子水淋洗至流出液的 pH 值约为 4 即可。

强碱性阴离子交换树脂的处理：将阴离子交换柱串联在一起(注意：阴离子交换树脂的用量应是阳离子交换树脂的两倍)，加入 $2mol\cdot L^{-1}$ NaOH 溶液将柱内的水替换出去，并静置 2~3h；用去离子水(或经过阳离子树脂的水)淋洗至洗出液的 pH 值为 9~10；再用 $2mol\cdot L^{-1}$HCl 溶液淋洗至洗出液 pH 值为 3~4；然后用 $2mol\cdot L^{-1}$NaOH 溶液进行转型处理，耗碱量的计算与碱液流出

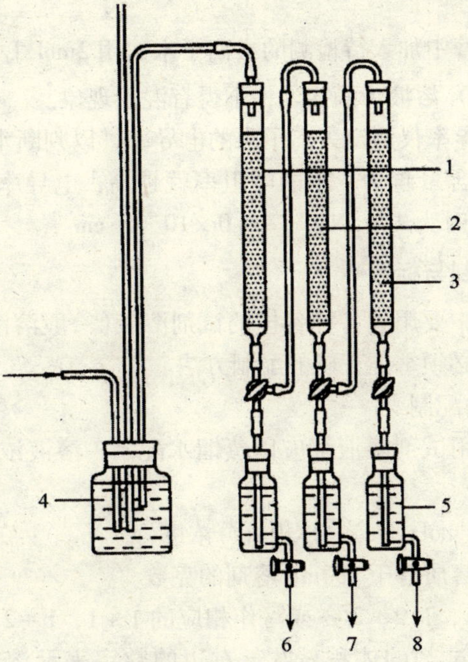

1. 阳离子交换柱；2. 阴离子交换柱；3. 混合交换柱；4. 稳压瓶；5. 下口瓶；
6. 阳离子交换出水口；7. 阴离子交换出水口；8. 混合柱出水口

图 1-46　去离子水制备装置示意图

速度与阳离子交换树脂相同。当 NaOH 溶液加完后，用去离子水淋洗至流出液的 pH 值为 9~10。

将以上经活化、转型、处理的离子交换柱重新装好，排除树脂层的气泡，即可进行水处理，最初流出的水应弃去。

离子交换树脂使用一段时间后，会失去交换能力。此时，应进行再生处理。处理方法为：阳离子交换柱用 HCl 溶液处理，阴离子交换柱用 NaOH 溶液处理，溶液的浓度、用量、处理方法与树脂的转型处理相同。

（4）去离子水的质量检验

制备出来的去离子水电阻率为 $0.5\times10^{5}\sim2\times10^{5}\Omega\cdot cm$。

纯水的检验根据一般分析实验室的要求，主要项目如下：

酸碱度：在两支试管中加入去离子水，一支管中滴入甲基红指示剂不得显红色；另一管中滴加 0.1% 澳百里酚蓝指示剂 5 滴不得显蓝色。

钙镁离子：取 10mL 待查的去离子水，加氨性缓冲液（20g NH_4Cl 加入 1L $2mol\cdot L^{-1}$ $NH_3\cdot H_2O$ 溶液中），调 pH 值至 10 左右，加入铬黑 T 指示剂1 滴

不得显红色。

氯离子：在试管中加入待检测的去离子水，用 $2mol \cdot L^{-1} HNO_3$ 酸化，再滴入 $0.1mol \cdot L^{-1} AgNO_3$ 溶液 1 滴摇匀，不得有混浊现象。

电导率：用电导率仪测定去离子水的电导率，以判断水的质量。水的纯度越高，杂质离子的含量越少，水的电阻率就越高，电导率越低。一般去离子水的电导率在 25℃时为 $4.0 \times 10^{-5} \sim 8.0 \times 10^{-7} S \cdot cm^{-1}$。

1.2.13 溶液的配制与标定

分析化学实验中要用到各种各样的试剂溶液（一般溶液）和标准溶液，都需自己配制，因此必须掌握正确的配制方法。

1. 试剂溶液的配制

分析化学中所用试剂溶液都应以蒸馏水配制，溶液浓度的表示方法常用以下几种：

物质的量浓度（$mol \cdot L^{-1}$），体积百分浓度（$g \cdot V^{-1}$）：在分析化学中常用的体积百分浓度是指溶质溶于 100mL 溶剂的克数。

体积比：如 1∶1，1∶2，2∶3 或写作相应的 1+1，1+2，2+3 等，左边的数字表示原装液体试剂的体积份数，右边的数字表示溶剂体积份数。例如 1∶2 盐酸，即密度 1.19 的盐酸 1 体积用 2 体积水稀释。

配制溶液操作要点：

（1）试剂为固体时，则在托盘天平上称出所需固体试剂，放入烧杯，先加少量蒸馏水溶解，然后稀释至应有的体积。搅匀后，移入试剂瓶中，贴上标签。

（2）试剂为液体时，如在稀释时有放热现象，应在烧杯中配制，用量筒量取所需试剂，倒入烧杯，稀释冷却后，再转入试剂瓶；如稀释时无放热现象，可取所需体积的试剂，直接放入试剂瓶中，用水稀释至应有的体积，摇匀，立即贴上标签。

2. 标准溶液的配制和标定

滴定分析中常用的标准溶液有两种配制方法。

（1）直接法

凡是符合“基准物质”条件的试剂都可用直接法配制标准溶液。基准物质条件如下：

试剂的组成与其化学式完全相符，试剂的纯度足够高。一般要求其纯度在 99.9% 以上，杂质含量应少到不影响分析的准确度；在空气中要稳定；试剂参加反应时，应按反应式定量进行，没有副反应。凡是符合以上条件的物质，在分析化学上称为“基准物质”或称“基准试剂”。

配制方法：用分析天平准确称取一定量的基准物质，在小烧杯中用少量蒸馏水溶解后，移入容量瓶，稀至刻度。然后根据所称的物质重量和溶液体积，即可计算出标准溶液的准确浓度。

（2）间接法

有许多物质不符合基准物条件，不能用直接法配制，如盐酸、氢氧化钠、高锰酸钾，等等。对于这类物质应先配成一种近似于所需浓度的溶液，然后用基准物(或已知准确浓度的溶液)来标定它的准确浓度。

在配制一般溶液和近似所需浓度的溶液时，由于只需 1 ~ 2 位有效数字，故所用仪器的精度都可以低些，可用托盘天平、量筒等，不必用分析天平和容量瓶等。但在标定溶液时，一切操作要求更严格、准确。称量基准物质要用分析天平，称准至小数点后四位，所有标定溶液的体积参加计算的均要用容量瓶、移液管和滴定管。

1.2.14 重量分析基本操作

1. 样品的溶解

（1）准备好洁净的烧杯，合适的搅拌棒(搅拌棒长度应高出烧杯 5 ~ 7cm)和表面皿(表面皿的大小应大于烧杯口)。烧杯内壁和底不应有划痕。

（2）称入样品后，用表面皿盖好烧杯。

（3）溶样时应注意以下事项：

① 溶样时若无气体产生，可取下表面皿，将溶剂沿杯壁或沿着下端紧靠杯壁的搅拌棒加入烧杯，边加入边搅拌，直至样品完全溶解，然后，盖上表面皿；

② 溶样时若有气体产生，应先加少量水湿润样品，盖好表面皿，由烧杯嘴与表面皿的间隙处滴加溶剂。样品溶解后，用洗瓶吹洗表面皿的凸面。流下来的水应沿杯壁流入烧杯，并吹洗杯壁；

③ 溶解样品时，若需要加热，应盖好表面皿。停止加热时，应吹洗表面皿和烧杯壁；

④ 若样品溶解后必须加热蒸发，可在杯口放上玻璃三角，再放表面皿。

2. 沉淀

沉淀应根据沉淀性质采用不同的操作方法

（1）晶形沉淀

① 在热溶液中进行沉淀，必要时将溶液稀释。

② 操作时，左手拿滴管加沉淀剂，溶液沿烧杯壁流下，勿使溶液溅出，

右手持搅拌棒充分搅拌，不要碰到烧杯壁和底。开始滴加速度慢些，接近沉淀完全时可以稍快。

③ 应检查沉淀是否完全，方法是：静置，待沉淀下沉后，于上层清液液面滴加少量沉淀剂，观察是否出现混浊。

④ 沉淀完全后，盖上表面皿，放置过夜或在水浴上加热1h左右，使沉淀陈化。

（2）非晶形沉淀

沉淀时宜用较浓的沉淀剂溶液。加沉淀剂和搅拌速度均可快些，沉淀完全后要用热蒸馏水稀释，不必放置陈化。

3. 过滤和洗涤

对于需要灼烧的沉淀，要用定量滤纸。而对于过滤后只要烘干即可进行称量的沉淀，则可采用微孔玻璃坩埚过滤。

用滤纸过滤应注意：

（1）滤纸的选择，参见1.2.6节的有关叙述

（2）漏斗的选择

漏斗的大小应与滤纸的大小相适应，滤纸的上缘低于漏斗上沿0.5～1cm；应选用锥角为60°，颈口倾斜处磨成45°角的长颈漏斗，颈长为15～20cm，颈的内径不宜过大，以3～5mm左右为宜。

（3）滤纸的折叠和漏斗的准备

手洗净擦干后，把滤纸整齐地对折，然后再对折，但不要把两角对齐而是向外错开一点，打开后是顶角稍大于60°的圆锥体。为保证滤纸和漏斗密合（见图1-47），第二次对折时不要折死，圆锥体滤纸打开后，放入洁净而又干燥的漏斗中，如果上边缘不十分密合，可以稍稍改变滤纸的折叠程度，直到与漏斗密合为止。用手轻按滤纸，把第二次的折边折死，所得圆锥体半边为三层，另半边为一层。取出滤纸，把三层厚的外层撕下一角，最外层多撕一点，第二层少撕一点，内层不撕，这样便成为梯形，便于滤纸贴紧漏斗壁。将其保存在干燥的表面皿上，备用。

将折叠好的滤纸放入漏斗，三层的一边放在漏斗出口短的一边，用食指按紧三层的一边，用洗瓶吹入水流将滤纸湿润，然后轻轻按压滤纸边缘，使滤纸的锥体上部与漏斗之间没有空隙，而下部与漏斗内壁却应留有缝隙。按好后，在其中加水至滤纸边缘。这时空隙与漏斗颈内应全部被水注满。当漏斗中水流尽后，颈内仍保留水柱且无气泡。若不能形成完整的水柱，可以用手堵住漏斗下口，稍稍掀起滤纸多层的一边，用洗瓶向滤纸与漏斗间的空隙里加水，直到漏斗颈与锥体的大部分被水充满，最后按紧滤纸边，放开堵住

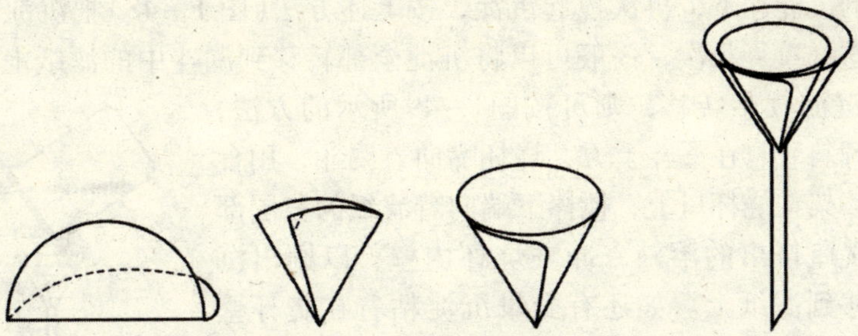

图 1-47 滤纸的折叠法

出口的手指，此时水柱即可形成。然后将准备好的漏斗放在漏斗架上，下面放一洁净的烧杯承接滤液，漏斗出口长的一边紧靠杯壁。漏斗和烧杯均盖好表面皿，备用。

（4）过滤和洗涤

过滤一般采用倾注法（或称倾泻法），即待沉淀下沉到烧杯底部后，把上层清液先倒至漏斗上，尽可能不搅起沉淀。然后，将洗涤液加在带有沉淀的烧杯中，搅起沉淀以进行洗涤，待沉淀下沉，再倒出上层清液。这样，一方面可避免沉淀堵塞滤纸，从而加速过滤，另一方面可使沉淀洗涤得更充分。倾泻法过滤参见图 1-48。

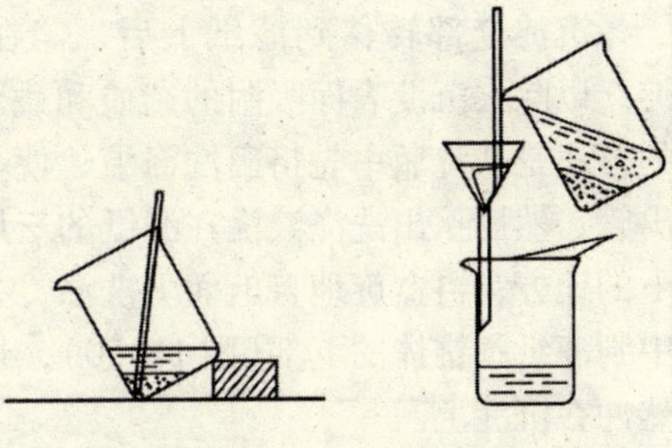

（a）倾斜静置 （b）过滤

图 1-48 倾注法过滤

待沉淀下沉后，一手拿搅棒，垂直地持于滤纸的三层部分上方（防止过滤时液流冲破滤纸），搅棒下端尽可能接近滤纸，但勿接触滤纸，另一手将盛着沉淀的烧杯拿起，使杯嘴贴着搅棒，慢慢将烧杯倾斜，尽量不搅起沉淀，将上层清液慢慢沿搅棒倒入漏斗中。停止倾注溶液时，将烧杯沿搅棒往上提，并逐渐扶正烧杯，保持搅棒位置不动。倾注完成后，将搅棒放回烧杯。用洗瓶将 20~30mL 洗涤液沿杯壁吹至沉淀上，搅动沉淀，充分洗涤，待沉淀下沉后，再倾出上层清液。如此反复洗涤、过滤多次。洗涤的次数视沉淀的性质而定，一般晶形沉淀洗 2~3 次，胶状沉淀需洗 5~6 次。

为了把沉淀转移到滤纸上，先在盛有沉淀的烧杯中加入少量洗涤液（加入洗涤液的量，应该是滤纸上一次能容纳的）并搅动，然后立即按上述方法将悬浮液转移到滤纸上（此时大部分沉淀可从烧杯中移出。这一步最易引起沉淀的损失，必须严格遵守操作中有关规定）。再从洗瓶中挤出洗涤液，把烧杯壁和搅棒上的沉淀冲下，再次搅起沉淀，按上述方法(图 1－48)把沉淀转移到滤纸上。这样重复几次，一般可以将沉淀全部转移到漏斗中的滤纸上。如果仍有少量沉淀较难转移，则可按图1－49所示的方法，把烧杯倾斜着拿在漏斗上方，烧杯嘴向着漏斗，用食指将搅棒架在烧杯口上，搅棒下端向着滤纸的三层部分，用洗瓶挤出的溶液，冲洗烧杯内壁，以刷出沉淀，转移到滤纸上。如还有少量沉淀粘着在烧杯壁上，则可用前面撕下的一小块洁净无灰滤纸将其擦下，放在漏斗内，搅棒上沾着的沉淀，亦应用前面撕下的滤纸角将它擦净，与沉淀合并。然后仔细检查烧杯内壁、搅棒、表面皿是否彻底洗净，若仍有沉淀痕迹，要再行擦拭、转移，直到沉淀完全转移为止。

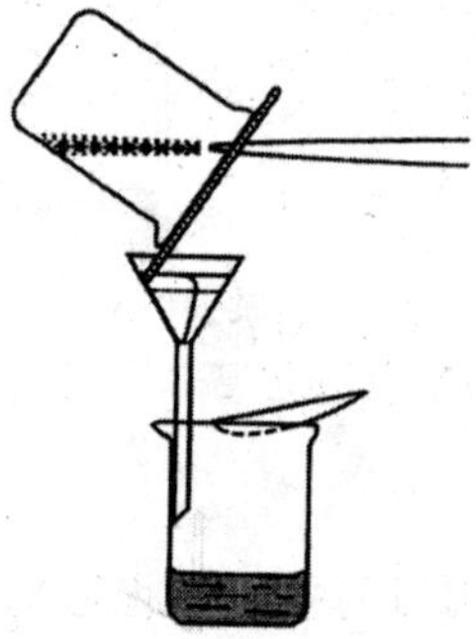

图 1－49 沉淀的转移

沉淀全部转移到滤纸上后，需在滤纸上洗涤沉淀，以除去沉淀表面吸附的杂质和残留的母液。洗涤的方法是从洗瓶中先挤出洗涤液，使其充满洗瓶的导出管，然后挤出洗涤液浇在滤纸的三层部分离边缘稍下的地方，再盘旋地自上而下洗涤，并借此将沉淀集中到滤纸圆锥体的下部(图 1－50)，切勿使洗涤液突然冲在沉淀上。

为了提高洗涤效率，每次使用少量洗涤液，洗后尽量沥干，然后再在漏斗上加洗涤液进行下一次洗涤，如此洗涤多次。

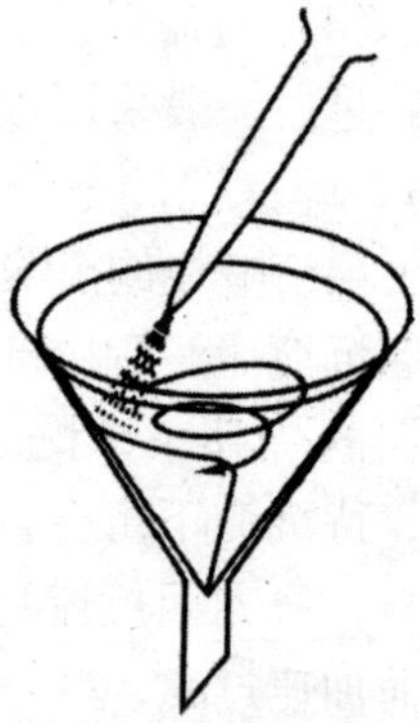

图 1－50 沉淀在漏斗中的洗涤

沉淀洗涤至最后，用干净试管接取约 1mL 滤液(注意不要使漏斗下端触及下面的滤液)，选择灵敏而又迅速显示结果的定性反应来检验洗涤是否完成。

过滤与洗涤沉淀的操作，必须不间断地一次完成。若间隔较久，沉淀就会干涸，粘成一团，这样就几乎无法洗净。

盛沉淀或滤液的烧杯，都应该用表面皿盖好。过滤时倾注完溶液后，亦应将漏斗盖好，以防尘埃落入。

将沉淀转移至玻璃坩埚内的方法同上，只是必须同时进行抽滤，见图 1－51。

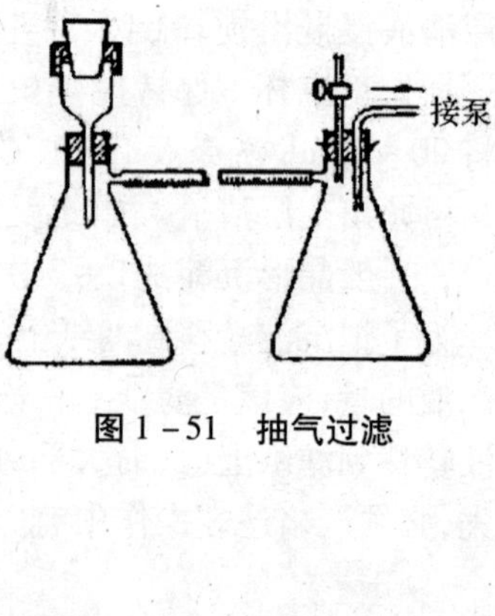

图 1－51 抽气过滤

抽滤时将玻璃坩埚安置在具有橡皮塞的吸滤瓶上，用抽水泵抽滤。注意应先倒溶液于玻璃坩埚中，然后打开水泵。每次倒入后不要吸干，以免沉淀被吸紧，影响过滤速度。过滤结束时，先要松开吸滤瓶上的橡皮管，然后再关闭水泵，以免倒吸。

转移沉淀和洗涤沉淀的方法与用滤纸时相同。但在擦净搅拌棒和烧杯壁上的沉淀时，不能用滤纸，要用沉淀帚。

4. 干燥和灼烧

（1）干燥器的准备和使用(见前述相关内容)

（2）坩埚的准备

检查坩埚完好无损后，洗净，烘干随即进行编号(见前述有关内容)。

将坩埚灼烧至恒重时，灼烧和冷却均应定温定时，具体的温度和时间视沉淀的性质而定。通常，第一次灼烧时间约45min左右，第二次20min左右。灼烧后的坩埚放在空气中冷却，待红热稍退再将其放入干燥器中，冷却30～60min。冷却的时间，每次必须相同。重复这样的操作，直到连续两次称量质量之差不超过0.3mg，可视为已达恒重。

（3）沉淀和滤纸的烘干

① 从漏斗中取出沉淀和滤纸时，应用扁头玻璃棒将滤纸一边挑起，向中间折叠，将沉淀包住，再用玻璃棒轻轻转动滤纸包，以便擦净漏斗内壁可能沾有的沉淀，然后把滤纸包转移到已称至恒重的坩埚中，把滤纸包稍斜放，滤纸包的尖端朝上。当坩埚放在泥三角上时，滤纸的三层部分应向上。

② 沉淀的烘干及滤纸的炭化，应在高温炉外进行。可用煤气灯或酒精灯。将泥三角放在三角铁架上，放有沉淀的坩埚斜放在泥三角上，坩埚底部枕在泥三角的一边上，坩埚口朝泥三角的顶角。把坩埚盖斜倚在坩埚口的中上部(图1－52)。为使滤纸和沉淀迅速干燥，应该用反射焰，即用小火加热坩埚盖中部，热空气流便进入坩埚内部，而水蒸气从坩埚上面逸出(沉淀的烘干也可以在烘箱中进行，经烘干后再移到电炉上将滤纸炭化)。

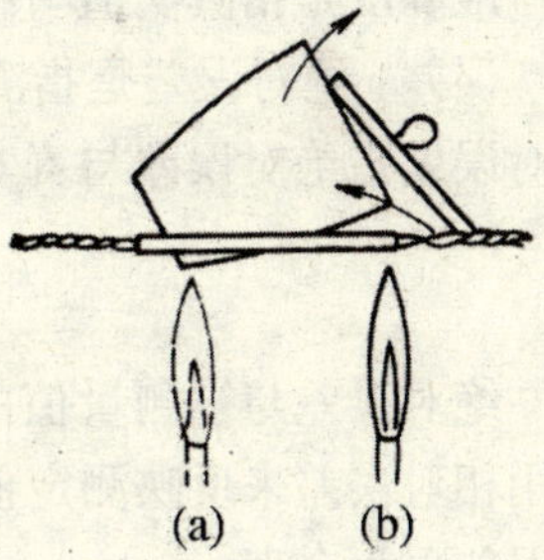

图1－52　炭化滤纸的操作方法

（4）滤纸的炭化和灰化

待滤纸及沉淀干燥后，将煤气灯逐渐移至坩埚底部(图1－52a)，稍稍加大火焰，使滤纸炭化。如温度升高太快，滤纸会生成整块的炭，需要较长时间才能将其完全烧完。如遇滤纸着火，可用坩埚盖盖住，使坩埚内火焰熄灭（切不可用嘴吹灭），同时移去酒精灯。火熄灭后，将坩埚盖移至原位，继续加热至全部炭化。炭化后加大火焰，使滤纸灰化。滤纸灰化后，应该不再呈黑色。为了使坩埚壁上的炭完全灰化，应该随时用坩埚钳夹住坩埚转动（但不能使坩埚中的沉淀翻动，以免沉淀飞扬），直至全部灰化。炭化和灰化操作也可以在电炉上进行。

（5）沉淀的灼烧

① 灰化后，将坩埚移入高温炉中，盖上坩埚盖（稍留有缝隙），在与空坩埚相同的条件下（室温）灼烧至恒重。

② 灼烧时，将炉温升至指定温度后应保温一段时间（通常第一次灼烧45min左右，第二次灼烧20min左右）。灼烧后，切断电源开关，打开炉门，将坩埚移至炉口，至红热稍退。然后将坩埚放到耐火瓷板上，在空气中冷却至红热退去。再将坩埚移入干燥器中（开启1~2次干燥器盖）冷却30~60min。待坩埚的温度冷却至室温再进行称量，然后，再灼烧，冷却，称量，直至恒重为止，即带沉淀的坩埚，其连续两次称量的结果之差应在0.3mg以内。注意每次冷却条件和时间应一致。

1.2.15 误差和有效数字

1. 测量中的误差

（1）准确度和误差

准确度是指真实值与测定值之间的偏离程度。

误差：绝对误差是指测定值与真实值之差（绝对误差=测定值-真实值）；相对误差指绝对误差与真实值之比（占百分之几）。

$$相对误差=\frac{绝对误差}{真实值}\times 100\%$$

绝对误差与被测量值的大小无关，而相对误差与被测量的大小有关。一般用相对误差来反映测定值与真实值之间的偏离程度（即准确度），这比用绝对误差更为合理。

（2）精密度和偏差

精密度指测量结果的再现性（重复性）。

偏差：通常被测量的真实值很难准确测得，于是用多次测量结果的平均值作为最后的结果。单次测定的结果与平均值之间的偏离就称为偏差。偏差也有绝对偏差和相对偏差之分。

$$绝对偏差=单次测定值-平均值$$

$$相对偏差 = \frac{绝对偏差}{平均值} \times 100\%$$

为了说明测量结果的精密度，最好以单次测量结果的平均偏差和相对平均偏差表示。

$$平均偏差 = \frac{1}{n}\left(|d_1| + |d_2| + \cdots + |d_n|\right)$$

$$相对平均偏差 = \frac{平均偏差}{平均值} \times 100\%$$

式中：n——测量次数；

d_1——第一次测量的绝对偏差；

d_n——第 n 次测量的绝对偏差。

用数理统计方法处理数据时，常用标准偏差 S 和相对标准偏差 S_r 来衡量精密度。

$$S = \sqrt{\frac{\sum_{i=1}^{n}(x_i - \bar{x})^2}{n-1}} = \sqrt{\frac{\sum_{i=1}^{n} d_i^2}{n-1}}$$

$$S_r = \frac{S}{\bar{x}} \times 100\%$$

从相对偏差和相对标准偏差的大小可以反映测量结果再现性的好坏，即测量的精密度。相对偏差或相对标准偏差小，可视为再现性好，即精密度高。

(3) 准确度和精密度

准确度高一定需要精密度高，但精密度高不一定准确度高。精密度是保证准确度的先决条件，精密度低说明测量结果不可靠，在这种情况下，自然失去了衡量准确度的前提。

准确度和精密度、误差与偏差具有不同的含义。但是严格说来，由于任何物质的“真实值”无法准确知道，一般所知道的“真实值”，其实就是采用各种方法进行平行测量所得到的相对正确的“平均值”。用这一平均值代替真实值计算误差，得到的结果仍然有误差。所以在实际工作中，有时不严格区分误差和偏差。

(4) 产生误差的原因

产生误差的原因很多，一般可分为系统误差和偶然误差两大类。

① 系统误差　由某些固定的因素所造成的误差称为系统误差。系统误差的特点是在多次重复测量时，结果总是偏高或者偏低，且会重复出现。产生

系统误差的主要原因有：实验方法不完善；所用的仪器准确度差；药品不纯等。系统误差可以用改善方法、校正仪器、提纯药品等措施来减少，有时也可以在找出误差原因后，算出误差的大小而加以修正。

② 偶然误差　由一些难以控制的因素所造成的误差称为偶然误差。例如测量时环境温度、湿度和气压的微小波动，仪器性能的微小变化，测量人员对各次测量的微小差别等，都可能带来误差。偶然误差是在测量过程中无法避免的，但偶然误差符合一般的统计规律：

a. 正误差和负误差出现的概率相等。

b. 小误差出现的次数多，大误差出现的次数少，个别特别大的误差出现的次数极少。所以通常可采用“多次测定，取平均值”的方法来减少偶然误差。

③ 过失误差　除了上述两类误差以外，还有由于工作粗心，不遵守操作过程等原因，造成测量的数据有很大的误差，称为过失误差。如果确知由过失差错而造成的误差，则在计算平均值时应剔除该次测量的数据。通常只要加强责任感，对工作认真细致，过失差错是完全可以避免的。

2. 有效数字及计算规则

(1) 有效数字

用某一测量仪器测定物质的某一物理量，其准确度都是有一定限度的。测量值的准确度决定于仪器的可靠性，也与测量人员的判断力有关。测量的准确度是由仪器刻度标尺的最小刻度决定的(假定刻度标尺是正确的)。

如托盘天平最小刻度标尺是 0. 2g，而分析天平最小刻度标尺是 0. 1mg。前者准确度低，后者准确度高。又如，50mL 量筒最小刻度是 1mL，而 50mL 滴定管的最小刻度是 0. 1mL，前者准确度低，后者准确度高。

在测量过程中，被测物体的某一物理量的标线在仪器标尺的两刻度之间，则需利用判断力估计最后一位数。如测量液体的体积：用 50mL 量筒测量，若液体弯月面底部(标线)在 24mL 与 25mL 的两刻度之间，则需估计最后一位数，甲读得 24. 3mL，乙读得 24. 4mL，丙读得 24. 2mL。前两位数都是很准确的，第三位数因为没有刻度，是估计出来的，所以稍有偏差。这第三位数字不甚准确，称为可疑值。但它并不是臆造的，所以记录时应该保留它。用 50mL 滴定管测量时，液体的弯月面底部(标线)在 24. 3mL 与 24. 4mL 两条刻度线之间，也需要估计最后一位数，甲可能读得 24. 33mL，乙可能读得 24. 32mL，丙可能读得 24. 34mL。前三位数都是很准确的，第四位数是估计值，不甚准确，记录时也应该保留它。

所谓有效数字，就是在一个数中，除最后一位数是不甚准确的外，其他各数都是确定的。也就是说，有效数字就是实际上能测到的数字。用 50mL 量筒测到的有效数字是三位(所取液体体积要大于10mL)，用50mL滴定管测到的有效数字是四位(体积要大于10mL)。若用量筒测量液体体积时读出24.25mL就错了，因为24.25中的2已是估读的，人的眼睛无法再判断最后一位数5。同理，若用50mL滴定管测量液体体积时读出25.3mL，也错了，因为未估计最后一位数。前者有效数字多一位，后者有效数字少一位，这意味着前者扩大了仪器测量的准确度，而后者缩小了仪器的准确度。

看看下面各数的有效数字的位数：

1.0008	43181	五位有效数字
0.1000	10.98%	四位有效数字
0.0382	2.98×10^{-3}	三位有效数字
54	0.0040	二位有效数字
0.05	2×10^{5}	一位有效数字
3600	100	有效数字位数不确定

在以上数据中“0”起的作用是不同的，它可以是有效数字，也可以不是有效数字。例如1.0008中，“0”是有效数字。在0.0382中，“0”只起定位作用，不是有效数字，因为这些“0”只与所取的单位有关，而与测量的精密度无关，如果将单位缩小100，则0.0382就变成3.82，有效数字只有三位。在0.0040中，前面三个“0”不是有效数字，后面一个“0”是有效数字。另外还应注意，像3600这样的数字，有效数字位数是不好确定的，应该根据实际的有效位数写成3.6×10^{3}(二位)，3.60×10^{3}(三位)，3.600×10^{4}(四位)。

有些不需要经过测量的数值，如倍数或分数，可认为它们是无限多位的有效数字。

(2) 有效数字的运算规则

① 加法与减法　几个数据相加或相减，它们的和或差的有效数字应以小数点后位数最少的数为准。例如，将1.0036，12.34及0.498相加，见下式(可疑数以“?”标出)

$$\begin{array}{r} 1.003\underset{?}{6} \\ 12.3\underset{?}{4} \\ +\ 0.49\underset{?}{8} \\ \hline 13.8\underset{???}{416} \longrightarrow 13.84 \end{array}$$

可见，小数点后位数最好的12.34中的4已是可疑数，相加后使得

13.8416 中的 4 也可疑，所以再多保留几位也无意义，也不符合有效数字只保留一位可疑数字的原则，这样相加后的结果应是 13.84。

以上为了看清加减后应保留的有效数字的位数，而采用了先运算后取舍的方法，一般情况下为了计算的方便，可采用先取舍后运算的，即：

$$\begin{array}{rcr} 1.0036 & \longrightarrow & 1.00 \\ 12.34 & \longrightarrow & 12.34 \\ +\ 0.498 & \longrightarrow & 0.50 \\ \hline & & 13.84 \end{array}$$

② 乘法与除法　几个数相乘或者相除，它们的积与商的有效数字也应只保留一位可疑数，以有效数字位数最少的为准，与小数点的位置无关。例如：

$$\begin{array}{r} 1.30\underset{?}{1} \\ \times\quad 2\underset{?}{1} \\ \hline \underset{????}{1301} \\ 260\underset{?}{2} \\ \hline 2\underset{????}{7.321} \end{array}$$

从上例可看出，由于 21 中的 1 是可疑的，使得积中 27.321 中的 7 也可疑，所以保留两位即可，结果是 27。

③ 对数、反对数　对数的首数是确定真数中小数点的位置的，所以对数的首数不是有效数字，对数的尾数的有效数字的位数应与相应真数的有效数字位数相同。

例如：2.00×10^{-2}为三位有效数字，其对数：$\lg 2.00\times10^{-2}=-1.699$ 尾数部分仍保留三位，首字 -1 不是有效数字，不能记成 $\lg 2.00\times10^{-2}=-1.70$，这里 -1.70 只有两位有效数字，与原数的有效数字 2.00×10^{-2}（三位）不一致了。

在化学中对数、反对数运算很多。反对数运算也与对数运算一样。例如 pH 值的运算：若 pH = 10.31，这是两位有效数字，所以 $c(H^+)=4.9\times10^{-11}\ mol\cdot L^{-1}$，有效数字仍只有两位，而不能记成 $c(H^+)=4.898\times10^{-11}\ mol\cdot L^{-1}$。

1.3　实验室常用测试仪器的使用

1.3.1　台秤

台秤（见图1－53）用于精度不高的称量，一般只能称准到0.1g。

1. 称量前，首先调节托盘下面的螺旋，让指针在刻度板中心附近等距离摆动，此谓调零点。

2. 称量时，左盘放称量物，右盘放砝码（10g或5g以下是通过移动游码添加的），增减砝码，使指针也在刻度板中心附近摆动，砝码的总质量就是称量物的质量。

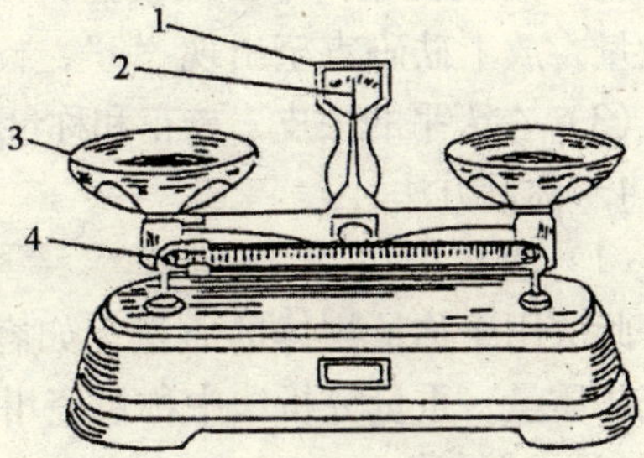

1－刻度板；2－指针；3－称量盘；4－游码

图1－53　台秤

称量时应注意以下事项：

（1）不能称量热的物体；

（2）称量物不能直接放在托盘上，依情况将其放在硫酸纸上、表面皿中或容器内；

（3）称量完毕，一切复原。

1.3.2　电子分析天平

1. 仪器结构

电子分析天平为较先进的称量仪器，此类天平操作简便，外观如图1－54所示。

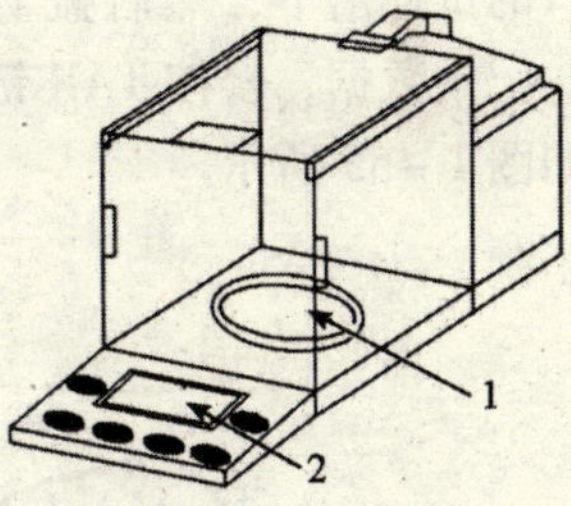

1－天平盘；2－质量显示屏幕

图1－54　电子分析天平

2. 使用方法

（1）调整地脚螺栓高度，使水平仪内空气泡位于圆环中央。

（2）接通电源，按下“on/off”键，待全电子操作的自动检测过程完成时，显示屏上显出0.0000（空载），这时显示屏上若有其他显示，请勿乱按键。

（3）若称量时要用容器盛放被称物体或者显示屏上并非显示0.0000时，按“去皮（TAR）”键，使显示屏再现0.0000。

（4）打开称量室推门，把被称物体放入秤盘上的容器内，关好推门。待显示屏上数字稳定后，即出现小数点后第四位的数字显示，该读数即为所称物体的准确质量。

3. 注意事项

(1) 天平在初次接通电源或长时间断电后，至少需要预热 30min。为取得理想的测量结果，天平应保持长时间待机状态。

(2) 首次使用天平必须校正，按“校正(CAL)”键，天平将显示所需砝码质量，放上砝码直至出现“g”，校正结束。可进行正常称量。

(3) 在天平的去皮、校正和称量的读数过程中，天平的侧门必须保持关闭。

4. 称量方法

(1) 直接法

此法用于称量物体的质量，如容量器皿校正中称量锥形瓶的质量、干燥小烧杯质量，重量分析法中称量瓷坩埚的质量。

(2) 减量法

此法用于称量一定质量范围的试样。其样品主要针对易吸潮、易氧化以及与 CO_2 反应的物质。由于此法称量试样的量为两次称量之差求得，故又称差减法。例如，称取某一样品，从干燥器中取出称量瓶(注意不要让手指直接接触称量瓶及瓶盖)，用小纸片夹住瓶盖，打开瓶盖，用药匙加入适量样品(约共取 5 份样品称量)，盖上瓶盖，用滤纸条套在称量瓶上，轻放在已进入称量模式的称盘上。轻按 TAR 键去皮重，然后取出称量瓶，将称量瓶倾倒斜放在容器上方，用瓶盖轻轻敲瓶口上部，使试样慢慢落入容器中。当倒出的试样已接近所需的量时，慢慢地将瓶抬起，再用瓶盖轻敲瓶口上部，使粘在瓶口的试样落下，然后盖上瓶盖，放回称盘中。天平显示的读数即为试样质量，记录数据，轻按 TAR 键。用同样的方法称取第二份、第三份试样，其操作如图 1 – 55 所示。

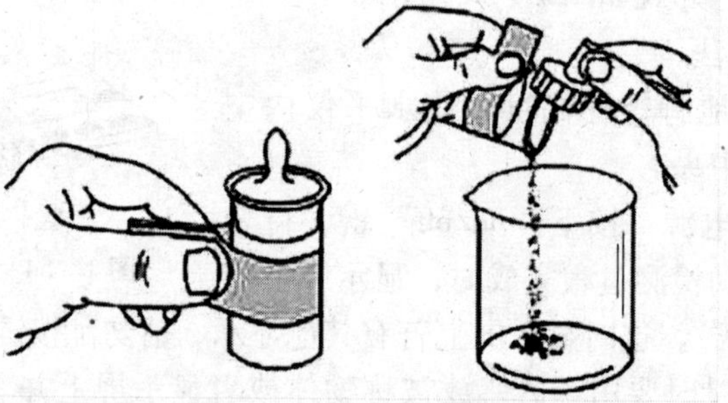

图 1 – 55　称量瓶使用示意图

1.3.3　pHS－25 型酸度计

1. 仪器的用途

酸度计是一种用电势法测定水溶液 pH 值的测量仪器。它主要是利用一对电极在不同的 pH 值溶液中，产生不同的直流毫伏电动势，将此电动势输入电位计后，经过电子线路的一系列工作，最后在指示器上显示测量结果。

2. 仪器的构造

pHS－25 型酸度计主要由电极部分和电计部分组成。现主要介绍电极部分及电计部分的外部结构。

（1）电极部分

pHS－25 型酸度计的电极部分主要包括测量电极（也叫指示电极、玻璃电极）和参比电极。参比电极一般有甘汞电极和银－氯化银电极两种。

① 玻璃电极　玻璃电极（图 1－56）是用一种导电玻璃（含 72% SiO_2、22% Na_2O、6% CaO）吹制成极薄的空心小球，球中有 $0.1mol\cdot L^{-1}$ HCl 和 Ag－AgCl 电极，把它插入一个待测溶液，便组成一个电极：Ag，AgCl（固）| $0.1mol\cdot L^{-1}$ HCl | 玻璃 | 待测溶液，这个导电的薄玻璃膜把两个溶液隔开，即有电势产生，小球内氢离子浓度是固定的，所以该电极的电势随待测溶液的 pH 值不同而改变，即

$$E = E^{\theta} + 0.0591\text{pH}$$

式中：E——电极的电势；

E^{θ}——电极的标准电势。

② 甘汞电极（图 1－57）　甘汞电极是常用的参比电极。甘汞电极的电极电势与被测溶液的 pH 值无关。饱和甘汞电极是由汞 Hg、甘汞 Hg_2Cl_2 和饱和 KCl 溶液组成。它的电极反应为：

$$Hg_2Cl_2(s) + 2e = 2Hg + 2Cl^-$$

在 298K 时的电极电势为 0.2445V。

③ 玻璃电极－甘汞电极组成的原电池的电动势与 pH 值的关系。玻璃电极与甘汞电极组成的原电池的电动势：

$$E = E_{正} - E_{负}$$

$E_{正}$是甘汞电极的电极电势，$E_{负}$是玻璃电极和待测溶液产生的电极电势。所以

$$E = E_{甘} - E^{\theta}_{玻} - 0.0591\text{pH}$$

不同玻璃电极的 $E^{\theta}_{玻}$是不同的，而且同一玻璃电极也随着时间而变化。为此，必须对玻璃电极先进行标定，即用一已知 pH 值的缓冲溶液先测出电动

势 E_s。

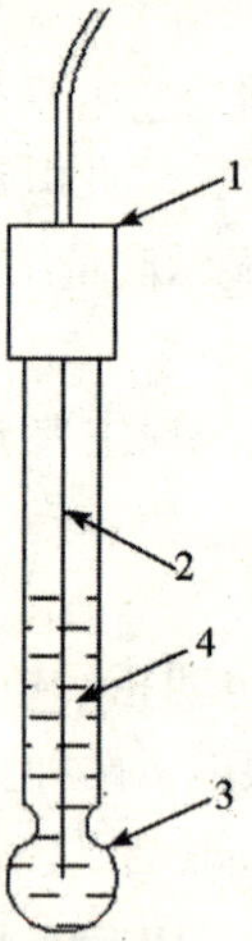

1－绝缘套；2－Ag－AgCl 电极；
3－玻璃膜；4－0.1mol·L^{-1}HCl

图 1－56　玻璃电极

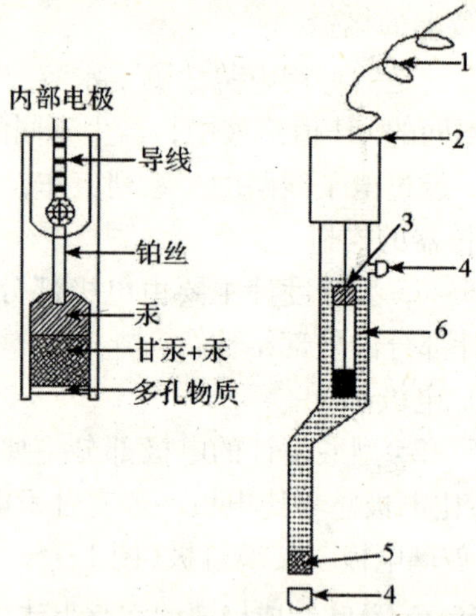

1－导线；2－绝缘体；3－内部电极；
4－胶皮帽；5－多孔物质；6－饱和 KCl 溶液

图 1－57　甘汞电极

$$E_s = E_{甘} - E^{\theta}_{玻} - 0.0591\text{pH}_s \qquad (1-1)$$

然后测出未知溶液（其 pH 为 pH_s）的电动势 E_x。

$$E_x = E_{甘} - E^{\theta}_{玻} - 0.0591\text{pH}_x \qquad (1-2)$$

由式（1－2）减（1－1）可得

$$\Delta E = E_x - E_s = 0.0591(\text{pH}_s - \text{pH}_x) = 0.0591\Delta\text{pH}$$

从上式可知当溶液的 pH 改变 1 个单位时，电动势改变 0.0591V，即 59.1mV。

pHS－25 型酸度计是根据上述原理设计的。所以在测定未知溶液 pH 值前，必须先用已知 pH 值的溶液进行标定。所以酸度计设有定位器。由于 ΔE 与温度 T 有关，所以酸度计有温度补偿器，以克服温度改变对测量带来的影响。

④ 复合电极　有的酸度计使用的是复合电极。如上海雷磁仪器厂生产的 pHS－25 型酸度计使用的是 pH 玻璃电极和银－氯化银参比电极组成的复合电极。

复合电极的结构如图 1－58 所示，内管 1 是一支玻璃电极，与图 1－56 完全相同。外管是银－氯化银参比电极 3，由银（Ag）、氯化银（AgCl）和 3mol·L^{-1}氯化钾溶液组成。它的电极反应为：

$$AgCl(s) + e = Ag + Cl^-$$

其电极电势与被测溶液的 pH 值无关。

图中 2 是参比电极上端支管的胶皮帽，使用时要拔下。当参比电极中参比液（$3mol \cdot L^{-1}$ KCl）缺少时可从支管补充参比液。图中 4 又似甘汞电极图 1 – 57 中的 5。图中 5 为塑料保护栅，是保护玻璃电极的敏感玻璃泡，使它不与硬物（包括烧杯底）接触。图中 6 是电极保护帽，帽内应放少量参比补充液（$3mol \cdot L^{-1}$KCl），以保持电极球泡的湿润。使用时应将此帽取下，测量完毕，不用时应将保护帽套上。要注意帽内的参比液应将玻璃球全部淹没，帽内缺液不能淹住玻璃泡时要补加适量参比液。

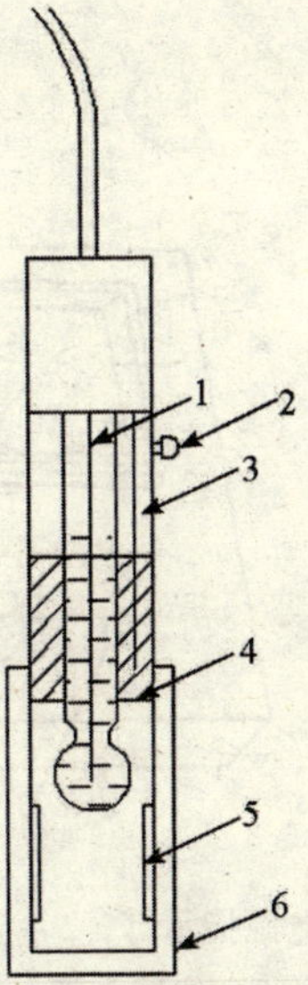

1 – pH 电极；2 – 胶皮套；
3 – Ag – AgCl 参比电极；
4 – 参比电极底部陶瓷芯；
5 – 塑料保护栅；
6 – 电极保护帽；
7 – 电极引出端

图 1 – 58　复合电极

复合电极与待测液组成的原电池的电动势与待测液的 pH 值关系与玻璃电极 – 甘汞电极组成的原电池的电动势完全相同。

（2）pHS – 25 型酸度计外部结构

不同厂家出产的 pHS – 25 型酸度计外部结构不完全相同。图 1 – 59 是上海雷磁仪器厂生产的 pHS – 25 型酸度计外形图。

3. 仪器的使用

（1）测定溶液 pH 值的步骤

① 预热　将电源插头插于插座中，拨电源开关至指示灯亮。仪器预热 15 ~ 20min。

② 洗涤电极　干放的玻璃电极或复合电极使用前必须在去离子水（或蒸馏水）中浸泡 8h 以上。拔去甘汞电极底部和侧面的胶皮帽；若用复合电极则要取下电极下部的塑料保护帽和电极侧面的胶皮帽。检查玻璃电极下端和甘汞电极下端是否有气泡，若有应甩去下端气泡。用去离子水冲洗电极外部，用滤纸吸干。

③ 定位　调节“温度调节器”，使所指示温度与溶液温度相同。将擦干的电极插入装有已知 pH 值的标准缓冲溶液的小烧杯中，轻轻摇动小烧杯。拨“测量选择”至所测 pH 值的标准溶液的范围这一挡（如 pH = 4.0 的标准缓冲溶液，则调至“0 ~ 7”挡）。调节“定位”旋钮使电表指示该缓冲溶液准确的 pH 值，此时定位结束。定位后，定位钮不应再有任何变动。

④ 测量待测液的 pH 值　将电极从缓冲溶液中取出，用去离子水冲洗后

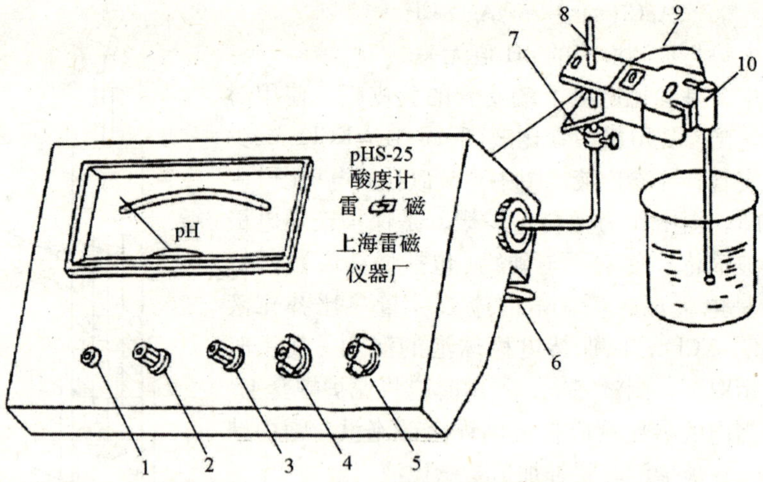

1 – 电源指示灯；2 – 温度补偿器，3 – 定位调节器；毛 – 功能选择器，5 – 量程选择器，6 – 仪器支架；7 – 电极杆固定圈；8 – 电极杆；9 – 电极夹；10 – 复合电极

图 1 – 59　雷磁 pHS – 25 型外形

再用待测液淋洗。将电极插入待测液的小烧杯中，稍稍摇动小烧杯，拨“测量选择”至相应的 pH 挡。观察电表表头，指针不再漂移时直接读数，此数即为待测液的 pH 值。读数时要注意的是，所测的 pH 值范围应从右向左还是从左向右读。

⑤ 收尾将测量选择拨至“0”挡，从待测液中取出电极；再用去离子水冲洗电极并用滤纸吸干，套上所有的帽；最后用双电极的要将玻璃电极泡在盛有去离子水的小烧杯中(但不要将甘汞电极也泡在去离子水中)，关闭电源。

（2）注意事项

① 调节定位器时切忌用力太猛。特别是定位时调节不到所需要位置时，不要用力扭定位钮。此时可能有下列情况发生：pH 挡拨得不对；玻璃电极中有气泡或玻璃泡有裂缝；参比电极中无参比液，或参比液不够；没有取下应取下的胶皮帽。

② 玻璃电极的维护

a. 保护好玻璃电极下端的玻璃球泡，切忌球泡与硬物相碰、与硬物接触。

b. 初次使用时，应先将球泡在去离子水中浸 24 h 以上；暂不使用时，也要浸在去离子水中。

c. 电极插头上的有机玻璃管具有良好的绝缘性能，切勿接触化学试剂或油污。

d. 若玻璃膜上沾有油污，应先浸在酒精中，再放入乙醚或四氯化碳中，然后再移到酒精中，最后用水冲洗干净。

e. 在测强碱性溶液时，应快速操作。测完后立刻用水洗净，以免碱液腐蚀玻璃。

f. 凡是含氟离子的酸性溶液，不能用玻璃电极测量。

(3) 测量电极电势

pHS－25 型酸度计又可用来测量电极电势。仪器在测量电极电势时，只要根据电极电势的极性置“选择”开关，当开关置“＋mV”时，仪器所示的电极电势值的极性与仪器后面板上的标志相同；当此开关置“－mV”时，仪器所示的电极电势值的极性与仪器后面板的标志相反。具体操作步骤如下：

①把功能开关指在“mV”处，然后打开电源开关，仪器预热 5min。接入电极，电极浸入被测溶液中。

②若选择量程开关在“0～7”处，“选择”开关拔在“＋mV”。

③ 调节电表指针在 0mV 时，按下读数开关，读数即指示被测电极的电动势。

④ 测完后，冲洗电极，关掉电源。

1.3.4　DDSJ－308A 电导率仪

1. 仪器结构

DDSJ－308A 电导率仪的仪器结构，如图 1－60 所示。

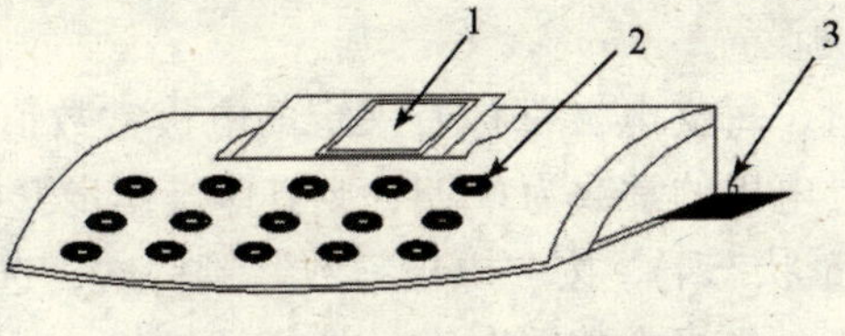

1－显示屏；2－键盘；3－电极插座

图 1－60　DDSJ－308A 电导率仪

2. 技术参数

(1) 测量范围：电导率测量范围 $0 \sim 2\times10^5 \mu S\cdot cm^{-1}$，共分成五挡量程（五挡量程能自动切换）：$0 \sim 1.999 \mu S\cdot cm^{-1}$，$1.999 \sim 19.99 \mu S\cdot cm^{-1}$，$19.99 \sim 199.9 \mu S\cdot cm^{-1}$，$199.9 \sim 1999 \mu S\cdot cm^{-1}$，$1999 \sim 19999 \mu S\cdot cm^{-1}$。当选用常数为 0.01 的电极时，测量范围为 $0 \sim 200 \mu S\cdot cm^{-1}$；当选用常数为 0.1 的电极时，测量范围为

0 ~ 2000μS·cm^{-1}；当选用常数为 1.0 的电极时，测量范围为 0 ~ 20000μS·cm^{-1}；当选用常数为 5.0 的电极时，测量范围为 0 ~ 10000μS·cm^{-1}；当选用常数为 10.0 的电极时，测量范围为0 ~ 200000μS·cm^{-1}(当电导率大于 20000μS·cm^{-1}时,一定要用电极常数为 10 的电极)。

(2) 温度测量范围：0 ~ 50℃。

3. 仪器的使用方法

(1) 电极的选择

根据表 1 - 12 所示的量程范围，选择合适电极常数的电导电极。

表 1 - 12　电极常数与电导电极的量程

电导率范围(μS·cm^{-1})	电阻率范围(Ω)	电极常数(cm^{-1})
0.05 ~ 20	20M ~ 50k	0.01
1 ~ 200	1M ~ 5k	0.1
10 ~ 10000	100k ~ 100	1
100 ~ 200000	10k ~ 5	10

(2)将电导电极和温度电极分别插入各自插座，并浸入被测溶液中。

(3) 插入电源，显示仪器型号后，直接进入测量状态(仪器参数为用户最新设计的参数,仪器出厂时初始值定为 R = 1.00,α = 0.02)，仪器能自动校正、自动量程转换，显示所测的电导率(折算成 25 时的电导率值,右上角为其单位)及温度值。

(4) 电极常数的设置

电导电极出厂时，每支电极都标有一定的电极常数值。用户需将此值输入仪器。例如，电导电极的常数为 0.98，则具体操作步骤如下：

① 在电导率测量状态下，按“电极常数”键一次，选择电极常数挡次为 1.0(本仪器设计有五种电极常数挡次值，即：0.01，0.1，1.0，5.0 和 10.0)。

② 按“▼”或“▲”键修改到电导电极的常数为 0.98。

③ 按确认键，仪器自动将电极常数值 0.98 存入并返回测量状态，在测量状态中即显示此电极常数值。

④ 如果选用的电极不是 1.0 挡，则需按“电极常数”键两次，按“▼”或“▲”键修改到相应挡位，再按“电极常数”键，b，c 步骤的操作相同。

(5) 电导池常数 R 和温度补偿系数 α 的设置

设置键：按下此键，(E)设置电极常数 R、温度补偿系数 α；(P)设置打印机以打印所贮存在测量数据；(L)设置即时打印中的起始序号。

依次连续按下设置键，可以在设置、调节电导池常数和设置温度补偿是数间翻转而不改变仪器的原设定值，需按下取消键，仪器才能退出设置功能，返回测量状态。

确认键：用于设置当前的操作状态，以及操作数据。

▲键、▼键：称作上行键、下行键，主要用于调节参数，或功能之间的翻转。

取消键：按此键仪器将退出设置功能，返回测量状态。

1.3.5　WFZ800－D3B 型分光光度计

1. 仪器结构

WFZ800－D3B 型分光光度计的仪器结构，见图 1－61。

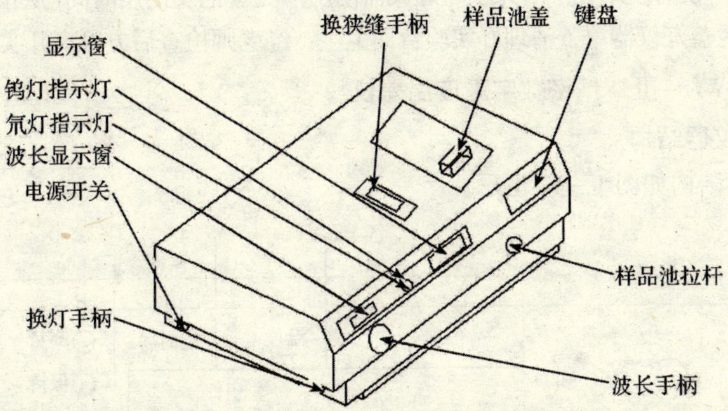

图 1－61　WFZ800－D3B 型分光光度计

2. 使用方法

(1) 打开仪器电源(显示器显示 800－3)，预热 10min，等仪器的显示屏显示 HELLO，则表示仪器完成预热。

(2) 根据测量要求选择功能键，按 A/CEL 键(即选择测量吸光度的功能)。

(3) 旋转波长旋钮到所需波长，根据所用波长选择光源：W 灯工作波长为 320～1000nm，D 灯工作波长为 200～320nm，开启相应电源，并将光源室 W－D灯选择杆扳至相应位置。

(4) 选择比色皿：波长 350～1000nm 选用玻璃比色皿，波长 200～350nm 选用石英比色皿，再根据溶液吸光度大小分别选用 0.5cm，1cm，2cm，3cm，5cm 比色皿。

(5) 测定时，将待测液装入比色皿，外壁用滤纸和镜头纸擦干净放入比色皿架，再用夹子固定，然后放入试样室，盖上试样室盖。

（6）把参比液拉入光路，按“100% T/A”等待显示器显示 A0.000，表示参比液调百分之百透光率成功；把挡光杆拉入光路，按“Clear”键调零，显示器显示 A0000，表示仪器调零成功；再把参比液拉入光路，按“100% T/ABS”等待显示器显示 A0.000，到此仪器调零及参比液调零完成。

（7）测量时，拉动试样选择柄，将待测液置于光路按“Enter”键，表示仪器已经测量并保存数据（数据可以读出、打印、删除等）。

（8）在同一波长下，测定不同试样时，可重复步骤（7）即可。不同波长下测量，则要重复步骤（3）~（7）。

（9）测试完毕后，关闭电源，将所用比色皿用蒸馏水冲洗干净，并用洁净的滤纸吸干水分，用镜头纸擦干光学面，放回比色皿盒。

（10）仪器使用完毕后，填写好仪器使用情况登记及使用时间（从预热开机计起），然后盖好仪器罩，清理好实验台面卫生，经老师检查后方可离开实验室。

1.3.6 SWC－ⅡD 精密数字温度温差仪

1. 仪器结构

仪器结构如图 1－62 所示。

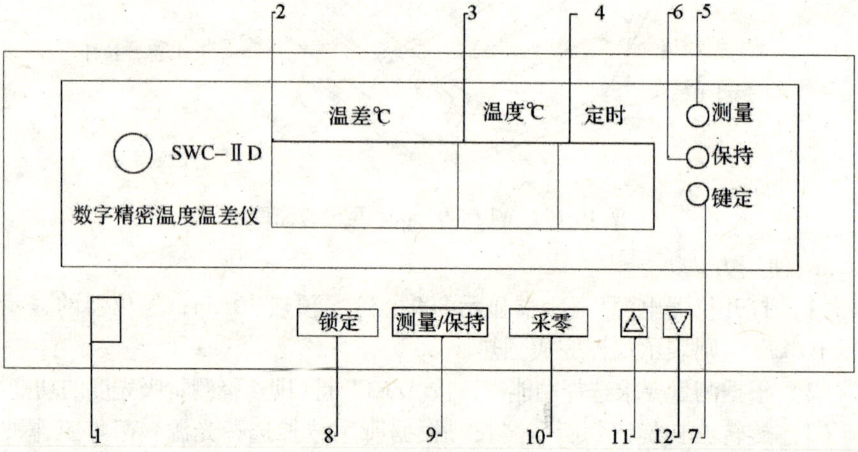

1－电源开关；2－温度显示窗口（显示温差值）；3－温度显示窗口（显示所测物的温度值）；4－定时窗口（显示设定的读数时间间隔）；5－测量指示灯（灯亮表明仪表处于测量工作状态）；6－保持指示灯（灯亮表示仪表处于读数保持状态）；7－锁定指示灯（灯亮表明仪表处于基温锁定状态）；8－锁定键（锁定选择的温度）；9－测量/保持键（测量功能和保持功能之间的转换）；10－采零键（用以消除仪表当时的温差值，使仪表显示窗口显示“0.000”）；11－增时键（时间由 0 ~99 递增）；12－减时键（时间由 0 ~99 递减）。

图 1－62 SWC－ⅡD 精密数字温度温差仪示意图

2. 使用方法

(1) 首先将传感器插入后盖的传感器接口。

(2) 然后将220V电源接入后盖板上的电源插座。

(3) 再将传感器插入被测物之中。

(4) 按下电源开关，此时显示仪表初始状态（实时温度），如下所示：

温差（℃）	温度（℃）	定时
-7.224	12.77	00

(5) 当温度显示值稳定后，按一下“采零”键，温差显示窗口显示“0.000”。稍后的变化值为采零后温差的相对变化量。

(6) 在一个实验中，仪器采零后，当介质温度变化过大时，仪器会自动更换适当的温基，这样，温差的显示值将不能正确反映温度的变化量。故在实验时，按下“采零”键后，应再按下“锁定”键，这样，仪器将不会自动变化温基，“采零”键也不起作用，直至重新开机。

(7) 需要记录读数时，可按一下“测量/保持键”使仪器处于保持状态（此时“保持”键指示灯亮）。读数完毕，再按一下“测定/保持”键，即可转换到“测量”状态，进行跟踪测量。

(8) 定时读数

① 按下“△”或“▽”键，设定所需的报时间隔（应大于5秒钟，定时才起作用）。

② 设定完后，定时显示将进行倒计时，当一个计数周期完毕后，蜂鸣器鸣叫且读数保持约5秒钟，“保持”指示灯亮，此时可观察和记录数据。

③ 不想报警，只需将定时读数置于0即可。

3. 注意事项

① 温度显示窗口显示传感器所测物的实际温度T。

② 温度显示窗口显示的温差为介质实际温度T与某温基T_0的差值。

1.3.7 WLS 系列可调式恒流电源

1. 仪器结构

仪器结构如图1-63所示。

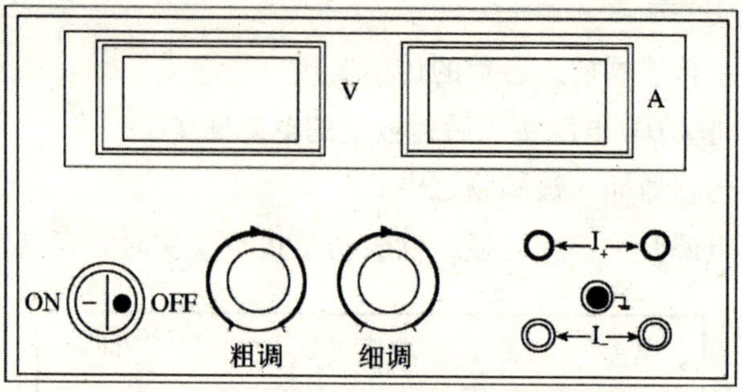

图 1-63 WLS 系列可调式恒流电源示意图

2. 使用方法

（1）将负载线按颜色插入并稍微旋紧。

（2）接通电源，打开电源开关。

（3）将两线夹短路，调节粗、细调整旋钮，使电源显示所需读数。

（4）将负载夹与负载按正负极性相连，此时，仪器显示通过负载的电流及两端电压。

3. 注意事项

仪器应在短路情况下先调整好电流，再接通负载，以免电流过大损坏负载。

第二部分 基本操作训练与化学常数测定

实验2-1 配塞及简单玻璃加工

一、实验目的

1. 掌握塞子的配置和钻孔。

2. 学习简单的玻璃加工操作。

二、实验原理

使用普通玻璃仪器进行实验时，仪器与仪器之间一般需要通过塞子、玻璃管或橡胶管彼此紧密连接起来，因此塞子的选择、打孔以及玻璃管切割、弯制和滴管、毛细管等的制作都是有机化学实验中最基本的操作。

1. 塞子的配置和打孔

实验中常用的塞子有软木塞和橡皮塞两种。软木塞不易与有机化合物作用，但易漏气，易被酸、碱腐蚀；橡皮塞不易漏气，不易被酸、碱腐蚀，但易受有机化合物侵蚀和溶胀。

选择塞子的大小应与仪器的口径相适应，一般要求塞子塞入仪器颈口部分为塞子本身高度的1/2~2/3。选用软木塞时，表面不应有深孔、裂纹。使用前要经过滚压，压滚后软木塞的大小相同，应以塞入颈口1/2~2/3为宜。

塞子打孔要与所插入孔内的玻璃管、温度计等的直径适宜，要紧密配合，以免漏气。选择打孔器的大小应视软木塞、橡皮塞不同而异。软木塞打孔应选用打孔器的直径比被插入管子的直径略小些；橡皮塞则反之。

打孔时把塞子垂直放于桌上，打孔器与塞面保持垂直，对准位置，略使劲将打孔器向下转动(注意不要打偏)，当孔钻至约塞子高度的1/2时，把打孔器按相反方向旋转取出，用铁杆捅掉打孔器内的塞芯，然后再从塞子的另一面对准相对应的钻孔位置把孔打通，取出打孔器，捅出塞芯。最后检查孔道，

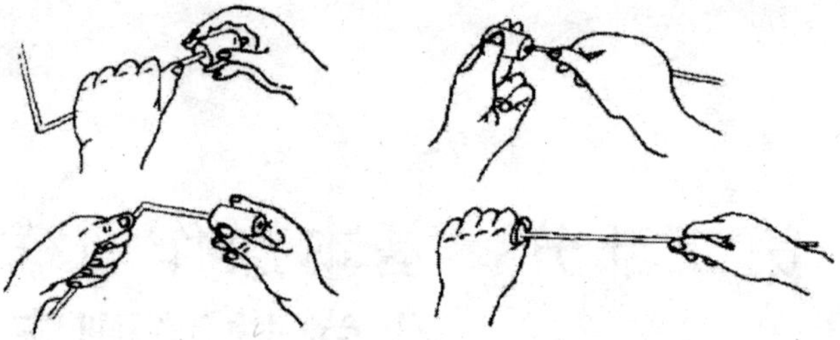

图 2 - 1　玻璃管插入塞子的方法

若孔道略小或不光洁，可用圆锉修整。

温度计或玻璃管插入塞子时，可略用水或甘油润湿，一手拿住塞子，另一手捏住玻璃管或温度计，捏的位置要离插入口近些，一般为 2 ~ 3cm，稍用力旋转插入塞内（见图 2 - 1）。

注意：捏玻璃管或温度计的手切勿离插入口太远或用力过猛，以防管子或温度计折断刺破手。

2. 简单玻璃加工操作

玻璃管在加工前应清洗和干燥。

（1）切割玻璃管

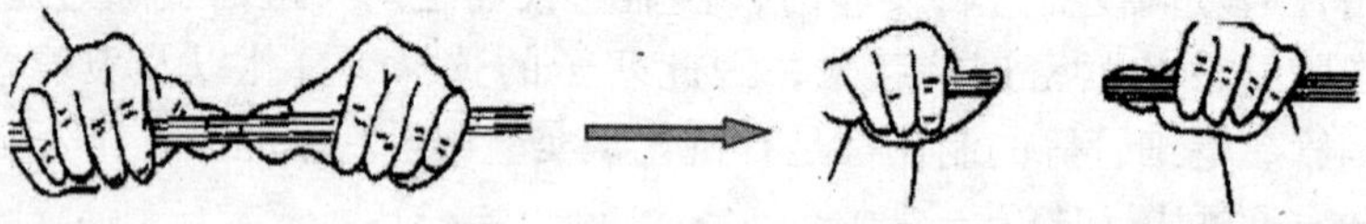

图 2 - 2　折断玻璃管

切割玻璃管（棒）是用小砂轮片或三角锉刀的边棱，在需要截断的地方垂直于玻璃管(棒)，向一个方向锉一个稍深的凹痕，两手握住玻璃管(棒)，用大拇指顶住锉痕背面的两边，轻轻向前推，同时双手向两边拉，玻璃管(棒)即可平整断开(见图 2 - 2)。为了安全起见，若要折断玻璃管(棒)时，应远离眼睛或在锉痕两边包上布后再折断。

需要折断粗管子或在靠近管端部位切断时，一般采用灼烧玻璃球切断法。将一根末端拉细的玻璃管在酒精喷灯上加热，使细端灼烧成小珠球状，在呈赤红色时，趁热将小珠球立即放到用水滴湿过的玻璃管的锉痕处，玻璃管突然受热在锉痕处裂开。管子断裂处为快口，有时不平整，易划破橡皮管或割伤手，因此断口处必须要圆口，即把断口放在酒精喷灯的氧化焰中旋转烧熔，使端面圆滑，但切勿烧久，以防止管子收缩变小。

（2）弯玻璃管

将玻璃管放在酒精喷灯的弱火焰中左右移动并不断旋转，赶走管内的水分并进行预热；把玻璃管倾斜一定角度放在强火焰上灼烧，双手均匀等速地向一个方向转动，当加热部位呈黄红色开始软化时，顺着重力方向让其自然弯曲，同时双手轻轻向中心施力，但弯的角度要小，然后把加热的中心稍向左或向右偏移一些；继续加热软化后再弯，如此不断转动加热，不断软化弯曲，逐步弯成所需角度。

另一种方法是当玻璃管加热呈黄红色时，将其从火焰中取出，顺着重力作用顺势两手轻轻向上施力，完成一定角度。如果要弯成小角度，则可靠近烧过的部位再加热，再弯(弯的角度要小)，如此反复几次即可弯成所需的角度。在加热和弯曲管子时，都不能扭动，否则弯管不会在同一个平面上，若出现这种情况，可在弯角处加热纠正。此外，弯管时常会在内侧出现瘪陷，遇此现象时，将瘪陷部位在酒精喷灯上加热软化，在管子一端用东西或手堵住，在另一端用嘴吹气直至瘪陷部分变平滑为止。

玻璃管弯好后，应检查角度是否准确，整个玻璃弯管是否在同一平面上，然后在小火上进行退火(消除应力)，最后放在石棉网上冷却(注意切勿直接放在桌面上)。

（3）熔点管的拉制

取一根清洁干燥的直径约为10mm，壁厚为1mm的玻璃管，放在酒精喷灯上加热，火焰由小至大，边加热边转动，当烧至暗红色变软后，移出火焰，立即将玻璃管水平地向外拉伸(见图2－3)。拉时先慢后快，待拉成外径约1～1.2mm时立即停止拉伸，但双手仍要拉直，以防变形。稍冷后两端玻璃管下各放一块石棉网，冷至室温，用小砂轮片截取长约15cm小段，两端用弱火焰边缘封闭，放入长试管内，为测定熔点备用。

图2－3　熔点管的拉制

（4）沸点管的拉制

取方法同熔点管拉制，拉成直径3～4mm的小玻璃管，截取约7～8cm长，在小火上将管子一端封闭，作为沸点管外管；另将内径为1mm的毛细管截成8～9cm长，一端用小火封闭，作为沸点管内管，两者组成微量法测定沸点用的沸点管。

（5）滴管的拉制

取洗净干燥的直径为 6 ~ 7mm 玻璃管，在强火焰上边旋转边加热，玻璃管软化后，两手轻轻向里挤，使软化处壁增厚；继续加热变软后，移出火焰，双手慢慢向水平方向拉伸，双手同步来回转动直至内径为 1.5 ~ 2mm，稍冷定型；截取细端长度为 3 ~ 4cm 的粗制品。细端口用小火圆口，粗端口用强火焰烧软后在石棉网上按一下，使其边缘外翻，冷却后按上乳胶头。

三、实验仪器与试剂

仪器：打孔器、酒精喷灯、橡胶塞、软木塞、玻璃管、玻璃棒等。

试剂：无水乙醇。

四、实验内容

1. 配塞

挑选一个在蒸馏头上安插温度计的合适的橡皮塞，选择比温度计直径略大些的打孔器在橡皮塞中央打一个孔并进行修整，然后将温度计用水或甘油润湿小心地插入橡皮塞，调节温度计水银球位置至恰当高度，安装在蒸馏头上。

2. 玻璃工操作练习

取数根废旧玻璃管练习切割玻璃管（棒）的操作；练习玻璃管加热、转动、弯和拉的动作，反复练习，基本上掌握了操作要点后可试做一些滴管、搅拌棒和玻璃弯管。

3. 制作几件玻璃管（棒）实验用品

（1）滴管

取直径约 7mm，长度 16 ~ 18cm 的玻璃管，拉制成细端内径为 1.5 ~ 2mm，长度 15cm 的滴管两支。

（2）搅拌棒

取直径为 5mm，长度约为 20cm 的玻璃棒，两端分别在火焰上烧圆，作为搅拌棒。

（3）玻璃管弯制

取两根直径为 7mm 的玻璃管，弯制成 90°和 75°的玻璃弯管各一支。

五、思考题

1. 选择塞子和钻孔时应注意些什么？

2. 在强加热玻璃管（棒）之前，为什么要先用小火加热？在加工完毕时为什么又要用弱火焰“退火”？

3. 在弯制玻璃管或拉制毛细管中，为什么玻璃管必须均匀转动加热？

六、注意事项及有关说明

1. 操作过程中，制备的玻璃仪器要放置于石棉网上冷却，以防烫伤。
2. 玻璃管在加工前应清洗和干燥。

实验 2－2　台秤与光电分析天平称量练习

一、实验目的

1. 学习光电分析天平的使用。
2. 初步练习用减量法称量药品。

二、实验仪器与试剂

仪器：台秤，光电分析天平，砝码，称量瓶，药匙。

试剂：氯化钠。

三、实验内容

1. 将一个洁净且干燥的小烧杯，先在台秤上粗称其质量，然后在分析天平上准确称其质量，记为 m_1。

2. 取一个装有 $K_2Cr_2O_7$ 的干燥洁净的称量瓶，先在台秤上粗称其质量，然后在分析天平上精确称量出它的质量 m_2，按照减量称样法的操作要求，倒出 0.3～0.4g NaCl 于烧杯中，再在光电分析天平上准确称出称量瓶的剩余质量 m_3；如果倒出的样品质量超过了 0.4g，则应弃去，重新从步骤 1 开始。

3. 再称量刚加入 $K_2Cr_2O_7$ 样品的烧杯的质量，记录为 m_4。

4. 重新再拿一个洁净的烧杯，按同样的步骤再重复上面的操作，有关数据记录在表 2－1 中。

5. 数据处理

计算出倒出在烧杯中的 NaCl 的质量增量（$m_4 - m_1$），将它与称量瓶质量的减量（$m_2 - m_3$）进行比较，计算出它们之间的偏差。

表 2－1　实验有关数据记录参考表

记录项目（质量单位：g）	第一次称量	第二次称量
小烧杯的质量 m_1		
称量瓶＋NaCl 样品质量 m_2		
称量瓶＋剩余 NaCl 样品质量 m_3		
小烧杯＋NaCl 样品质量 m_4		
倒出的 NaCl 样品质量 $m_2 - m_3$		
小烧杯中 NaCl 样品质量 $m_4 - m_1$		
偏差 $(m_2 - m_3) - (m_4 - m_1)$		

四、思考题

1. 天平调零时，如果指针不是刚好指在“0”处，能否进行称量？

2. 光电分析天平的感量为0.0001g，要使在光电分析天平上的称量误差小于0.5%，则至少要称多少克样品？

3. 加砝码或环码及取放物品时，应注意什么？

4. 称量时，在加减砝码、环码的过程中，若标尺向负方向偏移，应加砝码还是减砝码？若标尺向正方向偏移呢？

实验 2－3　电解法测气体常数

一、实验目的

1. 了解电解法测定气体常数的原理和方法。

2. 练习光电天平直接称量和滴定管量气的基本操作。

二、基本原理

用金属铜作电极，当电解液是 HAc－$(NH_4)_2SO_4$ 水溶液时，阴极发生还原反应：

$$2H^+(aq) + 2e = H_2(g)$$

阳极发生氧化反应：

$$Cu = Cu^{2+} + 2e$$

据法拉第电解定律可知，消耗的铜的物质的量与产生的氢气的物质的量相等。

本实验用铜丝作阴极，金属铜作阳极，利用直流电电解 $0.1mol \cdot L^{-1}$ HAc－$1mol \cdot L^{-1}$ $(NH_4)_2SO_4$ 水溶液，准确测量阴极产生的氢气体积及电解前后阳极铜片的质量变化，运用理想气体状态方程式及分压定律，即可求出气体常数。

三、仪器和试剂

仪器：直流稳压电源，铜片电极，塑料外壳铜芯导线，鳄鱼夹，铁架台，50mL 酸式滴定管，150mL 烧杯，橡皮管，洗耳球，台秤，光电分析天平，气压计，温度计。

试剂：$0.1mol \cdot L^{-1}$ HAc－$1mol \cdot L^{-1}$ $(NH_4)_2SO_4$ 混合水溶液。

四、实验内容

1. 金属铜电极表面预处理

将铜片先用粗砂纸轻轻磨去氧化层，再用细砂纸仔细磨光。然后用自来水冲洗，再用蒸馏水洗净。最后用酒精棉球擦拭后晾干，即可在光电分析天平上准确称其质量。

2. 按图 2－4 将电解装置装好，打开酸式滴定管的活塞，用洗耳球将溶液吸入量气管内升至顶端刻度，然后关闭活塞，静待 2min。检查装置是否漏气。将液面调至 50.00mL 处或稍下方有刻度处。

3. 将铜线一端与直流稳压电源阴极连接（浸入电解液的铜线要用防水绝缘套管套住）。铜线的另一端绕成线圈伸入量气管内约 2～3cm 处。稍停几分

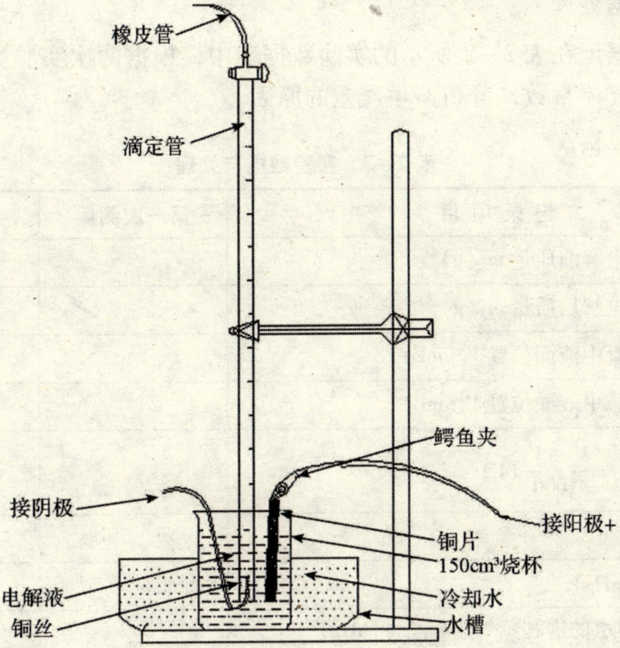

图 2-4　反应装置示意图

钟后，记录液面位置。

4. 将已准确称量过的金属铜片，用鳄鱼夹与电源阳极连好后，浸入电解液中。注意：夹子不能浸入或接触电解液，必须完全露在溶液的外面。

5. 接通电源（电压控制在 15 ~ 20 V 之间）进行电解，此时阴极立即产生氢气，约电解 14 ~ 17min，待收集到约 50mL 氢气时，迅速断开电源，停止电解，立即取出铜片。

6. 用自来水冲洗铜片，再用酒精棉擦去粘附在铜片上的疏松物质，用滤纸条吸干残留酒精，将铜片干燥后在电光天平上称量，从而得出阳极电解掉的铜的质量。

7. 记录气压计上所指的大气压数值和气压计所带温度计指示的室温。

8. 待电解液冷却到接近室温（差值小于 2℃）时，记录量气管内的液面位置（体积读数读至小数点后两位），从而得出管内气体体积（有时电解过程中会出现混浊，这对本实验无不利影响）。

9. 用尺量出量气管内液面与管外烧杯内液面的高度差（单位：cm）。

10. 取出滴定管，弃去烧杯内的电解残液，用蒸馏水冲洗烧杯和量气管，再倒入第二份电解液 100mL，重复以上操作一次。

五、数据处理

实验数据记在表 2－2 所示的实验数据表中，根据两次实验数据，进行数据处理，求气体常数，分析产生误差的原因。

表 2－2　实验数据与处理

记录项目	第一次测量	第二次测量
阳极金属铜电解前质量 m_1(g)		
阳极金属铜电解后质量 m_2(g)		
电解前量气管中液面位置 V_1(mL)		
电解后量气管中液面位置 V_2(mL)		
氢气体积 $V_{H_2}=\frac{V_2-V_1}{1000}$(L)		
温度 t(℃)		
大气压 p(mmHg)		
温度为 t℃时水的饱和蒸气压 p_{H_2O}(mmHg)		
氢气的分压 $p_{H_2}=\frac{p-p_{H_2O}}{760}$ (atm)		
氢气的物质的量 $n=\frac{m_1-m_2}{M_{Cu}}$(mol)		
液面高度差(cm)		
气体常数 $R=\frac{p_{H_2}\cdot V_{H_2}}{nT}$ ($L\cdot atm\cdot K^{-1}\cdot mol^{-1}$)		
相对误差（%）$=\frac{\lvert 0.082-R_{测}\rvert}{0.082}\times 100\%$		

六、思考题

1. 实验室温度、气压计温度、电解后残留电解液的温度，究竟哪一个是计算所要的温度？上述温度是否一致？如果不一致，会给实验结果带来什么影响？
2. 在第二次电解时，若不换电解液会带来怎样的后果？
3. 阳极铜片不纯，对实验结果有什么影响？
4. 气压表上的压力值是不是氢气的分压？如果不是，还要进行哪些校正？
5. 量气管内的气体体积是否等于氢气的体积？为什么？

实验 2-4　醋酸电离常数的测定

一、实验目的

1. 了解弱电解质电离常数的测定方法。
2. 练习酸碱滴定的基本操作，掌握其方法和原理。
3. 练习使用酸度计和电导率仪。

二、实验原理

1. pH 值测定法

醋酸（以 HAc 表示）是弱电解质，在水溶液中存在以下解离平衡：

$$HAc \rightleftharpoons H^+ + Ac^-$$

起始浓度　　c　　0　　0

平衡浓度　　$c(HAc)$　　$c(H^+)$　　$c(Ac^-)$

$$K^\theta(HAc)=\frac{[c(H^+)/c^\theta][c(Ac^-)/c^\theta]}{c(HAc)/c^\theta}$$

$K^\theta(HAc)$为醋酸解离常数。

$$c(H^+)=c(Ac^-) \qquad c(HAc)=c-c(H^+)$$

在醋酸溶液中

$$c^\theta K^\theta(HAc)=\frac{[c(H^+)]^2}{c-c(H^+)}$$

α 为解离度：

$$\alpha=\frac{c(H^+)}{c}$$

测定已知浓度醋酸溶液的 pH 值，便可计算出它的解离常数和解离度。

2. 电导法

物质导电能力的大小，通常以电阻 R 或电导 G 表示，电导是电阻的倒数：$G=1/R$。

电阻的单位是 Ω，电导的单位是 S，$1S=1\Omega^{-1}$。

导体的电阻与其长度 L 成正比，与其截面积 A 成反比：$R\propto L/A$，或 $R=\bar{R}(L/A)$，式中 $\bar{R}$ 为比例常数，称为电阻率。根据电导与电阻的关系，可推出：

$$G=K\frac{A}{L} \text{ 或 } K=G\frac{L}{A}$$

K 称为电导率，是长 1m，截面积为 $1m^2$ 的导体的电导，单位是 S/m。对于电解质溶液，电导率是电极面积为 $1m^2$ 且两极相距 1m 时溶液的电导。

电解质溶液的摩尔电导(Λ_m)是把含有 1mol 电解质的溶液置于相距 1m 的两个电极之间的电导，溶液的浓度以 c 表示，单位若为 $mol \cdot L^{-1}$，则含有 1mol 电解质溶液的体积为($1/c$)L 或者($1/c$)$10^{-3}m^3$，因此，溶液的摩尔电导 = 电导率 × 溶液体积：

$$\Lambda_m = K \times \frac{10^{-3}}{c}$$

一般是测定溶液的电导率，然后通过上式计算摩尔电导，它的单位是 $S \cdot m^2 \cdot mol^{-1}$。

弱电解质在无限稀释时，可看作是完全电离，这时溶液的摩尔电导率叫作极限摩尔电导(Λ_∞)。在一定温度下，弱电解质的 Λ_∞ 是一定的，表 2－3 列出了醋酸溶液的 Λ_∞。

表 2－3 醋酸溶液的极限摩尔电导

温度/℃	0	18	25	30
Λ_∞/$S \cdot m^2 \cdot mol^{-1}$	0.0245	0.0349	0.03907	0.04218

一定浓度的弱电解质，其解离度等于该浓度时的摩尔电导与极限摩尔电导之比：

$$\alpha = \frac{\Lambda_m}{\Lambda_\infty}$$

所以可通过测定 HAc 溶液的摩尔电导，由上式计算得到 HAc 溶液的解离度，再由解离度与解离常数关系：

$$c^\theta K^\theta \ (\mathrm{HAc}) = \frac{c\alpha^2}{1-\alpha}$$

计算求得醋酸的解离常数。

三、仪器和试剂

1. pH 值测定法

仪器：pHS－25 型酸度计 1 套，酸式、碱式滴管(50mL)各 1 根，锥形瓶(250mL)2 个，烧杯(100mL)5 个，玻璃棒 4 根，移液管(25mL)1 支。

试剂：标准 NaOH 溶液($0.1000mol \cdot L^{-1}$)，酚酞 (1%乙醇溶液)，标准缓冲溶液(pH＝4.0)，待测浓度的 HAc 溶液(约 $0.1mol \cdot L^{-1}$)。

2. 电导法

仪器：DDS－11A 型电导率仪 1 台，烧杯（100mL）3 个，酸式滴定管 2 支。

试剂：二次蒸馏水，已知浓度的 HAc 溶液（$0.1000\text{mol}\cdot\text{L}^{-1}$ 或 $0.05000\text{mol}\cdot\text{L}^{-1}$）。

四、实验内容

1. pH 值测定法

（1）HAc 溶液浓度的标定

先用 25mL 移液管准确吸取 25.00mL 待标定的 HAc 溶液置于 250mL 锥形瓶中，加 5 滴酚酞溶液，再用碱式滴定管中已知浓度的 NaOH 标准溶液滴定至酚酞刚出现红色，经摇荡后半分钟不消失为止。记录滴定前及滴定终点时滴定管中 NaOH 的液面读数，算出用去的 NaOH 溶液体积，计算醋酸溶液的浓度（表 2－4）。

表 2－4　醋酸溶液浓度标定数据记录表

实验序号	Ⅰ	Ⅱ	Ⅲ
标准 NaOH 溶液的浓度（$\text{mol}\cdot\text{L}^{-1}$）			
HAc 溶液的体积（mL）			
NaOH 溶液起始液面（mL）			
NaOH 溶液终点液面（mL）			
消耗 NaOH 溶液的体积（mL）			
醋酸溶液的浓度（$\text{mol}\cdot\text{L}^{-1}$）			

（2）配制不同浓度的醋酸溶液

取 5 个干燥洁净的 100mL 烧杯，编成 1～5 号。用酸式滴定管准确放取已标定过的 HAc 溶液和蒸馏水，按表 2－5 中烧杯号数配制不同浓度的 HAc 溶液。

（3）测定 HAc 溶液的 pH 值

用 pHS－25 型酸度计，按照由稀到浓的顺序依次测定它们的 pH 值，记录数据和室温（表 2－5），计算解离度和解离常数。

室温：______℃。

表 2－5　pH 值测定数据记录表

烧杯编号	V_{HAc} mL	V_{H_2O} mL	c_{HAc} mol·L^{-1}	pH（测）	C_{H^+} mol·L^{-1}	α	K^θ（HAc）
1	48.00	0.00					
2	24.00	24.00					
3	12.00	36.00					
4	6.00	42.00					
5	3.00	45.00					

2. 电导法

（1）配制不同浓度的醋酸溶液

先将 3 个干燥的 100mL 烧杯编号，然后按照表 2－6 的烧杯编号，用两支滴定管分别准确放取已知浓度的 HAc 溶液和蒸馏水。

表 2－6　醋酸溶液配制表

烧杯编号	V_{HAc}(mL)	V_{H_2O}(mL)	配制的 c_{HAc}(mol·L^{-1})	电导率 K(S·m^{-1})
1	12.00	36.00		
2	24.00	24.00		
3	48.00	0.00		

（2）由稀到浓测定 1～3 号 HAc 溶液的电导率，将结果记录在表2－6中。

（3）数据记录及结果处理(表 2－7)：电极常数 R = ____；室温：____℃；在此温度下，查表得 HAc 的 Λ_∞ = ______ S·m^2·mol^{-1}。

表 2－7　数据记录及处理结果

烧杯编号	配制的 c_{HAc}(mol·L^{-1})	电导率 K(S·m^{-1})	K^θ(HAc)
1			
2			
3			

五、思考题

1. 不同浓度的 HAc 的解离度和解离常数是否相同？
2. 实验时为什么要记录温度？
3. 电解质溶液导电的特点是什么？
4. 弱电解质的解离度与哪些因素有关？
5. 测定 HAc 溶液的 pH 值或电导率时，溶液为什么要由稀到浓地进行？

实验2－5 氯化钠的提纯

一、实验目的

1. 学会用化学方法提纯粗食盐，同时为进一步精制成试剂纯度的氯化钠提供原料。

2. 熟练台秤的使用以及常压过滤、减压过滤、蒸发浓缩、结晶和干燥等基本操作。

二、实验原理

粗食盐中含有泥沙等不溶性杂质及溶于水的 K^+，Ca^{2+}，Mg^{2+}，SO_4^{2-} 等离子，将粗食盐溶于水后，用过滤的方法可以除去不溶性杂质。K^+，Ca^{2+}，Mg^{2+} 等离子需要用化学方法除去。有关的离子方程式如下：

$$Ba^{2+}+SO_4^{2-}=BaSO_4(s)$$

$$Ca^{2+}+CO_3^{2-}=CaCO_3(s)$$

$$Ba^{2+}+CO_3^{2-}=BaCO_3(s)$$

$$2Mg^{2+}+CO_3^{2-}+2OH^-=Mg(OH)_2\cdot MgCO_3(s)$$

三、仪器与试剂

仪器：台秤，烧杯(250mL)，普通漏斗，布氏漏斗，漏斗架，抽滤瓶，蒸发皿，量筒(100mL,50mL)。

试剂：

酸：　$2.0mol\cdot L^{-1}HCl$。

碱：　$2.0mol\cdot L^{-1}NaOH$。

盐：　$1.0mol\cdot L^{-1}BaCl_2$，$0.5mol\cdot L^{-1}(NH_4)_2C_2O_4$，$1.0mol\cdot L^{-1}Na_2CO_3$。

其他：镁试剂，pH 试纸，滤纸，粗食盐。

四、实验内容

1. 粗食盐的提纯

(1) 粗食盐的溶解

在台秤上称量8.0g 粗食盐，放入250mL 烧杯中，加30mL 去离子水，然后再加热、搅拌，使食盐溶解。

(2) 离子的除去

在煮沸的粗食盐溶液中，边搅拌边逐滴加入约2mL $BaCl_2$($1.0mol\cdot L^{-1}$)溶液，为了检验沉淀是否完全，可将煤气灶移开，待沉淀下降后，在上层清液中加入1～3滴 $BaCl_2$($1.0mol\cdot L^{-1}$)溶液，观察是否有浑浊现象，如无浑浊，说明 SO_4^{2-} 离子已沉淀完全，如有混浊，则要继续滴加 $BaCl_2$($1.0mol\cdot L^{-1}$)溶液，直到沉淀完全为止。然后小火加热5min，使沉淀颗粒长大而便于过滤。最后用普通漏斗过滤，保留溶液，弃去沉淀。

(3) Ca^{2+}，Mg^{2+}，Ba^{2+} 等离子的除去

在滤液中加入1mL NaOH($2.0mol\cdot L^{-1}$)溶液和3mL Na_2CO_3($1.0mol\cdot L^{-1}$)溶液，加热至沸腾。同上法用 Na_2CO_3($1.0mol\cdot L^{-1}$)溶液检验沉淀是否完全，继续煮沸5min。最后用普通漏斗过滤，保留溶液，弃去沉淀。

(4) 调节溶液的pH值

在滤液中加入HCl($2.0mol\cdot L^{-1}$)溶液，充分搅拌，并用玻璃棒蘸取滤液在pH试纸上试验，直到溶液呈微酸性(pH=4～5)为止。

(5) 蒸发浓缩

将溶液转移到蒸发皿中，用小火加热，蒸发浓缩至溶液呈稀粥状为止，但切不可将溶液蒸干。

(6) 结晶、减压过滤、干燥

让浓缩液冷却至室温，用布氏漏斗减压过滤，再将晶体转移到蒸发皿中，在石棉网上用小火加热，予以干燥。冷却后，称其质量，计算收率。

2. 产品纯度的检验

取粗食盐和提纯后的食盐各1.0g，分别溶解于5mL去离子水中，然后各分成三份，盛于试管中。按照下面的方法对照检验它们的纯度。

(1) SO_4^{2-} 的检验：加入2滴 $BaCl_2$($1.0mol\cdot L^{-1}$)溶液，观察是否有白色 $BaSO_4$ 沉淀产生。

(2) Ca^{2+} 的检验：加入2滴 $(NH_4)_2C_2O_4$($0.50mol\cdot L^{-1}$)溶液，观察有无白色的 CaC_2O_4 沉淀生成。

(3) Mg^{2+} 的检验：加入2～3滴NaOH($2.0mol\cdot L^{-1}$)溶液，使溶液呈碱性，再加入几滴镁试剂（对硝基偶氮二酚）。如有蓝色沉淀生成，表示 Mg^{2+} 存在。

五、思考题

1. 过量的 Ba^{2+} 如何除去？
2. 粗食盐提纯过程中为什么要加HCl溶液？
3. 怎样检验 Ca^{2+}，Mg^{2+}？

实验 2-6　水的电导率的测定

一、实验目的

1. 了解实验用水的常见的净化方法。
2. 了解离子交换器净化水的原理和使用方法。
3. 了解用测定水的电导率的方法来估测水纯度的方法和原理。

二、实验原理

1. 水的净化原理

实验室中，清洗仪器、配制溶液、分析测定都需要大量的纯水，但自来水中含有各种杂质，不符合实验的要求。通常使用蒸馏法或离子交换法来获取纯净水。

（1）蒸馏法

自然界的水经蒸馏器蒸馏冷凝制出的水叫作蒸馏水。实验室中可用蒸馏烧瓶和冷凝管或电热蒸馏器等仪器制取蒸馏水。蒸馏水仍含有微量杂质，一般在 25℃时其电导率为 $2.8\times10^{-6}\sim6.3\times10^{-8}\,S\cdot cm^{-1}$。

（2）离子交换法

用离子交换法制备的纯水叫去离子水（或称无离子水）。这种方法目前已广泛被各实验室和工业部门的化验室采用。

离子交换法是将自来水依次通过装有阳、阴离子交换树脂的离子交换柱，以除去水中的杂质离子。离子交换树脂是具有网状骨架结构的固态高分子聚合物。在其骨架结构上的活性官能团起着和溶液中离子交换的作用。阳离子交换树脂含有酸性基团，如磺酸基（$-SO_3H$），当水从上而下流经阳离子交换柱时，树脂吸水充分膨胀之后，骨架内的孔隙扩大了，处在苯环上的磺酸基（$-SO_3H$）上的氢离子便可与水中的阳离子（如 Ca^{2+}，Na^+，Mg^{2+} 等）交换：

$$R-SO_3^-H^+ + Na^+ = R-SO_3^-Na^+ + H^+$$

$$2R-SO_3^-H^+ + Mg^{2+} = (R-SO_3)_2^-Mg^{2+} + 2H^+$$

式中 R 代表苯乙烯和二乙烯苯等的共聚物。

阴离子交换树脂是在共聚体的网状骨架中含有碱性基团，如季铵盐型强碱性阴离子交换树脂 $R-N(CH_3)_3^+OH^-$，当水流经阴离子交换柱时，其中，OH^- 离子可与水中的阴离子 X^- 进行交换。

经过阳离子交换后的水若再流入阴离子交换柱，则水溶液中的 Cl^-，

SO_4^{2-}，CO_3^{2-} 等阴离子可进行下列交换反应：

$$R-N(CH_3)_3{}^+OH^- + Cl^- = R-N(CH_3)_3^+Cl^- + OH^-$$

$$2R-N(CH_3)_3{}^+OH^- + SO_4^{2-} = (R-N(CH_3)_3)_2^+SO_4^{2-} + 2OH^-$$

经阴、阳离子交换后产生的 OH^- 和 H^+ 结合成水：

$$H^+ + OH^- = H_2O$$

于是，水样中所含的阴、阳离子通过离子交换反应便得到净化，净化后的水称之为去离子水。一般去离子水的电导率在25℃时为 $4.0\times10^{-5}\sim8.0\times10^{-7}S\cdot cm^{-1}$。

制备纯水的装置通常使用由多组离子交换柱组成的离子交换器。自来水先经过阳离子交换柱除去水中的 Na^+，Ca^{2+}，Mg^{2+} 等阳离子。除去阳离子的水流入阴离子交换柱，水中的阴离子又与交换树脂中的 OH^- 发生交换，两柱中置换出的 H^+ 与 OH^- 离子结合成 H_2O，经过多次交换才能得到较纯净的水，即去离子水。

利用离子交换器制取去离子水的流程是：高位水槽中的含杂质水→阳离子交换柱→阴离子交换柱→阴阳离子混合交换柱→去离子水。

离子交换树脂使用一段时间后，会失去交换能力。此时，应进行再生处理。

2. 电导率估测法进行水质检测的原理

用电导率仪测定去离子水的电导率，以判断水的纯度，叫电导率估测法。因水是极弱电解质，水样中含有可溶性杂质，常使其电导能力增大。用电导率仪测定水样的电导率，根据电导率的大小便可估测水的纯度。

电导(L)、电导率(K)、电阻(R)、电阻率(ρ)之间定量关系如下：

$$R=\rho\frac{l}{A}$$

$$L=K\frac{A}{l},\qquad L=\frac{1}{R},\qquad K=L\frac{l}{A},\qquad K=\frac{1}{\rho}$$

式中：l——两电极间距离；

A——电极截面积

由公式可以看出，电导率表示间距为1cm、电极面积为1cm² 的两个电极之间溶液的电导，它与溶液组成及浓度有关，与电极结构无关。因此，电导率能合理地表示溶液导电能力的大小，从而可估测水的纯度的高低。

在SI单位制中，电导(L)的单位名称为西门子(siemens)，符号S，中文代号为“西”。西的定义是：$m^{-2}\cdot kg^{-1}\cdot s^3\cdot A^2$（米$^{-2}$·千克$^{-1}$·秒^3·安^2）。西的千进分数单位有毫西($1mS=10^{-3}S$)和微西($1\mu S=10^{-6}S$)等。电导率可用 $S\cdot cm^{-1}$，$mS\cdot cm^{-1}$ 或 $\mu S\cdot cm^{-1}$ 表示。

表 2-8 各种水样的电导率

水 样	电导率 $K(S \cdot m^{-1})$	使用电极
高纯水	$\sim 1 \times 10^{-5}$	光亮铂电极
去离子水	$\sim 1 \times 10^{-3}$	铂黑电极
一次蒸馏水	$\sim 1 \times 10^{-2}$	铂黑电极
自来水	$\sim 1 \times 10^{-1}$	铂黑电极

三、仪器与试剂

仪器：离子交换器，DDS-308A 型电导率仪，DJS-1 型铂黑电极，DJS-10 型铂黑电极，DJA-1 型光亮铂电极，100mL 烧杯。

试剂：三种未知电导率的水样(去离子水、蒸馏水、自来水)。

四、实验内容

1. 自制去离子水

了解实验室制取去离子水装置的结构、使用方法，以蒸馏水通过实验室去离子水制备装置，制取去离子水 50mL。

2. 电导率的测定

利用 DDS-308A 型电导率仪，铂黑电极或光亮铂电极测定去离子水、蒸馏水及自来水水样的电导率，比较三种水样的纯度。具体做法如下：

(1) 取三个 100mL 的小烧杯，编号 1，2，3；

(2) 分别取 50mL 去离子水、蒸馏水、自来水(烧杯在取样之前应该进行怎样处理)。

(3) 参看 DDS-308A 型电导率仪的使用方法，装好电导池(电导池的组装时要注意什么问题)，然后按照先纯度高到纯度低的顺序测定各种水样的电导率，每个试样平行测定 3 个数据。

将数据记录在表 2-9，比较水的纯度。

表 2-9 数据记录表

水样编号	电导率 $K(\mu S \cdot cm^{-1})$		
1			
2			
3			

五、思考题

1. 电导电极在测量前应进行哪些处理？
2. 三种水样在测定时为什么应该按照纯度高到纯度低的顺序进行？

实验 2－7 化学反应热效应的测定

一、实验目的

1. 了解测定化学反应热效应的原理与方法。
2. 了解计算机控制化学反应热效应测定实验的原理。
3. 测定硫酸铜溶液与金属锌反应的热效应。
4. 练习电子天平称量，移液管使用等基本操作。

二、实验原理

化学反应一般都伴随着热效应的发生。若某个化学反应在恒压（大气压）条件下进行，此时的反应热效应称之为恒压热效应 Q_P。根据化学热力学原理，恒压热效应 Q_P 等于反应体系的焓变 $\Delta_r H_m^\theta$（$Q_P = \Delta_r H_m^\theta$）。

化学反应焓变的测定方法很多。本实验根据热化学经典量热原理与技术，测定硫酸铜溶液与锌粉反应的焓变值。其方法是，取一定体积准确浓度的 $CuSO_4$ 溶液，与过量的锌粉反应；通过一个比较简易的量热器，结合计算机控制技术，采用温度传感器收集数据，测定锌粉与硫酸铜溶液反应体系的温度变化值（ΔT）和量热器体系的热容 C_p；利用 ΔT，C_p 等参数与 $\Delta_r H_m^\theta$ 的关系式，计算出反应的热效应 $\Delta_r H_m^\theta$。

硫酸铜溶液与锌粉的反应是一个能自发进行的放热反应，理论上，在 298.15K，101.13kPa 下，每摩尔反应的 $CuSO_4$ 与 Zn 反应放出 216.8kJ 热量：

$$Zn(s) + CuSO_4(aq) \rightarrow Cu(s) + ZnSO_4(aq)$$

$$\Delta_r H_m^\theta = -216.8 kJ \cdot mol^{-1}$$

化学反应所放出的热量使量热器本身和反应体系的温度升高 ΔT，化学反应放出的热量关系为：

$$Q_P = \underbrace{\Delta T \cdot C \cdot V \cdot d}_{\text{溶液得热}} + \underbrace{\Delta T \cdot C_p}_{\text{量热器得热}} \qquad (2-1)$$

$\Delta_r H_m{}^\theta$ 与 ΔT，C_p 等参数的关系为：

$$\Delta_r H_m^\theta = -\frac{Q_p}{n} = \frac{-\Delta T(C \times V \times d + C_p)}{1000n} \qquad (2-2)$$

式中：$\Delta_r H_m^\theta$——反应焓变（$kJ \cdot mol^{-1}$）；

ΔT——反应前后溶液温度变化（K，绝对温度）；

C——溶液比热容（$J \cdot g^{-1} \cdot K^{-1}$）；

C_P——量热器比热容($J \cdot K^{-1}$)；

V——溶液体积(cm^3)；

d——溶液密度($g \cdot cm^{-3}$)；

n——溶液中溶质的物质量(mol)。

假设量热器本身吸收热量忽不计，即 C_P 值为零，则式(2-2)变为：

$$\Delta_r H_m^\theta = \frac{-\Delta T \times C \times V \times d}{1000n} \tag{2-3}$$

如果已知 $CuSO_4$ 溶液的浓度和体积，溶液的 d 值按照理论计算，C 值取水的热容，只要测定出反应前后溶液温度的变化值，根据式(2-3)就可以计算出反应的焓变。

由于实验中的量热器不是一个理想状态绝热体系，即量热器不可避免地与环境发生少量的热交换。要比较准确地测定反应热，一个重要的问题就是，要确定量热器体系(构成量热器的容器、传感器、反应物及其他附件)的热容。因此，可以通过测定量热器体系的热容来计算化学反应的热效应。测定量热器体系的热容 C_p' 的方法有多种，常使用能精确测得的电能的方法。即在该量热器体系中定量地通入电能 J，加热后，使量热器体系的温度从 T_A 变化到 T_B 时，其温度变化了 ΔT，只要知道了消耗的电能量，就能计算出该体系吸收的热能($Q_{电能}$)，求得量热器的热容，以校正或求得化学反应热。其原理如图 2-5 所示。

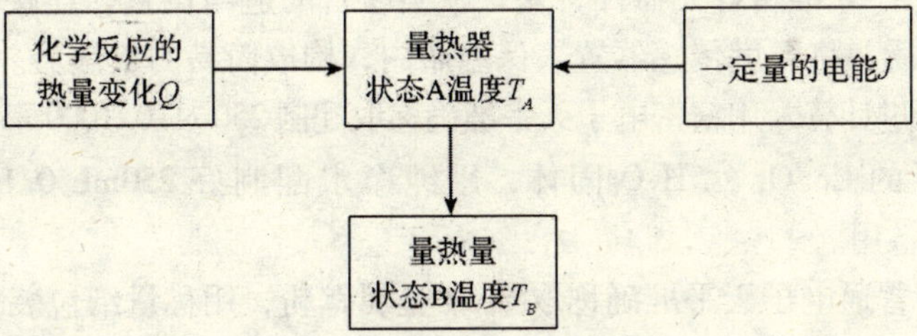

图 2-5　量热器校正原理示意图

已知 $Q_{电能} = IVt$，量热器体系吸热 $Q_{电能}$，温度变化 ΔT_d，量热器的热容 C_p' 为：

$$C_p' = Q_{电能}/\Delta T_d = \frac{I \cdot V \cdot t}{\Delta T_d} \tag{2-4}$$

式中：C_p' 为量热器体系的表观热容，当温度变化不大时，C_p' 可视为常数。

三、仪器与试剂

仪器及实验用品：电子天平，秒表，250mL 容量瓶，移液管(50mL)，洗

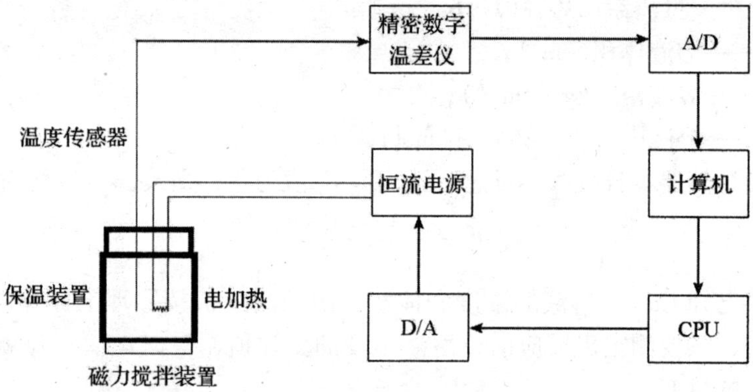

图 2－6　化学反应热效应测定原理图

耳球，简易量热器（带电磁搅拌器的保温瓶），烧杯（250mL），试管，吸管，称量纸，计算机，接口电路，模数转换器，输入输出接口电路、精密数字温度温差仪，电热装置及恒流电源等。

化学试剂：金属锌粉（分析纯），$CuSO_4 \cdot 5H_2O$（AR），6.0mol·L^{-1}氨水。

四、实验内容

1. 化学反应体系 ΔT 的测定

（1）温差测量电路的制作与调试

参照图 2－6 准备好元器件，安置在实验台的适当位置。连接好电路，检查线路无误后，将温度传感器置入保温瓶内，构成简易的量热器。

（2）通过计算，用精密电子天平准确称取配制 250mL 0.1000mol·L^{-1} $CuSO_4$ 溶液所需要的 $CuSO_4 \cdot 5H_2O$ 固体，用纯净水配制好 250mL 0.1000mol·L^{-1} $CuSO_4$ 溶液备用。

（3）用普通电子天平准确称取 1.5g 金属锌粉，用称量纸包装，备用；

（4）装置好实验仪器，用 50mL 移液管量取 100.00mL 配制好的 $CuSO_4$ 溶液，注入干燥的量热器内，测定温度，开动搅拌器，启动计算机控制程序，每 30 秒测温一次，直至量热器内温度达到平衡（T_1）。

（5）在搅拌条件下，一次性快速地将 1.5g 金属锌粉加入量热器中，盖好瓶盖，同时按下秒表计时，每 15 秒记录一次温度数据。当出现最高温度后，每 30s 记录一次温度数据，继续 3min 左右，停止采取数据。打印出实验结果。量热器中的反应物应保留，用于测定量热器体系的热容。

（6）取 1 至 2mL 量热器中的反应液，滴加 6mol·L^{-1}氨水，检验有无蓝色出现，若显蓝色，则反应不完全，需要重做。

2. 量热器体系热容的测定

（1）用上述测定反应热的量热器体系 C_p'

此时量热器体系有约为 $0.1mol \cdot L^{-1}$ 的 $ZnSO_4$ 溶液、少量的金属锌和铜单质。

预热、调节好恒流电源。待上述实验的量热器冷却到室温后，开启磁力搅拌器，测定此体系的温度，温度达到平衡时，记录此时的温度（T_0）；启动电加热系统（电压15V左右，电流为0.8A左右），同时开始计时并记录温度。当体系温度升高4.5℃左右时，停止加热，记录加热所用的时间（t）。余热将使体系的温度继续升高，继续记录体系温度。当体系温度达到最高温度时，停止实验。

（2）用量热器——纯水体系测定量热器体系热容 C_p'

将反应容器洗涤干净，用50mL移液管量取100.00mL纯水注入洁净、干燥的量热器容器中，形成量热器——纯净水体系，用上述方法测定体系的 $\Delta T'$，计算量热器体系热容 C_p'。

五、实验结果处理

1. 将实验数据列表。

2. 根据实验数据做出温度-时间表，利用外推法求出反应前后反应体系温度变化 $\Delta T_{r外}$。

在测定过程中，由于既有化学反应热（或电能加热）的产生，又存在搅拌热、热传导、热辐射等因素的影响，在求反应绝热温度变化（ΔT）时，应对上述因素进行校正。一般采用"外推作图法"（又称为"雷诺法"）进行校正。具体方法是：

（1）将实验数据列表（时间-温度关系表）。

（2）以时间（s）为横坐标，温度为纵坐标（T/K）作图，得到实验数据的时间-温度曲线图（见图2-7）。T_1，a，b，c 分别为反应前、反应开始、反应时最高温度和反应最高温度后某点的温度。

（3）从 c，b 点连线，外推延长到 d 点，T_2，d 连线平行于横坐标得到 T_2，ad 连线平行于纵坐标。

（4）$T_2 - T_1 = \Delta T_{r外}$，即为外推法得到的该反应的温度变化值。

3. 若视溶液的热容 C 近似为 $4.184J \cdot g^{-1} \cdot K^{-1}$，且溶液的密度为 $1.03g \cdot cm^{-3}$，则根据式（2-3）可计算上述反应的焓变 $\Delta_r H_m^{\theta}$ 及相对误差。（2-3）式中的 ΔT 应为外推法求得的温度变化值 $\Delta T_{r外}$。

4. 计算出量热器体系的热容 C_p'，利用 C_p' 与 ΔT_r 的关系求得反应的焓变

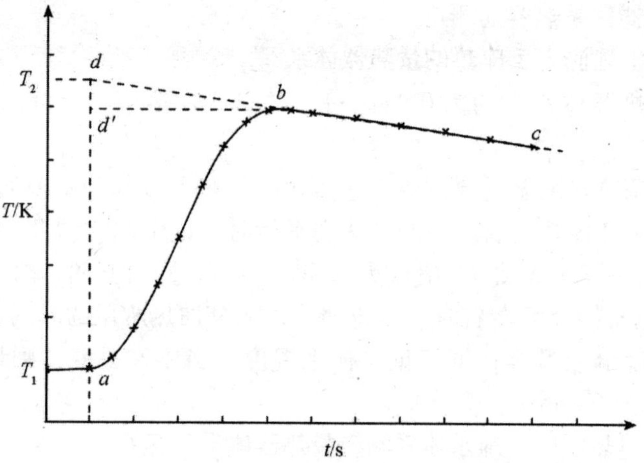

图 2－7　反应热效应温度－时间关系图

$\Delta_r H_m^\theta$及相对误差（$\Delta_r H_m^\theta = -C_p'\Delta T_r = -(IVt/\Delta T_d)/\Delta T_r$，式中 ΔT_r，ΔT_d分别为化学反应体系温度变化值和电加热体系温度变化值）。

六、思考题

1. 实验中所用的锌粉为何只需用普通电子天平称量，而硫酸铜固体要用精密的电子天平称量？

2. 简述产生实验误差的主要原因。根据现有实验装置，比较准确测定化学反应热效应须做哪些改进工作？

3. 用直接测定的 ΔT_r和外推作图求得的 $\Delta T_{r外}$来计算 $\Delta_r H_m^\theta$结果有何差异？为什么？

实验 2－8　化学反应速率和化学平衡

一、实验目的

1. 掌握浓度、温度和催化剂对化学反应速率的影响。

2. 测定在酸性溶液中 KIO_3 与 Na_2SO_3 的反应速率，计算该反应级数、速率常数和活化能。

二、实验原理

在酸性溶液中，KIO_3 与 Na_2SO_3 发生如下反应：

$$2HIO_3 + 5H_2SO_3 + 2H^+ = I_2 + 5H_2SO_4 + H_2O$$

该反应的可能机理为：

$$HIO_3 + H_2SO_3 = HIO_2 + H_2SO_4 \text{（慢步骤）}$$

$$HIO_2 + 2H_2SO_3 = HI + 2H_2SO_4$$

$$5HI + HIO_3 = 3I_2 + 3H_2SO_4$$

其反应速率方程表达式可表示为：

$$v = kc^m(KIO_3)c^n(Na_2SO_3)$$

式中，k 为反应速率常数，$m+n$ 为反应级数，v 为瞬时反应速率。当 $c(KIO_3)$，$c(Na_2SO_3)$ 均为起始浓度时，v 为起始反应速率。

实验中 KIO_3 过量，就可使 Na_2SO_3 在反应过程中消耗完，反应的终点以生成的 I_2 使 Na_2SO_3 溶液中所含的可溶性淀粉变蓝色为标志。在反应时间 Δt 内，Na_2SO_3 的浓度由 $c(Na_2SO_3) \rightarrow 0$，则平均速率为：

$$\bar{v}(Na_2SO_3) = -\Delta c(Na_2SO_3)/\Delta t = \frac{c(Na_2SO_3)}{\Delta t}$$

由于本实验在反应时间 Δt 内反应物浓度的变化很小，故可以近似地用平均速度 $\bar{v}$ 代替初始反应速率 v：

$$v = kc^m(KIO_3)c^n(Na_2SO_3) = \frac{c(Na_2SO_3)}{\Delta t}$$

将反应速率方程 $v = kc^m(KIO_3)c^n(Na_2SO_3)$ 两边取对数得：

$$\lg v = m\lg c(KIO_3) + n\lg c(Na_2SO_3) + \lg k$$

当 $c(Na_2SO_3)$ 固定（即实验编号 1，2，3）时，以 $\lg v$ 对 $\lg c(KIO_3)$ 作图，可得一直线，斜率为 m。当 $c(KIO_3)$ 固定（即实验 3，4，5）时，以 $\lg v$ 对 $\lg c(Na_2SO_3)$ 作图，可得一直线，斜率为 n。$m+n$ 即为该反应的级数。

将 m，n 代入速率方程 $v = kc^m(KIO_3)c^n(Na_2SO_3)$，即可求得反应速率常

数 k。

温度对反应速率的影响可用阿仑尼乌斯公式 $\lg k = \frac{-E_a}{2.303RT} + \lg A$ 表示，测出不同温度时的 k 值，作 $\lg k - \frac{1}{T}$ 图，可得一直线。由直线的斜率可求得反应的活化能，由截距可得指前因子。

三、仪器与试剂

仪器：烧杯（100mL 5 个），量筒（25mL 3 支），温度计，恒温水浴锅，秒表。

药品：$0.01mol\cdot L^{-1}KIO_3$（内含 $0.018mol\cdot L^{-1}H_2SO_4$），$0.01mol\cdot L^{-1}Na_2SO_3$（内含 0.2% 可溶性淀粉），6% H_2O_2，MnO_2 固体。

四、实验内容

1. 浓度对化学反应速率的影响，测反应速率，确定反应级数和速率常数。

在室温下，按表 2－10 给定的条件，用标号相同的量筒量取各溶液的体积。先将 KIO_3（$0.01mol\cdot L^{-1}$）和 H_2O 倒入 100mL 烧杯中混合均匀，然后迅速将 Na_2SO_3－淀粉溶液倒入同一烧杯中，同时按动秒表计时，用玻璃棒搅拌均匀，当溶液变蓝时停止计时。将所需时间对号记入表 2－10 中。

（1）确定反应级数。

（2）写出该反应的速率方程式。

（3）求出室温下该反应的速率常数。

表 2－10 实验数据表

实验编号	$V(KIO_3)$ (mL)	$V(H_2O)$ (mL)	$V(Na_2SO_3)$ (mL)	$V_总$ (mL)	$c(KIO_3)$ ($mol\cdot L^{-1}$)	$c(Na_2SO_3)$ ($mol\cdot L^{-1}$)	Δt (s)
1	25	10	15	50			
2	20	15	15	50			
3	15	20	15	50			
4	15	15	20	50			
5	15	10	25	50			

表 2－11　实验数据处理表

实验编号	v(mo·$L^{-1}s^{-1}$)	lg$v$	lg$c$(KIO_3)	lg$c$(Na_2SO_3)	m	n	$m+n$	k
1								
2								
3								
4								
5								

2. 温度对反应速率的影响

按 3 号烧杯的配比重复测定 0℃，室温，（室温＋10℃）下的反应速率。

表 2－12　实验数据表

试管编号	T(K)	Δt(s)	v(mo·L^{-1}·s^{-1})	k	lg$k$	1/T	Ea(kJ·mol^{-1})
3							
6							
7							

（1）求出 0℃，室温，（室温＋10℃）下的 k 值。

（2）以 lg$k$ 为纵坐标，$\frac{1}{T}$为横坐标作图，得一直线，求该直线的斜率。

（3）计算该反应的活化能。

3. 催化剂对反应速率的影响

H_2O_2 能在常温下分解而放出 O_2，但分解很慢，如果加入催化剂（如 MnO_2 等），则反应速率立即加快。

在试管内加入 30mL 6% H_2O_2 溶液，观察是否有气泡产生。用药匙加入少量固体 MnO_2，观察气泡产生，试证明产生的气体是 O_2。

五、思考题

1. 根据实验结果，总结浓度、温度、催化剂对反应速率及反应速率常数的影响。

2. 本实验中取各反应物的用量时，为什么用量筒而不用移液管来精确量取它们的体积，这样对实验的准确度有无影响？

3. 根据反应方程式能否直接确定反应级数？为什么？试用本实验的结果

加以说明。

附注：

KIO_3 和 Na_2SO_3 - 淀粉溶液的配制

1. KIO_3 酸性溶液的配制

称取2.14g KIO_3 固体置于1mL浓 H_2SO_4（相对密度为1.84，含量为98%），然后在容量瓶中用水稀释到1000mL，转移到试剂瓶中，贴上标签备用。

2. Na_2SO_3 - 淀粉溶液的配制

称取2.0g可溶性淀粉于小烧杯中，加约5mL去离子水调成稀糊状，在不断搅拌下倒入盛有100mL沸水的250mL烧杯中，煮沸，再加入100mL去离子水，搅匀后冷却至室温。

在上述溶液中加入1.26g Na_2SO_3 固体，溶解后在容量瓶中稀释至1000mL，摇匀后转入试剂瓶中，贴上标签备用。

实验2-9　氧化还原反应与电极电势的测定

一、实验目的

1. 了解金属电极电势的测定方法和浓度、酸度对其影响。
2. 试验影响氧化还原反应的因素。
3. 练习用酸度计作电位计测定原电池电动势的方法。

二、实验原理

1. 电极电势的测定

某电极的电极电势是与标准氢电极构成原电池时所测出的电动势。由于作参比电极的标准氢电极使用不方便，因此经常改用电势较稳定的甘汞电极 Pt，Hg(l)，Hg_2Cl_2 (s) | KCl(aq)作为参比电极。当甘汞电极中的 KCl 饱和溶液温度在25°C 时，其电极电势 E(Hg_2Cl_2/Hg) = 0.2438V。若欲测锌电极的电极电势，则构成下列电池：

Zn|$ZnSO_4$(c) ‖ KCl(饱和) | Hg_2Cl_2，Hg，Pt

由该电池的电动势 E 可以确定锌电极的电极电势 $E(Zn^{2+}/Zn)$。因为

$$E = E(Hg_2Cl_2/Hg) - E(Zn^{2+}/Zn)$$

则

$$E(Zn^{2+}/Zn) = E(HgzCl_2/Hg) - E = 0.2438 - E$$

若锌电极为标准锌电极，且在标准态下进行测定，则测定的电势为其标准电极电势 $E(Zn^{2+}/Zn)$。

在电极电势测定中，概括起来共有四类电极：

(1) 金属电极(如锌电极)，它们的电极反应为：

$$M^{n+} + ne = M$$
$$[Ox] \qquad [Red]$$

氧化型 [Ox] 和还原型 [Red] 称为电对，电极电势是指某一电对而言。

(2) 气体电极(如氢气电极)，它的电极反应为：

$$2H^+ + 2e = H_2$$

这类电极在测定时需要一种惰性电极(如铂电极、石墨电极等)组成闭合电路。

(3) 简单的氧化还原体系

$$Ox + ne = Red$$

如

$$Fe^{3+} + e = Fe^{2+}$$

这类电极的氧化性电极和还原性电极都存在于溶液中，需要用惰性电极连于电路。在测定电极电势时，应保持标准$\frac{c(Ox)}{c(Red)}=1$

（4）与酸、碱结合的氧化还原体系

$$Ox + mH^{+} + ne = Red + \frac{m}{2}H_2O$$

如

$$MnO_4^- + 8H^+ + 5e = Mn^{2+} + 4H_2O$$

这类电极在测定标准电极电势时需保持各离子浓度为$1mol \cdot L^{-1}$，也同样需借助于惰性电极。

2. 氧化还原反应速率

氧化还原反应与酸碱反应不同，有些反应速率较慢，如：

$$5H_2C_2O_4 + 2MnO_4^- + 6H^+ = Mn^{2+} + 10CO_2 + 8H_2O$$

从氧化剂和还原剂的标准电极电势可知，若把上述反应组成原电池，电动势较大，说明反应能够进行，但反应速率较慢。发现反应时加入少量Mn^{2+}，反应速率加快，Mn^{2+}对此反应有催化作用。也有不外加Mn^{2+}离子利用反应时产生的Mn^{2+}催化反应。随着反应自身产生Mn^{2+}离子，反应变快，如果加入F^-离子，它与Mn^{2+}离子形成难解离的配离子，发现反应仍进行较慢。

除了利用催化剂加快反应速率外，还可利用诱导反应加快反应速率，如：

$$MnO_4^- + 5Fe^{2+} + 8H^+ = Mn^{2+} + 5Fe^{3+} + 4H_2O \qquad (2-4)$$

$$MnO_4^- + 10Cl^- + 16H^+ = Mn^{2+} + 5Cl_2 + 8H_2O \qquad (2-5)$$

在常温，稀溶液中反应(2-5)速率很慢，实际上看不出什么变化，但有反应(2-4)存在时，诱导反应(2-5)，使它的反应速率加快。

三、仪器与试剂

仪器：pHS-25 型酸度计，烧杯(50mL)，铜片电极，锌片电极，银片电极，导线，DJS-1 铂光亮电极，222 型饱和甘汞电极，KNO_3-琼脂盐桥，小试管，铁钉，碳棒，砂纸，滤纸片。

试剂：

酸：$2mol \cdot L^{-1}$ $H_2C_2O_4$，$1mol \cdot L^{-1}$ H_2SO_4，$2mol \cdot L^{-1}$ H_2SO_4。

碱：$6mol \cdot L^{-1}$ $NH_3 \cdot H_2O$，$6mol \cdot L^{-1}$ NaOH。

盐：$0.1mol \cdot L^{-1}$ $AgNO_3$，$0.1mol \cdot L^{-1}$ $CuSO_4$，饱和 KCl，$0.1mol \cdot L^{-1}$ K_2CrO_4，$0.1mol \cdot L^{-1}$ $K_2Cr_2O_7$，$0.1mol \cdot L^{-1}$ KI，$0.1mol \cdot L^{-1}$ $K_4[Fe(CN)_6]$，$0.01mol \cdot L^{-1}$ $KMnO_4$，$K_2Cr_2O_7(0.01)$，$Cr_2(SO_4)_3(0.01)$和 $H_2SO_4(0.5)$的混合溶液，$K_2Cr_2O_7(0.01)$和 $Cr_2(SO_4)_3(0.01)$混合溶液，$K_2Cr_2O_7(0.01)$，$Cr_2(SO_4)_3(0.01)$和 $H_2SO_4(0.5)$的混合溶液，$0.1mol \cdot L^{-1}$ NaAc，$0.1mol \cdot L^{-1}$ NaCl，$0.1mol \cdot L^{-1}$ Na_2S，$0.1mol \cdot L^{-1}$ $FeCl_3$，$0.1mol \cdot L^{-1}$ $FeSO_4$，$2mol \cdot L^{-1}$ NH_4F，$0.1mol \cdot L^{-1}$ $(NH_4)_2Fe(SO_4)_2$，$0.1mol \cdot L^{-1}$ $NH_4Fe(SO_4)_2$，10% NH_4SCN，$0.1mol \cdot L^{-1}$ $MnSO_4$，$0.1mol \cdot L^{-1}$ $ZnSO_4$。

其他：溴水，碘水，CCl_4。

四、实验内容

1. 锌及银电极电势的测定

(1) 锌电极电势的测定

将锌片电极插入 20mL $0.1mol \cdot L^{-1}$ $ZnSO_4$ 溶液中，饱和甘汞电极插入 20mL 饱和 KCl 溶液中，用 KNO_3－琼脂盐桥将两溶液连接起来。饱和甘汞电极上导线应接在待测电池“+”极，锌片上导线应接在“－”极上。按测定原电池电动势步骤进行操作。记录数据及实验时室温，并计算该锌电极的电极电势。

(2) 银电极电势的测定

将银片电极插入 20mL $0.1mol \cdot L^{-1}$ $AgNO_3$ 溶液中，饱和甘汞电极插入 20mL 饱和 KCl 溶液中，用 KNO_3－琼脂盐桥将两溶液连接起来。将饱和甘汞导线接在待测电池“－”极，银片电极的导线接在“+”极上。按测定原电池电动势步骤进行操作，记录数据及实验时室温，并计算该银电极的电极电势。

2. 浓度对电极电势的影响

(1) 在两个小烧杯中，分别倒入 20mL $0.1mol \cdot L^{-1}$ $CuSO_4$ 溶液和 20mL $0.1mol \cdot L^{-1}$ $ZnSO_4$ 溶液。将铜电极和锌电极分别插入 $CuSO_4$ 和 $ZnSO_4$ 溶液中，放入 KNO_3－琼脂盐桥组成原电池。用导线将铜电极和电锌极分别与电位计的“+”和“－”极相连，测定原电池电动势。

(2) 取出盐桥，在 $CuSO_4$ 溶液中缓慢倒入 $6.0mol \cdot L^{-1}$ $NH_3 \cdot H_2O$，不断搅拌，直到生成的沉淀溶解为止。然后放入盐桥，测此时的电动势（倒入氨水前，暂时取走盐桥是为了避免开始生成的 $Cu_2(OH)_2SO_4$ 沉淀堵塞盐桥）。

(3) 取出盐桥，在 $ZnSO_4$ 溶液中缓慢倒入与上述（2）中同体积的

$6.0mol\cdot L^{-1}NH_3\cdot H_2O$，不断搅拌至生成的沉淀溶解为止，然后放入盐桥，测电动势。

比较这3次电动势的测定结果，说明浓度对电极电势的影响。

3. 酸度对电极电势的影响

组装好下面两个原电池，测定出它们的电动势，观察电极电势的变化，并分析原因。

(1) $Ag \mid AgNO_3(0.01) \parallel K_2Cr_2O_7(0.01), Cr_2(SO_4)_3(0.01) \mid Pt$

(2) $Ag \mid AgNO_3(0.01) \parallel K_2Cr_2O_7(0.01), Cr_2(SO_4)_3(0.01), H_2SO_4(0.5) \mid Pt$

4. 微型实验

在井穴板的两个井穴中分别加入2mL $0.1mol\cdot L^{-1}$ $FeSO_4$ 和 $0.1mol\cdot L^{-1}K_2Cr_2O_7$ 溶液。在 $FeSO_4$ 溶液中插入铁钉，$K_2Cr_2O_7$ 溶液中插入炭棒组成两个电极。将电极与电位计相连，用浸有饱和 KCl 溶液的滤纸条作盐桥接通线路，测量两极的电势差。在 $K_2Cr_2O_7$ 溶液中加入 $1.0mol\cdot L^{-1}$ H_2SO_4 溶液，观察电极电势的变化，再在 $K_2Cr_2O_7$ 溶液中加入 $6.0mol\cdot L^{-1}$ NaOH 溶液，观察电极电势的变化。

5. 影响氧化还原反应的因素

(1) 往试管中加入5滴 $0.1mol\cdot L^{-1}$KI 溶液和2滴 $0.1mol\cdot L^{-1}FeCl_3$ 溶液，混合后，再加入5滴 CCl_4，充分振荡，观察 CCl_4 层的颜色有无变化？再往试管中加入几滴 $0.1mol\cdot L^{-1}$ $K_3[Fe(CN)_6]$溶液，有何现象发生？写出反应式。如用 $0.1mol\cdot L^{-1}$KBr 溶液代替 $0.1mol\cdot L^{-1}$KI 溶液进行相同的实验，能否发生反应？

(2) 用溴水与 $0.1mol\cdot L^{-1}FeCl_3$ 溶液作用，有何现象？用碘水代替溴水，有何现象？

(3) 往离心试管中加入0.5mL $0.1mol\cdot L^{-1}(NH_4)_2Fe(SO_4)_2$ 溶液和几滴碘水，观察碘水的颜色是否褪去，然后往离心试管中滴加 $0.1mol\cdot L^{-1}AgNO_3$ 溶液，注意碘的棕黄色是否褪去。离心沉降，向上层清液中加几滴10%的 NH_4SCN溶液，是否有颜色变化？写出反应式。

(4) 取5滴 $0.1mol\cdot L^{-1}NH_4Fe(SO_4)_2$ 溶液，加入5滴 $0.1mol\cdot L^{-1}$KI 溶液，再加入 CCl_4 振荡。观察 CCl_4 液层的颜色。另取5滴 $0.1mol\cdot L^{-1}NH_4Fe(SO_4)_2$ 溶液，加入5滴 $2.0mol\cdot L^{-1}NH_4F$ 溶液，再加入5滴 $0.1mol\cdot L^{-1}$KI 溶液和 CCl_4，振荡。观察 CCl_4 液层的颜色，并与上面的实验进行比较，说明为什么？

(5) 试管中加入5滴 $0.1mol\cdot L^{-1}$KI 溶液和1滴 $0.1mol\cdot L^{-1}K_2Cr_2O_7$溶液，

混匀后，有什么变化？再加入几滴 $2mol \cdot L^{-1}$ H_2SO_4 溶液，观察有什么现象？解释原因。

（6）取两支试管，分别放入 10 滴 $2.0mol \cdot L^{-1}$ $H_2C_2O_4$ 溶液和数滴 $1.0mol \cdot L^{-1}$ H_2SO_4，然后在一个试管中滴加 3 滴 $0.1mol \cdot L^{-1}$ $MnSO_4$ 溶液，另一个试管中滴加 3 滴去离子水，再向两个试管中分别加入 2 滴 $0.01mol \cdot L^{-1}$ $KMnO_4$ 溶液，混匀溶液，观察两个试管中红色褪去的快慢。

五、思考题

1. 举例说明电极电势的应用。
2. 提高高锰酸钾溶液的酸度，其氧化能力增加还是降低？

实验 2-10 酸碱反应与沉淀反应

一、实验目的

1. 通过实验验证水溶液中的酸碱反应、沉淀反应存在着化学平衡及平衡移动的规则。

2. 学习验证性实验的设计方法。

3. 进一步学习对实验现象进行解释，从实验现象得出结论等逻辑手段。

二、实验原理

1. 按质子理论，酸碱在水溶液中的解离，金属离子、弱酸根离子在水溶液中的水解均为酸碱反应。弱酸、弱碱的解离和金属离子、弱酸根离子的水解均存在着化学平衡。如一元酸的解离 $HA = H^+ + A^-$，其平衡常数称为弱酸的解离常数，记作 K_a^θ，其表达式为

$$K_a^\theta = \frac{[c(H^+)/c^\theta][c(A^-)/c^\theta]}{c(HA)/c^\theta}$$

解离度 $\alpha = \frac{c(H^+)}{c(HA)} = \frac{c(A^-)}{c(HA)}$

从平衡移动的观点可以了解当溶液增加 $c(A^-)$ 或 $c(H^+)$，使平衡向左移动，使弱酸的解离度降低，即当增加 $c(H^+)$，$c(A^-)$ 降低，当增加 $c(A^-)$，则 $c(H^+)$ 降低。

金属离子与水的酸碱反应，即水解反应，就像多元酸的解离，是分步进行的。例如 $Al^{3+}(aq)$ 的水解：

$$Al^{3+}(aq) + H_2O = Al(OH)^{2+}(aq) + H^+(aq)$$

$$Al(OH)^{2+}(aq) + H_2O = Al(OH)_2^+(aq) + H^+(aq)$$

$$Al(OH)_2^+(aq) + H_2O = Al(OH)_3(s) + H^+(aq)$$

值得注意的是，有的金属离子的水解，并不是要水解到相应的氢氧化物才生成沉淀，而是水解到某一中间步骤，就生成了碱式盐沉淀。如 $Sb^{3+}(aq)$ 的水解：

第一步：$Sb^{3+}(aq) + H_2O = Sb(OH)^{2+}(aq) + H^+(aq)$

第二步：$Sb(OH)^{2+}(aq) + Cl^- = SbOCl(s) + H^+(aq)$

这类反应同样也存在平衡，当增加溶液中 $c(H^+)$，可抑制水解，当减少溶液中 $c(H^+)$（增加 pH 值），可促进其水解。

一般来说，酸碱反应的速率是相当快的，极易到达平衡。所以要从平衡角

度来考察这类反应。

2. 难溶电解质在水溶液中存在着溶解沉淀平衡。对于难溶的 AB 型电解质，有下列平衡：

$$AB(s) \rightleftharpoons A^{n+}(aq) + B^{n-}(aq)$$

其平衡常数称为溶度积，记作 $K_{sp}^{\theta}(AB)$。当溶液中离子积 $Q=[c(A^{n+})/c^{\theta}][c(B^{n-})/c^{\theta}]$大于 $K_{sp}^{\theta}(AB)$时，反应向逆方向进行，生成沉淀。当 Q 小于 $K_{sp}^{\theta}(AB)$时,反应向正方向进行，沉淀溶解。当 Q 等于 $K_{sp}^{\theta}(AB)$时，该溶液是难溶物的饱和溶液。

当混合溶液中几种离子均可与同一物种生成沉淀时，滴加该物种的溶液，则先生成的沉淀是该离子的浓度与溶液中沉淀剂浓度乘积先达到 K_{sp}^{θ} 的离子。例如溶液中含有 Cu^{2+}，Cd^{2+}，当滴加 Na_2S 溶液时，哪个离子先生成硫化物沉淀呢？可先作下列平衡计算：

设溶液 Cu^{2+} 与 Cd^{2+} 浓度均为 $0.1 mol \cdot L^{-1}$，并取等体积的 Cu^{2+}，Cd^{2+} 溶液混合均匀，查得 $K_{sp}^{\theta}(CuS)=6.3\times10^{-36}$，$K_{sp}^{\theta}(CdS)=8.0\times10^{-27}$。

生成 CuS 的条件：$Q=(c(Cu^{2+})/c^{\theta})(c(S^{2-})/c^{\theta}) \geqslant K_{sp}^{\theta}(CuS)$，则 $c(S^{2-}) \geqslant 1.3\times10^{-34} mol \cdot L^{-1}$。

生成 CdS 的条件：$Q=(c(Cd^{2+})/c^{\theta})(c(S^{2-})/c^{\theta}) \geqslant K_{sp}^{\theta}(CdS)$，则 $c(S^{2-}) \geqslant 1.6\times10^{-25} mol \cdot L^{-1}$。

由此可知，当滴加 Na_2S 溶液时，混合溶液中 Cu^{2+} 先与 Na_2S 作用生成 CuS 沉淀,再考虑当 CdS 开始沉淀时，溶液中残留的 Cu^{2+} 浓度为多少？

从上述计算已知，CdS 开始沉淀时，溶液中 $c(S^{2-}) \geqslant 1.6\times10^{-25} mol \cdot L^{-1}$，则与 $c(S^{2-})$达到平衡的 $c(Cu^{2+})$为：

$$c(Cu^{2+})=\frac{K_{sp}(CuS)\times c^{\theta}}{c(S^{2-})c^{\theta}}=\frac{6.3\times10^{-36}}{1.6\times10^{-25}} mol \cdot L^{-1}=3.9\times10^{-11} mol \cdot L^{-1}$$

即溶液中的 Cu^{2+} 应视为完全沉淀。

这样似乎可以得出结论，用 Na_2S 作沉淀剂可将的 Cu^{2+}，Cd^{2+} 完全分离。但实验发现并非如此，在 CuS 沉淀中夹带有 CdS 沉淀。滴加 Na_2S 时，虽然有搅拌，但由于 $c(S^{2-}) \geqslant 1.6\times10^{-25} mol \cdot L^{-1}$，所以在局部区域中 CuS 与 CdS 同时生成，但只要溶液中还有 Cu^{2+}，则会发生如下反应：

$$CdS(s)+Cu^{2+}(aq)=Cd^{2+}(aq)+CuS(s)$$

这个反应的总反应速率不大（可能由于包藏的原因），当不断滴加 Na_2S 时又不断有 CdS 生成，所以在 CuS 沉淀中总有 CdS 沉淀。现在出现两个问题：

(1) 平衡计算是否有用？平衡计算是根据给定反应条件(温度、浓度、压力等)，计算出其平衡状态。平衡状态是该反应在给定条件下可进行限度——最大程度，不是每一个反应在给定条件下都能达到平衡状态的。当反应进行得比较好，反应进行的实际程度比较接近限度。若反应进行得不太好，反应实际进行的程度离限度远一些。所以限度是一目标，要不断改进反应条件(动力学条件)，使反应尽可能接近限度。

(2) 怎样改善反应条件、操作方法，使得尽可能接近反应的限度呢？理论上讲是怎样改善操作方法，尽量达到平衡状态，也就是怎样加快反应速率。

加快反应速率首先要判别反应的类别——均相反应、多相反应。对于多相反应，加快扩散速率和增加反应界面可加快总反应速率。在实验中，增加扩散速率和增加反应界面最有效的办法之一是增加搅拌强度，即加强搅拌。实践证明，加强搅拌可以减少 CuS 中混有的 CdS。

三、仪器与试剂

仪器：离心试管，试管，离心机，玻棒，点滴板，胶头滴管。

试剂：

酸： $0.1mol \cdot L^{-1}$ HAc，$0.1mol \cdot L^{-1}$ HCl，$2mol \cdot L^{-1}$ HCl，浓 HCl。

碱： $0.1mol \cdot L^{-1} NH_3 \cdot H_2O$，$2mol \cdot L^{-1} NH_3 \cdot H_2O$，$0.1mol \cdot L^{-1}$ NaOH。

盐： $0.1mol \cdot L^{-1} AgNO_3$，$0.1mol \cdot L^{-1} CdSO_4$，$0.1mol \cdot L^{-1} CuSO_4$，$1 \times 10^{-3} mol \cdot L^{-1}$ KI，$0.1mol \cdot L^{-1} K_2CrO_4$，$0.1mol \cdot L^{-1} MgSO_4$，$0.1mol \cdot L^{-1}$ NaAc，$0.1mol \cdot L^{-1}$ NaCl，$0.1mol \cdot L^{-1} Na_2S$，饱和 $PbCl_2$，$1 \times 10^{-3} mol \cdot L^{-1} Pb(NO_3)_2$，$0.1mol \cdot L^{-1} Pb(NO_3)_2$，$0.1mol \cdot L^{-1} SbCl_3$。

其他：0.05% 甲基橙，0.1% 酚酞，pH 试纸，NaAc 固体，NH_4Cl 固体。

四、实验内容

1. 弱酸解离的同离子效应

在两支试管中各加入 1mL $0.1mol \cdot L^{-1}$ HAc，再各加 1 滴甲基橙，观察溶液的颜色。于其中一支试管中加少量固体 NaAc，用玻璃棒搅拌，待 NaAc 溶解，对比溶液的颜色，解释颜色变化的原因。

2. 难溶电解质的同离子效应

取 2 滴饱和 $PbCl_2$ 溶液于一试管中，滴加 $2.0mol \cdot L^{-1}$ HCl 溶液至出现白色沉淀，再滴加浓 HCl 至沉淀消失。此时生成了可溶性的 $H_2[PbCl_4](aq)$。

解释沉淀的生成，并从沉淀溶解得出结论。

3. 沉淀的生成

在一支试管中加入 1.0mL $0.1mol \cdot L^{-1} Pb(NO_3)_2$ 溶液，再滴加 1.0mL

$0.1mol \cdot L^{-1}$ KI 溶液，观察实验现象。

在另一支试管中滴加入 1.0mL $1 \times 10^{-3} mol \cdot L^{-1}$ $Pb(NO_3)_2$ 溶液，再滴加 1.0mL $1 \times 10^{-3} mol \cdot L^{-1}$ KI 溶液，观察实验现象。

根据 $K_{sp}^{\theta}(PbI_2)$，通过计算解释实验现象。计算时应注意体积增大对离子浓度的影响。

4. 沉淀溶解

在试管中加入 10 滴 $0.1mol \cdot L^{-1}$ $MgSO_4$ 溶液，逐滴加入 $2mol \cdot L^{-1}$ $NH_3 \cdot H_2O$，观察沉淀生成，写出离子反应方程式。再向此溶液中加入少量 NH_4Cl（固体），振荡，观察沉淀的变化，解释沉淀变化的原因。

5. 分步沉淀

在离心试管中加入 5 滴 $0.1mol \cdot L^{-1}$ $CuSO_4$ 溶液和 5 滴 $0.1mol \cdot L^{-1}$ $CdSO_4$ 溶液，再加入 10 滴去离子水，搅拌均匀。逐滴加入 $0.1mol \cdot L^{-1} Na_2S$ 溶液（注意每加一滴 Na_2S 都要搅拌均匀），观察生成沉淀的颜色。当加入 5 滴 Na_2S 后，离心分离。再在清液中加 1 滴 $0.1mol \cdot L^{-1} Na_2S$，观察生成沉淀的颜色。若此时生成仍是土色沉淀，则充分搅拌，再离心分离，依此操作直至清液中加 1 滴 $0.1mol \cdot L^{-1} Na_2S$ 溶液，出现纯黄色沉淀为止。记录所加 $0.1mol \cdot L^{-1} Na_2S$ 的滴数。

先估算把溶液中 Cu^{2+} 完全沉淀为 CuS，所需 $0.1mol \cdot L^{-1} Na_2S$ 的滴数，再与实际所需滴数比较，解释实际加入滴数大于估算滴数的原因。推测若要使实际加入滴数接近于估算滴数应如何操作？

注：CuS 呈黑色，CdS 呈黄色，实验中观察到的土色是黑色与黄色的混合色。

6. 盐的水解

取一支干试管，加入 2 滴 $0.1mol \cdot L^{-1} SbCl_3$ 溶液，再加入 1mL 去离子水，观察现象。再加入 1～2 滴浓盐酸，又有何现象发生？解释该现象。

注：Sb^{3+} 的水解得沉淀为 SbOCl。

7. 设计实验

设计证实“同离子效应使氨水解离出的 OH^- 离子浓度降低”的实验步骤，并以实验证实设计步骤的正确。

给定试剂：$0.1mol \cdot L^{-1}$ NaOH，$0.1mol \cdot L^{-1}$ $NH_3 \cdot H_2O$，NH_4Cl 固体，甲基橙，酚酞。

在设计实验步骤时，只允许用上述试剂，但不一定全部用上。

8. 缓冲溶液的配制及缓冲性能的鉴别

设计两个或两个以上的配制 pH 值为 4 ~ 5 的缓冲溶液的实验方案。所配的缓冲溶液体积为 5mL。

在配制的缓冲溶液中必须有一个缓冲溶液用 $0.1mol\cdot L^{-1}$ NaOH 溶液配制。

用 pH 试纸测定所配制的缓冲溶液的 pH 值，与理论计算结果比较，并分别检验所配制的缓冲溶液抵御酸、碱的能力。

给定试剂：$0.1mol\cdot L^{-1}$ HAc，$0.1mol\cdot L^{-1}$ HCl，$0.1mol\cdot L^{-1}$ NaOH，$0.1mol\cdot L^{-1}$ NaAc，pH 试纸。

9. 沉淀转化

设计 AgCl 与 Ag_2CrO_4 沉淀间的转化，证实沉淀转化反应的方向是溶解度大的沉淀转化成溶解度小的沉淀。

给定试剂：$0.1mol\cdot L^{-1}$ $AgNO_3$，$0.1mol\cdot L^{-1}$ NaCl，$0.1mol\cdot L^{-1}$ K_2CrO_4。

设计前考虑问题：

（1）计算反应 $Ag_2CrO_4(s)+2Cl^-=2AgCl(s)+CrO_4^{2-}$ 的平衡常数，并估计是 Ag_2CrO_4 易转化为 AgCl？还是 AgCl 易转化为 Ag_2CrO_4？从平衡常数大小说明体系中有过量的 CrO_4^{2-} 对 Ag_2CrO_4 转化为 AgCl 有无影响？

（2）当 Ag_2CrO_4（砖红色）沉淀转化为 AgCl（白色）沉淀时，可观察到哪些实验现象？怎样选取 $AgNO_3$ 与 K_2CrO_4 的体积，才能保证预测的实验现象均能观察到？

五、思考题

1. 缓冲溶液的缓冲能力大小与哪些因素有关？
2. 沉淀的先后顺序是由什么因素决定的？

实验 2－11 配位化合物的生成与性质

一、实验目的

1. 通过实验了解配离子的组成结构及其在水溶液中的性质。

2. 了解配离子的相对稳定性，了解浓度、酸度对配位平衡的影响。

3. 了解配位平衡和其他化学平衡之间的联系和相互转化条件。

二、实验原理

1. 配位化合物基本知识

配位化合物是由一定数目的离子或分子和原子或离子（中心原子）以配位键相结合，按一定的组成和空间构型所形成的化合物。与中心离子直接相连原子的叫配位原子，配体个数称为配位数。配合物有阳离子型（如 $Ag(NH_3)_2^+$）、阴离子型（如 FeF_6^-）和中性配合物（$Pt(NH_3)_2Cl_2$）三类。

2. 配位化合物常见的配位原子、配位体和中心离子

F，Cl，Br，I，O，S，N，C 等非金属元素原子都可作为配位原子。下面为这些配位原子形成的常见配体：

配位原子	配体举例
卤素	F^-，Cl^-，Br^-，I^-
氧	H_2O，ONO^-（亚硝酸根），$C_2O_4^{2-}$
氮	NH_3，NCS^-（异硫氰根），$-NO_2$（硝基）
碳	CO，CN^-
硫	SCN^-，$S_2O_3^{2-}$

在元素周期表中几乎所有的金属元素都可以作为配合物的中心原子，但生成配合物的能力不同。一般在周期表中，两端的元素表现得较弱，尤其是碱金属、碱土金属，一般只能形成少数稳定螯合物，位于中部的元素能力最强，特别是第Ⅷ族元素以及与其相邻的 Cu，Mn，Cr 等副族元素。

3. 简单配合物的命名方法

给配位个体命名时，配体名称列在中心原子之前，不同配体名称之前以中圆点（·）分开，在最后一个配体名称之后缀以“合”字。若配合物为配阳离子（如$[Cu(NH_3)_4]^{2+}$）化合物，则命名时阴离子在前，阳离子在后，这与无机盐的命名一样；若为配阴离子（如$[Ag(CN)_2]^-$化合物，则在配阴离子与外界阳离子之前用“酸”字连接。若外界为氢离子，则在配阴离子之后缀以

“酸”字。

例如：

（1）$K[PtCl_3NH_3]$，三氯·氨合铂酸（Ⅱ）钾或三氯，氨合铂（Ⅱ）酸钾。

（2）$[Co(NH_3)H_2O]Cl_3$，三氯化五氨一水合钴（Ⅲ）或三氯化五氨一水合钴（Ⅲ）。

配体个数用倍数词头二、三、四等数字表示，用罗马数字表示中心原子的氧化数，用阿拉伯数字表示配离子的电荷数。配体中要先列出阴离子的名称，后列中性分子的名称。同类配体的名称，按配位原子元素符号的英文字母顺序排列，如在例(2)中，两个配体都为中性分子，配位原子为 N 和 O，所以 NH_3 排在前面。

4. 配位反应的某些特征及应用

配位反应发生时，另一个重要现象为产生沉淀或沉淀溶解，并且许多沉淀由于配离子的形成而溶解，例如：Fe^{3+} 与 SCN^- 反应时，很少的 Fe^{3+} 存在时，溶液颜色就会变成深红色：

$$Fe^{3+} + nSCN^- = [Fe^{3+}(SCN)_n]^{3-n}$$

丁二肟与镍离子反应，生成具有环状结构的螯合物为极难溶红色沉淀。

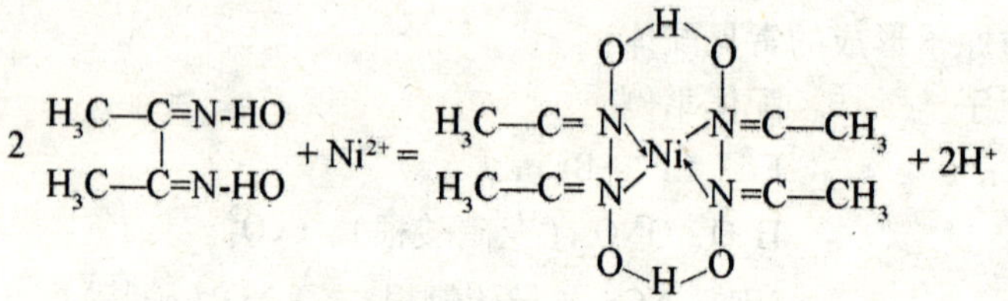

$$AgCN(s) + CN^- = [Ag(CN)_2]^-$$

$$BiI_3(s) + I^- = [BiI_4]^-$$

利用上述现象可以进行物质的分析、分离。

5. 配合物的稳定性

配离子在水溶液中有一定的稳定性，存在配位平衡与解离平衡。如：

$$[Cu(NH_3)_4]^{2+} \rightleftharpoons Cu^{2+} + 4NH_3$$

$$K_{不稳} = \frac{[Cu^{2+}][NH_3]^4}{[Cu(NH_3)_4^{2+}]}$$

$K_{不稳}$为配合物的不稳定常数，$K_{稳}$为 $K_{不稳}$的倒数，一般用 $\lg K_{稳}$表示配合物稳定性大小。配位平衡也是一种化学平衡，外界条件的改变也会使平衡移动，因此，配离子的稳定性也只是相对的。

6.配位平衡的移动

若金属离子 M^{m+} 和配体 L^- 形成配离子 $(ML_n)^{(m-n)}$，在水溶液中产生如下解离平衡。

$$(ML_n)^{(m-n)} \rightleftharpoons M^{m+} + nL^-$$

根据平衡移动原理，改变 M^{m+} 或 L^- 的浓度，会使上述平衡发生移动；同时当外界条件发生改变时(如改变溶液中酸碱度，加入沉淀剂、氧化剂、还原剂、络合剂等)，使其生成更难溶物质、更稳定的配离子，或使其氧化态发改变等，都会使配位平衡移动，从而使配离子解离。例如：

$$\begin{array}{ccccc} [Ag(NH_3)_2]^+ & \rightleftharpoons & Ag^+ & + & 2NH_3 \\ & & + & & + \\ & & Br^- & & 2H^+ \\ & & \rightleftharpoons\!\!\downarrow & & \rightleftharpoons\!\!\downarrow \\ & & AgBr\downarrow & & 2NH_4^+ \end{array}$$

三、仪器与试剂

仪器：试管，试管夹，试管架，玻璃棒，胶头滴管，洗瓶，煤气灶。

试剂：

酸：$1mol \cdot L^{-1}$ H_2SO_4。

碱：$2mol \cdot L^{-1} NH_3 \cdot H_2O$，$6mol \cdot L^{-1} NH_3 \cdot H_2O$，$0.1mol \cdot L^{-1} NaOH$，$2mol \cdot L^{-1}$ NaOH。

盐：$0.1mol \cdot L^{-1}$ $AgNO_3$，$0.1mol \cdot L^{-1}$ $BaCl_2$，$0.1mol \cdot L^{-1} CrCl_3$，$0.1mol \cdot L^{-1}$ $CoCl_2$，$0.1mol \cdot L^{-1}$ $CuSO_4$，$0.1mol \cdot L^{-1}$ $FeCl_3$，$0.1mol \cdot L^{-1}$ KBr，$0.1mol \cdot L^{-1}$ KI，$0.1mol \cdot L^{-1}$ $K_3[Fe(CN)_6]$，$0.1mol \cdot L^{-1}$ KSCN，$0.1mol \cdot L^{-1}$ NaCl，$0.1mol \cdot L^{-1}$ Na_2S，$0.1mol \cdot L^{-1}$ $Na_2S_2O_3$，$0.1mol \cdot L^{-1}$ NH_4F，$2.0mol \cdot L^{-1}$ NH_4F，$0.1mol \cdot L^{-1} NH_4Fe(SO_4)_2$，$0.1mol \cdot L^{-1}$ $NiSO_4$。

其他：$0.1mol \cdot L^{-1}$ EDTA，0.5%淀粉溶液，饱和 $Na_2C_2O_4$，固体 KSCN，正戊醇。

四、实验内容

1. 配离子的生成与组成

在试管中加入 1mL $0.1mol \cdot L^{-1}$ $CuSO_4$ 溶液，逐滴加入 $2.0mol \cdot L^{-1} NH_3 \cdot H_2O$，观察沉淀的生成和颜色，再继续滴加 $6.0mol \cdot L^{-1} NH_3 \cdot H_2O$ 至沉淀完全溶解，并过量数滴，观察溶液的颜色。将溶液分成三份，第一份，滴加 $0.1mol \cdot L^{-1}$ $BaCl_2$，第二份滴加 $0.1mol \cdot L^{-1}$ NaOH，第三份滴加 $0.1mol \cdot L^{-1}$ Na_2S，观察现

象。根据实验结果说明配合物的内外界组成。

2. 配离子与复盐的区别

在两支试管中分别取 10 滴 $0.1mol \cdot L^{-1}$ $K_3[Fe(CN)_6]$，$0.1mol \cdot L^{-1}$ $NH_4Fe(SO_4)_2$溶液，然后各加入 $0.1mol \cdot L^{-1}$ KSCN 2 滴，观察溶液颜色的变化，并解释。

3. 配离子的稳定性比较

取 1.0mL $0.1mol \cdot L^{-1}$ $FeCl_3$ 溶液，滴加 $0.1mol \cdot L^{-1}$ KSCN 形成血红色的配合物，分装于三支试管内：

(1) 在第一支试管内滴加数滴 $0.1mol \cdot L^{-1}$ NH_4F 溶液；

(2) 在第二支试管内滴加数滴 $0.1mol \cdot L^{-1}$ EDTA 溶液；

(3) 在第三支试管内滴加数滴 $0.1mol \cdot L^{-1}$ NH_4F 溶液至无色后，加入 $0.1mol \cdot L^{-1}$ EDTA 溶液。

观察三支试管内溶液颜色的变化，并比较 $Fe(SCN)_n^{3-n}$，FeY^- 和 FeF_6^{3-} 三种配离子的稳定性。

4. 配离子的生成对氧化还原反应的影响

取三支试管分别加入 10 滴 $0.1mol \cdot L^{-1}$ $FeCl_3$ 溶液。

(1) 在第一支试管中加入 2 滴 $0.1mol \cdot L^{-1}$ KI 溶液；

(2) 在第二支试管中加入少量 $2.0mol \cdot L^{-1}$ NH_4F 溶液摇匀后，再加入 2 滴 $0.1mol \cdot L^{-1}$ KI 溶液；

(3) 在第三支试管中加入饱和 $Na_2C_2O_4$ 溶液摇匀后，再加入 2 滴 $0.1mol \cdot L^{-1}$ KI溶液；

然后分别试验各试管中的溶液跟 0.5% 的淀粉溶液的反应，看溶液是否变成蓝色。变蓝色，说明有 I_2 生成，如无蓝色，则说明没有 I_2 生成。对以上三组实验现象做出解释，并归纳配离子的形成对氧化还原反应的影响。

5. 配离子的生成与沉淀溶解条件

在试管中加入 5 滴 $0.1mol \cdot L^{-1}$ $AgNO_3$ 溶液，加入数滴 $0.1mol \cdot L^{-1}$ NaCl 溶液，观察现象，继续滴 $6.0mol \cdot L^{-1}$ $NH_3 \cdot H_2O$ 观察有何变化？待沉淀全部溶解后，再滴加 $0.1mol \cdot L^{-1}$ KBr，观察实验现象，然后加入 $0.1mol \cdot L^{-1}$ $Na_2S_2O_3$ 溶液，又有何变化？最后加入 $0.1mol \cdot L^{-1}$ KI 溶液，观察现象。

通过上述实验，总结配离子的生成对沉淀溶解平衡的影响，通过查阅 K_{sp} 与 $K_{稳}$ 的大小，试总结出沉淀生成和转化的条件。

6. 溶液的酸碱性对配位平衡的影响

在 1mL $0.1mol \cdot L^{-1}$ $NiSO_4$ 溶液中，逐滴加入 $2.0mol \cdot L^{-1}$ $NH_3 \cdot H_2O$，注意

观察沉淀的产生，继续滴加 2.0mol·L^{-1} $NH_3 \cdot H_2O$ 至生成的沉淀刚好消失，将溶液分成两份，分别试验此配合物与 1.0mol·L^{-1} H_2SO_4，2.0mol·L^{-1} NaOH 溶液的反应，观察实验现象，并解释。

7. 配合物的水合异构现象

（1）在一支加有 1mL 0.1mol·L^{-1} $CrCl_3$ 溶液的试管中加入 5 滴浓盐酸，加热，观察其受热前后溶液颜色的变化，并解释。

（2）在一支加有 1mL 0.1mol·L^{-1} $CoCl_2$ 溶液的试管中加入 5 滴浓盐酸，加热，观察其受热前后溶液颜色的变化，并解释。

8. 配位反应在分析中的应用

在 Fe^{3+}，Co^{2+} 的混合溶液中（自己配制，注意两种离子的相对浓度应相等或相近）加入固体 KSCN，观察现象。再加 2.0mol·L^{-1} NH_4F 数滴，振荡后，观察溶液的颜色有何变化？再加 5～6 滴正戊醇，观察正戊醇层的颜色。

五、思考题

1. 有哪些方法可证明 $[Ag(NH_3)_2]^+$ 配离子溶液中有 Ag^+ 离子？

2. 下述两支试管中发生的反应有何不同？

（1）试管一：Fe^{3+} 离子溶液 + I^- 离子溶液。

（2）试管二：Fe^{3+} 离子溶液 + 饱和 $(NH_4)_2C_2O_4$ 溶液 + I^- 离子溶液。

实验2－12 磺基水杨酸铁(Ⅲ)配合物稳定常数的测定

一、实验目的

1. 了解分光光度法测定配合物稳定常数的原理和方法，测定pH值小于2.5时，磺基水杨酸铁(Ⅲ)的组成及其稳定常数。

2. 学习分光光度计的使用。

二、实验原理

磺基水杨酸(H_3R)与Fe^{3+}可形成稳定的配合物，因溶液pH值的不同，形成的配合物的组成也不同。当pH值为2～3时，生成紫红色的有一个配位体的化合物：

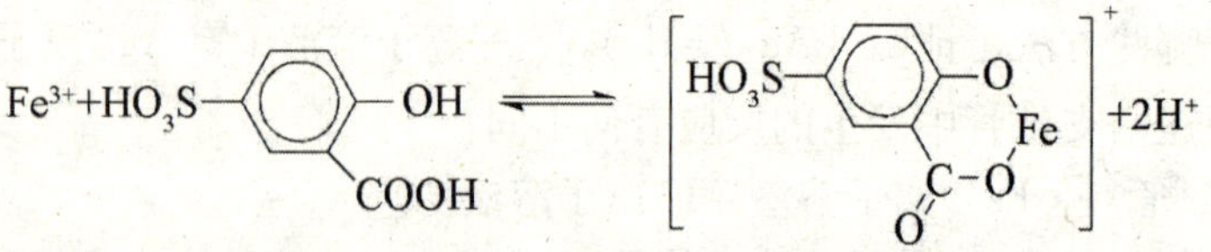

当pH值为4～9时，生成红色配位化合物(有两个配位体)，当pH值为9～11.5时，生成黄色配位化合物，有三个配位体。pH值>12时，有色配合物被破坏而生成$Fe(OH)_3$沉淀。本实验是在pH值<2.5时，测定磺基水杨酸铁配位化合物的组成和稳定常数。测定配位物的组成常用分光光度法，其基本原理如下：

当一束波长一定的单色光通过有色溶液时，光的一部分被溶液吸收，一部分则透过溶液。物质对光的吸收和透过度通常有两种表示方法：一是用透光率T表示，即透过光的强度I_t和入射光的强度I_0之比：

$$T=\frac{I_t}{I_0}$$

另一种是用吸光度A(又称消光度、光密度)来表示，其定义是透光率的负对数：

$$A=-\lg T=\lg\frac{I_0}{I_t}$$

A值大，表示光被有色溶液吸收的程度大，反之，A值小，光被溶液吸收的程度小。

实验结果证明，有色溶液对光的吸收程度与溶液的浓度c和光穿过液层厚

度 l 的乘积成正比，这一定律称之为朗伯·比耳定律。其表达式是：

$$A=\varepsilon\cdot c\cdot l$$

式中 ε 为消光系数（或称吸光系数），当波长一定时，它是有色物质的一个特征常数，数值上等于单位物质的量浓度在单位光程中所测得的溶液的吸光度。

在本实验中，由于磺基水杨酸是无色的，Fe^{3+} 溶液浓度很稀，可认为是无色的，只有磺基水杨酸铁配离子（MR_n）是有色的，因此，溶液的吸光度只与配离子的浓度成正比。透过对溶液吸光度的测定，可以求出该配离子的组成。

测定配离子组成的方法有多种，下面介绍一种常用的测定方法——等摩尔系列法。

等摩尔系列法是用一定波长的单色光，测定一系列变化组分的溶液的吸光度（中心离子 M 和配体 R 的总摩尔数保持不变，而 M 和 R 的摩尔分数连续变化）。显然，在这一系列溶液中，有一些溶液的金属离子是过量的，而另一些溶液则配体是过量的；在这两部分溶液中，配离子的浓度都不可能达到最大值，只有当溶液中金属离子与配体的摩尔数之比与配离子的组成一致时，配离子的浓度才能最大。由于中心离子和配体基本无色，只有配离子有色，所以配离子的浓度越大，溶液的颜色越深，其吸光度也就越大。若以所测体系的吸光度对配体的摩尔分数作图，则从图上最大吸收峰处可以求得配合物的组成 n 值。如图 2－8 所示：

$$配体摩尔分数=\frac{配体摩尔数}{总摩尔数}=0.5$$

$$n=\frac{配体摩尔分数}{中心摩尔分数}$$

由此可知该配合物的组成是 MR。

由图 2－8 可以看出，最大吸光度 A 可被认为 M 和 R 全部形成配合物时的吸光度，其值为 A_1，由于配离子有一部分离解，其浓度要小一些，所以实验测得的最大吸光度在 B 点，其值为 A_2，因此配离子的离解度 α，可表示为：

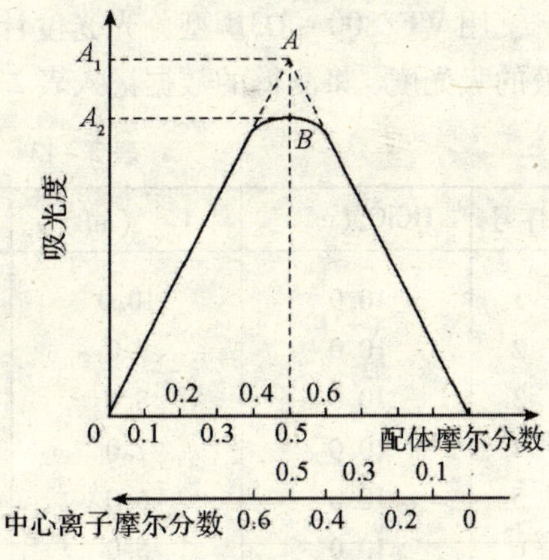

图 2－8　等摩尔系列法

$$\alpha=\frac{A_1-A_2}{A_1}$$

再根据 1∶1 组成配合物的关系式，可导出配合物的稳定常数 K。

$$M+R=MR$$

平衡浓度：　　　　$c\alpha\quad c\alpha\quad c-c\alpha$

根据 $K=\frac{[MR]}{[M][R]}=\frac{1-\alpha}{c\alpha^2}$

可求得 K 值。式中 c 是相应于 A 点的金属离子浓度。

三、仪器与试剂

仪器：WFZ800－D3B 型分光光度计，烧杯，容量瓶（50mL，100mL），吸管（10mL，带刻度）。

试剂：$0.01mol \cdot L^{-1}$ $HClO_4$，$0.0100mol \cdot L^{-1}$ 磺基水杨酸，$0.0100mol \cdot L^{-1}$ Fe^{3+} 溶液。

四、实验内容

1. 配制系列溶液

（1）配制 $0.00100mol \cdot L^{-1}$ Fe^{3+} 溶液：准确吸取 10.0mL $0.0100mol \cdot L^{-1}$ Fe^{3+} 溶液注入 100mL 的容量瓶中，用 $0.01mol \cdot L^{-1}$ $HClO_4$ 溶液稀释至刻度，摇匀备用。用同样的方法配制 $0.00100mol \cdot L^{-1}$ 磺基水杨酸溶液。

（2）用三支 10mL 刻度吸管按照下表列出的毫升数，分别吸取 $0.01mol \cdot L^{-1}$ $HClO_4$，$0.00100mol \cdot L^{-1}$ Fe^{3+} 溶液和 $0.00100mol \cdot L^{-1}$ 磺基水杨酸溶液，分别注入 11 只干燥洁净的 50mL 烧杯中，摇匀。

2. 测定系列溶液的吸光度

用 WFZ800－D3B 型分光光度计（选定波长为 500nm 的光源）测定系列溶液的吸光度，将测得的数据记入表 2－13。

表 2－13　实验数据记录表

序号	$HClO_4$(mL)	Fe^{3+}(mL)	H_3R(mL)	H_3R 摩尔分数	吸光度 A
1	10.0	10.0	0.0		
2	10.0	9.0	1.0		
3	10.0	8.0	2.0		
4	10.0	7.0	3.0		
5	10.0	6.0	4.0		
6	10.0	5.0	5.0		
7	10.0	4.0	6.0		
8	10.0	3.0	7.0		
9	10.0	2.0	8.0		
10	10.0	1.0	9.0		
11	10.0	0.0	10.0		

3. 数据处理与结果

(1) 作图

以吸光度 A 为纵坐标，以磺基水杨酸的摩尔分数为横坐标作图，从图中找出最大吸收峰。

(2) 计算

从作图所得 A_1，A_2 数据，根据实验原理中所述公式，求出配合物的稳定常数 $K_{稳}$(表观)。

五、思考题

1. 用等摩尔系列法测定配合物的组成时，为什么说溶液中金属离子的摩尔数与配位体的摩尔数之比正好与配离子组成相同时，配离子的浓度为最大?

2. 在测定吸光度时，如果温度变化较大，对测得的稳定常数有何影响?

3. 实验中，每个溶液的 pH 值是否一样? 如不一样，对结果有何影响?

4. 为什么用本实验测得的稳定常数是表观稳定常数?

附注:

1. 药品的配制

$HClO_4$($0.01mol \cdot L^{-1}$): 用 4.4mL 70% $HClO_4$ 注入 50mL 水中，再稀释到 5000mL。

Fe^{3+}溶液($0.0100mol \cdot L^{-1}$): 用分析纯硫酸铁铵$(NH_4)_2Fe(SO_4)_2 \cdot 12H_2O$晶体溶于$0.01mol \cdot L^{-1}$ $HClO_4$ 中配制而成。

磺基水杨酸($0.0100mol \cdot L^{-1}$): 用分析纯磺基水杨酸溶于 $0.01mol \cdot L^{-1}$ $HClO_4$ 配制而成。

2. 本实验测得的是，磺基水杨酸铁的表观稳定常数，因为溶液中除存在着磺基水杨酸铁的配位平衡外，还存在着 Fe^{3+} 的水解平衡，磺基水杨酸的电离平衡等，实质上是一个多重平衡。

$$K_{稳} = K_{稳(表观)} \cdot K_a, \text{ pH} = 2 \text{ 时}, \lg K_a = 10.297$$

$$\lg K_{稳} = \lg K_{稳(表观)} + \lg K_a = \lg K_{稳(表观)} + 10.297$$

实验 2-13 分光光度法测定 $[Ti(H_2O)_6]^{3+}$ 的分离能

一、实验目的

1. 了解配合物的吸收光谱。
2. 了解用分光光度法测定配合物分裂能的原理和方法。
3. 学习紫外可见分光光度计的使用方法。

二、实验原理

配离子 $[Ti(H_2O)_6]^{3+}$ 的中心离子 Ti^{3+} 仅有一个 3d 电子。在基态时，这个电子处于能量较低的 t_{2g} 轨道，当它吸收定波长的可见光的能量时，就会在分裂的 d 轨道之间跃迁(称之为 d-d 跃迁)，即由 t_{2g} 轨道跃迁到 e_g 轨道。

3d 电子所吸收光电子的能量应等于 e_g 轨道和 t_{2g} 轨道之间的能量差($Ee_g - Et_{2g}$)，亦即和 $[Ti(H_2O)_6]^{3+}$ 的分离能 Δ_0 相等：

$$E_{光} = hv = Ee_g - Et_{2g} = \Delta_0$$

因为，

$$\Delta_0 = hv = \frac{hc}{\lambda} = hc\sigma(\sigma \text{ 称为波数})$$

所以，

$$\sigma = \Delta_0 / hc$$

而，

$$\begin{aligned} hc &= 6.626 \times 10^{-34}(J \cdot S) \times 3 \times 10^{10}(cm \cdot S^{-1}) \\ &= 6.626 \times 10^{-34} \times 3 \times 10^{10}(J \cdot cm)\ (\text{因为 } 1J = 5.034 \times 10^{22} cm) \\ &= 6.626 \times 10^{-34} \times 3 \times 10^{10} \times 5.034 \times 10^{22}(cm) \\ &= 1(cm) \end{aligned}$$

所以，

$$\sigma = \Delta_0$$

$$\Delta_0 = \sigma = \frac{1}{\lambda}(nm^{-1}) = \frac{1}{\lambda} \times 10^7\ (cm^{-1})$$

λ 值可以通过吸收光谱求得：选取一定浓度的 $[Ti(H_2O)_6]^{3+}$ 溶液，用分光光度计测出在不同波长 λ 下的吸光度 A，以 A 为纵坐标，λ 为横坐标作图可得吸收曲线，曲线最高峰所对应的 λ_{max} 为 $[Ti(H_2O)_6]^{3+}$ 的最大吸收波长，即

$$\Delta_0 = \frac{1}{\lambda_{max}} \times 10^7 (cm^{-1})$$ （λ_{max}单位为 nm）

三、仪器与试剂

仪器：紫外可见分光光度计一台，50mL 烧杯一个，5mL 移液管一支，洗耳球一个，50mL 容量瓶一个。

试剂：15%～20% $TiCl_3$（AR）溶液。

四、实验内容

1. 实验步骤

（1）用移液管取 5.00mL15%～20% $TiCl_3$（AR）溶液于 50mL 容量瓶中，加去离子水稀释至刻度。

（2）吸光度 A 的测定：以去离子水为参比液，用分光光度计在波长 460～550nm 范围内，每隔 10nm 测一次 $[Ti(H_2O)_6]^{3+}$ 的吸光度 A，在接近峰值附近，每隔 5nm 测一次数据，将数据记录在表 2－14 中。

2. 数据处理

（1）测定记录

表 2－14　光密度的测定表

λ(nm)	550	540	
A			

（2）作图：以 A 为纵坐标，λ 为横坐标作$[Ti(H_2O)_6]^{3+}$的吸收曲线。

（3）计算 Δ_0：在吸收曲线上找出最高峰所对应的波长 λ_{max}，计算$[Ti(H_2O)_6]^{3+}$的分裂能 Δ_0 = ____ cm^{-1}。

五、思考题

1. 使用分光光度计有哪些注意事项？

2. Δ_0的单位通常是什么？

附注：

1. 所有盛过钛盐溶液的容器，试验后应洗净。

2. 由于 Cl^- 有一定的配位作用，会影响$[Ti(H_2O)_6]^{3+}$的实验结果，如以 $Ti(NO_3)_3$代替 $TiCl_3$，由于 NO_3^- 的配位作用极弱，会得到较好的实验结果。

实验2－14　$I_3^- = I^- + I_2$ 平衡常数的测定

一、实验目的

1. 测定 $I_3^- = I^- + I_2$ 平衡常数，了解化学平衡和平衡移动原理。

2. 练习滴定基本操作。

二、实验原理

碘溶于碘化钾溶液中形成 I_3^- 离子，并建立下列平衡：

$$I_3^- = I^- + I_2$$

在一定温度下其平衡常数为：

$$K = \frac{a_{I^-} \cdot a_{I_2}}{a_{I_3^-}} = \frac{\gamma_{I^-} \cdot \gamma_{I_2}}{\gamma_{I_3^-}} \cdot \frac{[I^-][I_2]}{[I_3^-]}$$

式中 α 为活度，γ 为活度系数，$[I^-]$，$[I_2]$，$[I_3^-]$ 为平衡时的浓度，由于在离子强度不大的溶液中

$$\frac{\gamma_{I^-} \cdot \gamma_{I_2}}{\gamma_{I_3^-}} \approx 1$$

所以

$$K = \frac{[I^-][I_2]}{[I_3^-]}$$

为了测定平衡时的 $[I^-]$，$[I_2]$ 和 $[I_3^-]$，可用过量固体碘与已知浓度的 KI 溶液一起摇荡，达到平衡后，取上层清液，用标准 $Na_2S_2O_3$ 溶液进行滴定：

$$2Na_2S_2O_3 + I_2 = 2NaI + Na_2S_4O_6$$

由于溶液中存在着 $I_3^- = I^- + I_2$ 的平衡，所以用 $Na_2S_2O_3$ 溶液进行滴定，最终得到的是平衡时 I_2 和 I_3^- 的总浓度，设这个浓度为 c，则

$$c = [I_2] + [I_3^-]$$

碘的浓度 $[I_2]$ 通过在相同温度条件下，测定过量固体碘与水处于平衡时，溶液中碘的浓度来代替，设此浓度为 c'，则

$$[I_2] = c'$$

整理公式，得出

$$[I_3^-] = c - [I_2] = c - c'$$

从上式可以看出，形成一个 I_3^- 就需要一个 I^-，所以平衡时 I^- 的浓度为

$$[I^-] = [I^-]_0 - [I_3^-]$$

式中$[I^-]_0$为KI的起始浓度。将$[I^-]$，$[I_2]$和$[I_3^-]$代入公式，即可求得在此温度条件下的平衡常数K。

三、仪器与试剂

仪器：量筒(100mL，10mL)，移液管(10mL，25mL，50mL)，碱式滴定管(50mL)，碘量瓶(250mL)，锥形瓶(250mL)。

试剂：

盐：　0.02000mol·L^{-1}KI，0.00500mol·L^{-1}$Na_2S_2O_3$。

其他：固体碘，0.5%淀粉溶液。

四、实验内容

1. 取三个干燥的250mL碘量瓶，分别标上1，2，3号，用量筒取(量筒在移液前应如何处理?)60mL 0.02000mol·L^{-1}的碘化钾溶液注入1号瓶；用移液管(25mL)准确移取25.00mL的蒸馏水和25.00mL的0.02000mol·L^{-1}的碘化钾溶液注入2号瓶，配制成0.02000mol·L^{-1}的碘化钾溶液；用量筒取180mL蒸馏水注入3号瓶。最后在各瓶内倒入1克研细的固体碘。

2. 将三个碘量瓶在室温下激烈振荡30min，然后静置10min，待过量固体碘沉于瓶底后，可取上层清液进行滴定。

3. 用10mL移液管取1号瓶上层清液两份，分别注入250mL锥形瓶中，再各注入40mL蒸馏水，用0.00500mol·L^{-1}标准$Na_2S_2O_3$溶液滴定，滴定至淡黄色时(注意不要过量)，注入2mL 0.5%淀粉溶液，此时溶液应呈蓝色，继续滴定，至蓝色刚好消失(不立即恢复蓝色)，记下所消耗的$Na_2S_2O_3$溶液的体积。用同样方法滴定2号瓶上层清液。

4. 用50mL移液管移取3号瓶上层清液两份，用0.00500mol·L^{-1}标准$Na_2S_2O_3$溶液滴定，方法同上。

5. 数据记录和处理（见表2-15)。

室温：________℃；

标准$Na_2S_2O_3$溶液浓度：____________mol·L^{-1}；

KI的起始浓度$[I^-]_0$：______________mol·L^{-1}；

计算公式：

1，2号瓶 $c=[I_2]+[I_3^-]=\dfrac{(cV)_{NaS_2O_3}}{2V_{KI-I_2}}$

3号瓶 $c'=[I_2]=\dfrac{(cV)_{Na_2S_2O_3}}{2V_{H_2O-I_2}}$

$$[I_3^-]=c-[I_2]=c-c'$$

$$[I^-] = [I^-]_0 - [I_3^-]$$

$$K = \frac{[I^-][I_2]}{[I_3^-]}$$

表 2－15　数据记录和处理表格

记录项目		1号瓶	2号瓶	3号瓶
取样体积(mL)				
消耗标准 $Na_2S_2O_3$ 溶液的体积(mL)	测定			
	平均			
1、2号瓶中的总浓度 $c(mol \cdot L^{-1})$				
3号瓶中的碘平衡浓度 $c'(mol \cdot L^{-1})$				
$K_{测定}$				
$K_{平均}$				
相对误差(%)				

五、思考题

1. 根据报道，298K 时反应 $[I^-] = [I^-]_0 - [I_3^-]$ 的平衡常数 $K = 1.29 \times 10^{-3}$，测到的数值是多少？误差的原因是什么？有无办法修正？

2. 为什么说 $Na_2S_2O_3$ 标准溶液滴定 $[I^-] = [I^-]_0 - [I_3^-]$ 平衡体系中的碘，得到的是 I_2 和 I_3^- 的总浓度？

3. 实验中量取溶液时，有的必须用移液管，有些可以用量筒，为什么？

附注：

1. 0.005mol·L^{-1} $K_2Cr_2O_7$ 标准溶液的配制：准确称取在 150～180℃ 下烘干 2h 的 $K_2Cr_2O_7$ 0.12g 于烧杯中，溶解后定量地移入 250mL 的容量瓶中，用水稀释至刻度，摇匀，计算其准确浓度。

2. KI 溶液的浓度可以用 $AgNO_3$ 标准溶液，以电势滴定法标定。$AgNO_3$ 标准溶液的标定方法如下：准确称取 0.55～0.60gNaCl 基准试剂（应事先在 500～600℃ 灼烧半小时后，放置于干燥器中）于烧杯中，用蒸馏水溶解后，定量转入 1000mL 容量瓶中，稀释至刻度，摇匀，用移液管准确移取 25.00mL 上述 NaCl 标准溶液三份，分别置于三个锥形瓶中，每份均加入 25.00mL 蒸馏水和 1mL5% $K_2Cr_2O_7$ 指示剂，在不断摇动下以 $AgNO_3$ 溶液滴定至呈现砖红色即为终点，根据 NaCl 标准溶液的浓度和滴定消耗的 $AgNO_3$ 溶液的体积，计算 $AgNO_3$ 溶液的准确浓度。

第三部分 元素化学性质及定性分析

实验 3-1 卤素

一、实验目的

1. 了解卤素单质的性质和卤化氢制备的方法及性质。
2. 实验氯酸盐的氧化性。
3. 掌握 Cl^-, Br^-, I^- 的分离与鉴定方法。

二、实验原理

参看《无机化学》中有关内容。

Cl^-, Br^-, I^- 能与 Ag^+ 反应生成难溶于水的 AgCl（白）、AgBr（黄）、AgI（黄），它们的溶度积常数依次减小，都不溶于 HNO_3。AgCl 在稀氨水中或 $(NH_4)_2CO_3$ 中，因生成配离子 $[Ag(NH_3)_2]^+$ 而溶解，再加 HNO_3 时 AgCl 会重新沉淀出来：

$$[Ag(NH_3)_2]^+ + Cl^- + 2H^+ = AgCl(s)\downarrow + 2NH_4^+$$

如用锌在 HAc 介质中还原 AgBr、AgI 中的 Ag^+ 为 Ag，会使 Br^- 和 I^- 转入溶液中，如遇氯水则被氧化为单质。Br_2 和 I_2 易溶于 CCl_4 中，分别呈现黄色和紫色。

三、仪器与试剂

仪器：离心机，移液管。

试剂：

酸： $1.0mol\cdot L^{-1}$ H_2SO_4，$2.0mol\cdot L^{-1}$ H_2SO_4，浓 H_2SO_4，1∶1 H_2SO_4，$2mol\cdot L^{-1}$ HCl，$6.0mol\cdot L^{-1}$ HNO_3。

碱： $2.0mol\cdot L^{-1}$ NaOH，$6.0mol\cdot L^{-1}$ $NH_3\cdot H_2O$，浓 $NH_3\cdot H_2O$。

盐： $0.1mol\cdot L^{-1}$ $AgNO_3$，$0.1mol\cdot L^{-1}$ KBr，$0.1mol\cdot L^{-1}$ KI，饱和 $KClO_3$，$0.1mol\cdot L^{-1}$ $FeCl_3$，$0.1mol\cdot L^{-1}$ NaCl，12% $(NH_4)_2CO_3$。

其他：Zn 粉，NaCl 固体，KBr 固体，KI 固体，碘晶体，品红，氯水，溴水，CCl_4，KI－淀粉试纸，Pb $(Ac)_2$试纸。

四、实验内容

1. 单质性质

(1) 溴和碘的溶解性

① 观察试剂瓶中液体溴和水的分层情况及颜色。

② 在试管中加少量溴水和 CCl_4，并振荡试管，观察水相和有机相的颜色。

③ 取少量碘晶体放在试管中，并加入 1～2mL 去离子水，观察溶液的颜色，再加入几滴 $0.1mol \cdot L^{-1}$ KI 溶液，碘溶液的颜色有无变化？解释原因。继续加少量 CCl_4，振荡试管，观察水相和有机相颜色的变化。

(2) 氯、溴、碘的氧化性

实验室备有 $0.1mol \cdot L^{-1}$ KBr 溶液、$0.1mol \cdot L^{-1}$ KI 溶液、氯水、溴水、CCl_4，设计实验比较氯、溴、碘的氧化性强弱。

(3) 卤素的歧化反应

在碘水中滴加 $2mol \cdot L^{-1}$ NaOH 溶液，观察现象。再加入数滴 $2mol \cdot L^{-1}$ H_2SO_4溶液，有何变化？用溴水代替碘水有何现象？

2. 卤化物的性质

(1) HX 的制备和还原性

在三支试管中，分别加入少量 NaCl，KBr，KI 固体，再各加入 1mL 浓硫酸，微热并分别用沾有浓 $NH_3 \cdot H_2O$ 的玻璃棒、KI－淀粉试纸和 Pb $(Ac)_2$ 试纸检验各试管中逸出的气体，写出方程式。

(2) Br^- 和 I^- 的还原性比较

用 $0.1mol \cdot L^{-1}$ $FeCl_3$ 溶液分别与 $0.1mol \cdot L^{-1}$ KBr 和 KI 作用，观察有无 Br_2 和 I_2 生成(如何检验?)比较 Br^- 和 I^- 的还原性。

3. 氯酸盐氧化性

(1) ClO^- 氧化性

取 1mL 氯水，用 $2mol \cdot L^{-1}$ NaOH 碱化后分装于三支试管中。第一支试管中加数滴 $2mol \cdot L^{-1}$ HCl，检验 Cl_2 产生；第二支试管中加数滴 $0.1mol \cdot L^{-1}$ KI 和 $2mol \cdot L^{-1}$ H_2SO_4，检验 I_2 产生；第三支试管中加数滴品红溶液，观察颜色变化。

(2) ClO_3^- 的氧化性

① 取 10 滴饱和 $KClO_3$，加入 3 滴浓 HCl，检验 Cl_2 产生。

② 取 3 滴 $0.1mol \cdot L^{-1}$ KI，加入少量饱和 $KClO_3$，再逐滴加入 1∶1 H_2SO_4，观察颜色变化，比较 $HClO_3$ 与 HIO_3 氧化性强弱。

4. Cl^-，Br^-，I^-的分离与鉴定

（1）Cl^-鉴定反应

① Cl^-的鉴定　取2滴$0.1mol \cdot L^{-1}$ NaCl于试管中，加入1滴$2mol \cdot L^{-1}$ HNO_3和2滴$0.1mol \cdot L^{-1}$ $AgNO_3$，观察沉淀颜色。离心弃去清液，于沉淀上加数滴$6mol \cdot L^{-1}$氨水。沉淀溶解，再用$6mol \cdot L^{-1}$ HNO_3，酸化，沉淀又出现，说明Cl^-存在。

② Br^-和I^-的鉴定　取2滴$0.1mol \cdot L^{-1}$ KBr和KI分别放入两试管中，加入1滴$2mol \cdot L^{-1}$ H_2SO_4和数滴CCl_4，再分别加入氯水，振荡后观察CCl_4层颜色的变化。

（2）Cl^-，Br^-，I^-的分离和鉴定

取2滴$0.1mol \cdot L^{-1}$ NaCl，KBr和KI溶液混合，按图3－1所示方案分离鉴定。

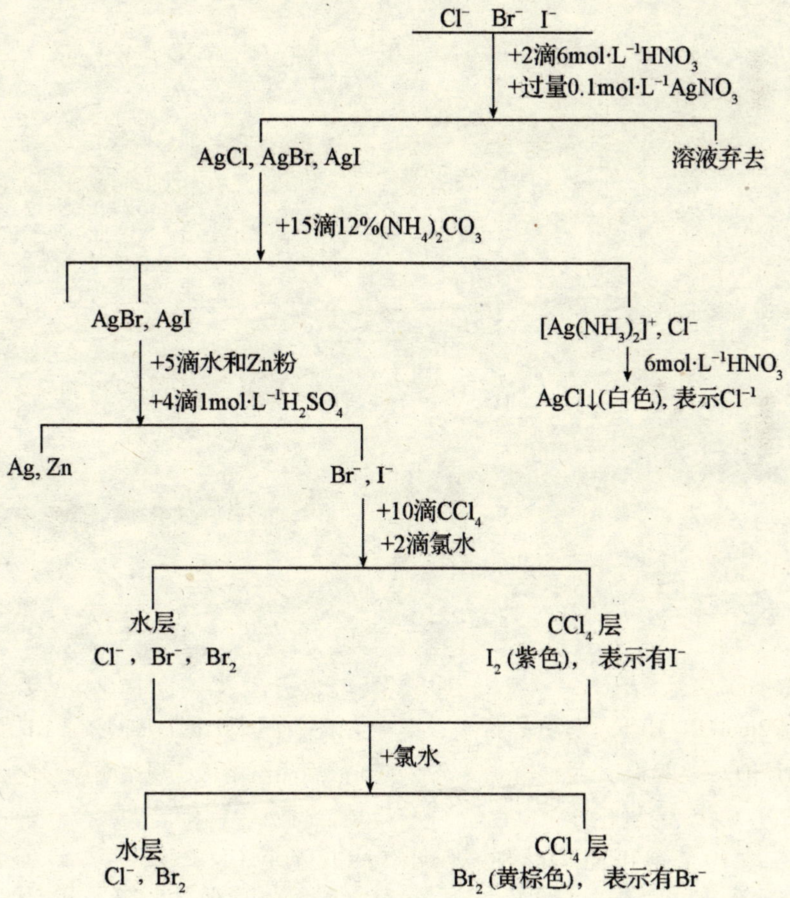

图3－1　分离鉴定方案

五、思考题

1. 总结常态下卤素单质的状态、颜色。

2. 实验室中如何制备氯化氢、溴化氢？

3. 氯酸盐在什么条件下有明显的氧化性？加入什么物质使其具有较强氧化性？

4. AgCl，AgBr，AgI 分离时，为何用 $(NH_4)_2CO_3$ 而不用 $NH_3 \cdot H_2O$？

5. 向未知溶液中加 $AgNO_3$ 时，若无沉淀产生，能否说明溶液中不存在卤素离子？

实验3－2 氮、磷、氧、硫

一、实验目的

1. 掌握硝酸及其盐、亚硝酸及其盐、硫的含氧酸及其盐、H_2O_2，H_2S，S^{2-}的性质。

2. 了解磷酸盐的主要性质，试验难溶硫化物、磷酸盐的性质。

3. 学习氮、磷、氧、硫若干离子的鉴定方法。

二、实验原理

氮、磷是Ⅴ族元素，其价电子构型为 ns^2np^3。理论上，氮、磷的氧化态有从 －3～＋5 间的任何一个氧化态（如硝酸、亚硝酸及其盐），实际上，氮的氧化态有 －3，＋1，＋2，＋3，＋4，＋5；磷的常见氧化态有 －3，＋3，＋5。氧化值高的含氮的化合物有较强的氧化性（如 NO_2，HNO_3 等）而氧化值低的含氮的化合物有还原性（如氨、NH_2-NH_2 联氨）。

1. NH_4^+ 与 NaOH 反应生成 $NH_3(g)$，使红色石蕊试纸变蓝。

NH_4^+ 与 Nessler 试剂（K_2HgI_4）的碱性溶液反应生成红棕色沉淀：

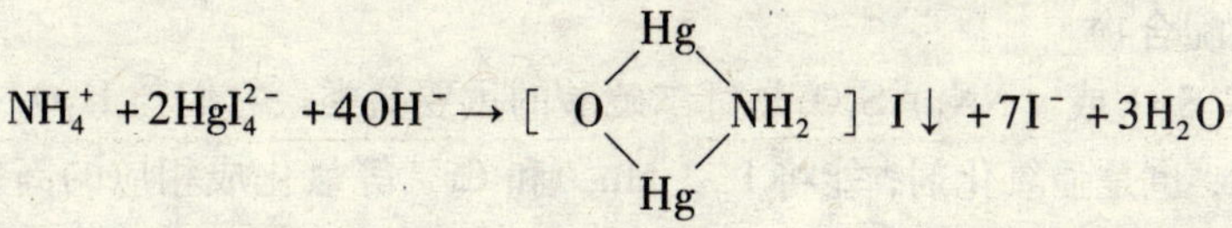

2. 氮的含氧酸及其盐类化合物的酸碱性、氧化还原性及离子的鉴定是实验验证的主要内容。

亚硝酸是稍强于醋酸的弱酸，极不稳定，仅存于冷的稀溶液中，加热或浓缩便发生分解：

$$2HNO_2 = H_2O + N_2O_3\text{（浅蓝色）}$$

$$N_2O_3 \rightarrow NO + NO_2$$

亚硝酸盐在溶液中尚稳定，它是有毒、致癌物质。在酸性介质中，有较强的氧化性，一般被还原为 NO；与强氧化剂作用时，被氧化成 N（Ⅴ）价态。

3. 鉴定 NO_3^- 或 NO_2^- 离子，常采用在含有 NO_3^- 或 NO_2^- 的溶液中加入浓 H_2SO_4，NO_3^- 能形成棕色环现象，NO_2^- 则发生生成棕色溶液的反应。因此，当有 NO_2^- 存在时，会干扰 NO_3^- 的鉴定，必须预先除去，即在酸性条件下加入尿素发生下列反应：

$$2NO_2^- + 2H^+ + CO(NH_2)_2 = 2N_2\uparrow + CO_2\uparrow + 3H_2O$$

加入 HAc 时，只有 NO_2^- 能发生棕色反应：

$$NO_2^- + Fe^{2+} + 2HAC = NO\uparrow + Fe^{3+} + H_2O + 2AC^-$$

4. 含磷的化合物中稳定的化合物是氧化值为 +5 的化合物，如磷酸及其盐。磷的低氧化值化合物有较强还原性，如膦 PH_3、次磷酸 H_3PO_2 及其盐，亚磷酸 H_3PO_3 及其盐。

5. 氧、硫是 VIA 族，价电子构型是 ns^2np^4，常见的价态有 -2， +4 和 +6。SO_2 溶于水生成不稳定的亚硫酸，它是二元中的强酸。H_2SO_3 及其盐常用作还原剂，但遇强还原剂时也起氧化作用。SO_2 或 H_2SO_3 可与某些有机物发生加成反应，生成无色加成物，所以它们具有漂白性。加成物受热往往容易分解。

6. 亚硫酸盐与硫作用生成不稳定的硫代硫酸盐，硫代硫酸盐遇酸容易分解，如：

$$Na_2SO_3 + S = Na_2S_2O_3$$

$$S_2O_3^{2-} + 2H^+ = SO_2 + S\downarrow + H_2O$$

$Na_2S_2O_3$ 常用作还原剂，能将 I_2 还原为 I^-，本身被氧化为连四硫酸钠：

$$2S_2O_3^{2-} + I_2 = S_4O_6^{2-} + 2I^-$$

这一反应在分析化学上用于碘量法容量分析。另外，$S_2O_3^{2-}$ 能与某些金属离子形成配合物。

7. $K_2S_2O_8$或（NN_4）$_2S_2O_8$是过二硫酸的重要盐类。它们与 H_2O_2 相似，含有过氧键，也是强氧化剂，能将 I^-，Mn^{2+} 和 Cr^{3+} 等氧化成相应的高氧化态化合物，例如：

$$2Mn^{2+} + 5\ S_2O_8^{2-} + 8H_2O = 2\ MnO_4^- + 10\ SO_4^{2-} + 16H^+$$

有 $AgNO_3$ 存在时，该反应将迅速进行(银的催化作用)。

8. H_2O_2，S^{2-}，SO_3^{2-} 和 $S_2O_3^{2-}$ 的鉴定

（1）在含 $Cr_2O_7^{2-}$ 的溶液中加入 H_2O_2 和戊醇，有蓝色的过氧化物 CrO_5 生成，该化合物不稳定，放置或摇动时便分解。利用这一性质可以鉴定 H_2O_2，Cr(Ⅲ)和 Cr(Ⅵ)，主要反应是：

$$Cr_2O_7^{2-} + 4H_2O_2 + 2H^+ = 2CrO_5 + 5H_2O$$

（2）S^{2-} 能与稀酸反应生成 H_2S 气体，借助 $Pb(Ac)_2$ 试纸进行鉴定。另外，在弱碱性条件下，S^{2-} 与 $Na_2[Fe(CN)_5NO]$ 反应生成紫红色配合物：

$$S^{2-} + [Fe(CN)_5NO]^{2-} = [Fe(CN)_5NOS]^{4-}$$

（3）SO_3^{2-} 与 $Na_2[Fe(CN)_5NO]$ 反应生成红色配合物，加入饱和 $ZnSO_4$ 溶液和 $K_4[Fe(CN)_6]$ 溶液，会使红色明显加深。

（4） $S_2O_3^{2-}$ 与 Ag^+ 反应生成不稳定的白色沉淀 AgS_2O_3，在转化为黑色的 Ag_2S 沉淀过程中，沉淀的颜色由白→黄→棕→黑。这是 $S_2O_3^{2-}$ 的特征反应。应当指出，当溶液中同时存在 S^{2-}，SO_3^{2-} 和 $S_2O_3^{2-}$，需要逐个加以鉴定时，必须先加 $PbCO_3$ 固体，生成 PbS 以消除 S^{2-} 的干扰，再离心分离，取其清液分别鉴定 SO_3^{2-} 和 $S_2O_3^{2-}$。

三、仪器与试剂

仪器：水浴锅，点滴板，滴管。

试剂：

酸： $1mol \cdot L^{-1}$ HCl，$2.0mol \cdot L^{-1}$ HCl，$6.0mol \cdot L^{-1}$ HCl，浓 HCl，$1.0mol \cdot L^{-1}$ H_2SO_4，$2.0mol \cdot L^{-1}$ H_2SO_4，浓 H_2SO_4，$2mol \cdot L^{-1}$ HAc，$6mol \cdot L^{-1}$ HAc，$6.0mol \cdot L^{-1}$ HNO_3，浓 HNO_3，H_3PO_4，HPO_3，王水［HNO_3∶浓 HCl = 1∶3（体积比）］。

碱： $2.0mol \cdot L^{-1}$ NaOH，40% NaOH，$2.0mol \cdot L^{-1}$ $NH_3 \cdot H_2O$，浓 $NH_3 \cdot H_2O$。

盐： $0.1mol \cdot L^{-1}$ $AgNO_3$，$0.1mol \cdot L^{-1}$ $BaCl_2$，$0.1mol \cdot L^{-1}$ $CuSO_4$，$0.1mol \cdot L^{-1}$ $Hg(NO_3)_2$，$0.1mol \cdot L^{-1}$ KI，$0.1mol \cdot L^{-1}$ $KMnO_4$，$0.1mol \cdot L^{-1}$ Na_2S，1% $Na_2[Fe(CN)_5NO]$，饱和 Na_2CO_3，$0.1mol \cdot L^{-1}$ Na_2SO_4，$0.1mol \cdot L^{-1}$ $Na_2S_2O_3$，$0.1mol \cdot L^{-1}$ NaH_2PO_4，$0.1mol \cdot L^{-1}$ Na_2HPO_4，$0.1mol \cdot L^{-1}$ Na_3PO_4，$0.1mol \cdot L^{-1}$ $Na_4P_2O_7$，$0.1mol \cdot L^{-1}$ $NaNO_2$，$0.1mol \cdot L^{-1}$ NH_4Cl，饱和 $(NH_4)_2MoO_4$，$0.1mol \cdot L^{-1}$ $ZnSO_4$，$0.1mol \cdot L^{-1}$ $MnSO_4$，$0.1mol \cdot L^{-1}$ $Tb(NO_3)_2$，$0.1mol \cdot L^{-1}L^{-1}$ $NaNO_3$。

其他：$AgNO_3$ 固体，$NaNO_3$ 固体，$K_2S_2O_8$ 固体，$Pb(NO_3)_2$ 固体，3% H_2O_2，饱和碘水，无水乙醇，Nessler 试剂，α－萘胺，对氨基苯磺酸，pH 试纸，$Pb(Ac)_2$ 试纸。

四、实验内容

1. 氨和 NH_4^+ 的鉴定

（1）在试管中加入 10 滴 $0.1mol \cdot L^{-1}$ NH_4Cl，再加入 10 滴 $2mol \cdot L^{-1}$ NaOH，微热并用润湿的红色石蕊试纸检验逸出的气体 NH_3。此反应也是确定 NH_3 是否存在的鉴定反应。

（2）取 2 滴 $0.1mol \cdot L^{-1}$ NH_4Cl 溶液，加入 2 滴 $2mol \cdot L^{-1}$ NaOH 和 2 滴奈斯勒(Nessler)试剂，观察棕黄色沉淀的生成。奈斯勒试剂由 $K_2[HgI_4]$ 和 KOH 组成，与 NH_4^+ 反应如下：

$$NH_4^+ + 2HgI_4^{2-} + 4OH^- \rightarrow \left[\, O \begin{matrix} Hg \\ \\ Hg \end{matrix} NH_2 \,\right] I\downarrow + 7I^- + 3H_2O$$

2．过氧化氢及过氧化物

（1）H_2O_2 的酸碱性及 Na_2O_2 的获得

取 10 滴 3% 的 H_2O_2 测其 pH 值，然后加入 5 滴 40% 的 NaOH 和 10 滴无水乙醇，并混合均匀，观察生成固体 $Na_2O_2 \cdot 8H_2O$ 的颜色（$Na_2O_2 \cdot 8H_2O$ 易溶于水并完全水解，但在乙醇溶液中的溶解度较小）。

（2）H_2O_2 的氧化还原性

① 取 5 滴 $0.1mol \cdot L^{-1}Tb(NO_3)_2$ 和 5 滴 $0.1mol \cdot L^{-1}Na_2S$，逐滴加入 3% 的 H_2O_2，观察并记录观察到的现象。

② 取 5 滴 $0.1mol \cdot L^{-1}AgNO_3$，加入 5 滴 $2mol \cdot L^{-1}NaOH$；然后逐滴加入 3% 的 H_2O_2，观察并记录现象。

③ 取 10 滴 3% H_2O_2，加入 1 滴 $0.1mol \cdot L^{-1}MnSO_4$，然后加 1 滴 $2mol \cdot L^{-1}$ NaOH 使溶液为碱性，逐滴加入 $1mol \cdot L^{-1}H_2SO_4$，酸化，观察并记录现象。

3．硫化氢及硫化物

（1）H_2S 的获得及鉴定

试管中盛 5 滴 $0.1mol \cdot L^{-1}Na_2S$，加入 5 滴 $6mol \cdot L^{-1}HCl$，用润湿的 pH 试纸及 $Pb(Ac)_2$ 试纸检验逸出的气体。

（2）H_2S 的氧化还原性

取 5 滴 $0.1mol \cdot L^{-1}$ Na_2S 和 5 滴 $0.1mol \cdot L^{-1}Na_2SO_4$ 混合，逐滴加入 $1mol \cdot L^{-1}H_2SO_4$ 酸化，观察并记录现象。

（3）难溶硫化物的生成和溶解

在四支离心试管中各加入 5 滴浓度均为 $0.1mol \cdot L^{-1}$ 的 $ZnSO_4$，$CdSO_4$，$CuSO_4$ 和 $Hg(NO_3)_2$，再各加入 5 滴 $0.1mol \cdot L^{-1}Na_2S$，离心沉降，吸去清液，对各支试管的沉淀依次加入 $6mol \cdot L^{-1}HCl$，$6mol \cdot L^{-1}HNO_3$，王水（1 倍体积浓硝酸和 3 倍体积浓 HCl 的混合液），直至沉淀溶解（若加入 HCl 后沉淀未溶，那么在加硝酸前应将 HCl 清液吸去，并用少量蒸馏水洗涤沉淀 2～3 次，才能往下做实验）。

4. 氮和硫的含氧酸和含氧酸盐

(1) 硝酸的氧化性和硝酸盐的热分解性

① 浓 HNO_3 的氧化性和 SO_4^{2-} 的鉴定 取少量硫粉，加入 1mL 浓 HNO_3，微热，设法检验硫的氧化产物是否为 SO_4^{2-}。

② 在三支干燥试管中分别加入少量 $AgNO_3$，$Pb(NO_3)_2$，$NaNO_3$ 固体，然后在酒精灯上加热。观察现象，将带有余烬的火柴伸入试管中，检验气体产物，写出反应式。

(2) HNO_2 及其盐的氧化还原性

取 10 滴 0.1mol·L^{-1} $NaNO_2$，加入 5 滴 0.1mol·L^{-1} KI，然后加入 5 滴 1mol·L^{-1} H_2SO_4 酸化，观察并记录现象。

用 0.1mol·L^{-1} $KMnO_4$ 代替 KI，按上述操作试验。

(3) H_2SO_3 及其盐的氧化还原性

取 10 滴 0.1mol·L^{-1} Na_2SO_3，加入 0.1mol·L^{-1} $KMnO_4$ 和 1mol·L^{-1} H_2SO_4，观察并记录现象。

H_2SO_3 的氧化性见本实验 3 (2)。

(4) $H_2S_2O_3$ 及其盐的性质

① $S_2O_3^{2-}$ 的还原性 取 5 滴 0.1mol·L^{-1} $Na_2S_2O_3$ 溶液，逐滴加入碘水，观察现象。

② $S_2O_3^{2-}$ 歧化反应和 $S_2O_3^{2-}$ 的鉴定 取 10 滴 0.1mol·L^{-1} $Na_2S_2O_3$，逐滴加入 1mol·L^{-1} HCl，生成白色或淡黄色浑浊。此反应可用于鉴定 $S_2O_3^{2-}$ 是否存在。

取 5 滴 0.1mol·L^{-1} $AgNO_3$，加入 3 滴 0.1mol·L^{-1} $Na_2S_2O_3$(不能过量，为什么)，放置后观察现象，反应生成白色 $Ag_2S_2O_3$ 沉淀，它在水中发生歧化反应。

$$\underset{\text{(白色)}}{Ag_2S_2O_3} + H_2O = H_2SO_4 + \underset{\text{(黑色)}}{Ag_2S}\downarrow$$

③ $S_2O_3^{2-}$ 配位性 取 5 滴 0.1mol·L^{-1} $AgNO_3$ 溶液，加入过量 0.1mol·L^{-1} $Na_2S_2O_3$ 溶液，有何现象?

(5) 过二硫酸的氧化性

取 1 滴 0.1mol·L^{-1} $MnSO_4$，再加入 2mL 2.0mol·L^{-1} H_2SO_4，1 滴 $AgNO_3$(作催化剂)和少量 $K_2S_2O_8$ 固体，微热，观察紫红色 MnO_4^- 生成。此反应可作为 Mn^{2+} 的鉴定反应。

5. NO_2^- 和 NO_3^- 的鉴定反应

(1) NO_2^- 的鉴定反应

在试管中加1滴0.1mol·L^{-1}$NaNO_2$溶液，再加几滴6mol·L^{-1}HAc，然后加1滴对氨基苯磺酸和1滴α－萘胺，溶液显粉红色，证明有NO_2^-。当NO_2^-浓度大时，粉红色很快消失，并生成黄色溶液或褐色沉淀，所以当NO_2^-浓度较大时，应适当稀释，然后再取样鉴定。此反应历程如下，由重氮化及偶氮反应产生红色偶氮染料：

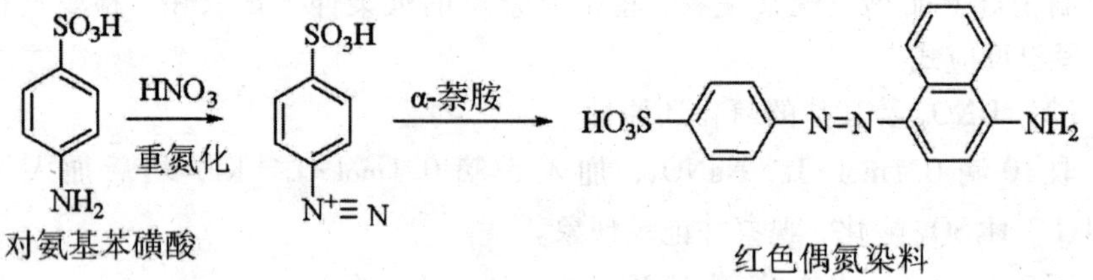

（2）NO_3^-的鉴定反应

取1滴0.1mol·L^{-1}$NaNO_3$溶液放在点滴板上，再放1小滴$FeSO_4$固体，加1滴浓硫酸，在$FeSO_4$晶体周围出现棕色环，表示有NO_3^-离子。反应依下列方程式进行：

$$NO_3^- + 3Fe^{2+} + 4H^+ = NO\uparrow + 3Fe^{3+} + 2H_2O$$

$$NO + FeSO_4 = [Fe(NO)]SO_4(\text{棕色})$$

NO_2^-离子也有同样的反应，且与HAc便能产生棕色环反应：

$$NO_2^- + Fe^{2+} + 2HAc = NO\uparrow + Fe^{3+} + 2Ac^- + H_2O$$

$$NO + FeSO_4 = [Fe(NO)]SO_4(\text{棕色})$$

为了消除NO_2^-的干扰，可以用尿素$CO(NH_2)_2$破坏NO_2^-：

$$2NO_2^- + CO(NH_2)_2 + 2H^+ \xlongequal{\triangle} CO_2\uparrow + 2N_2\uparrow + 3H_2O$$

具体做法：取含有NO_2^-的试液放入试管中，加入几滴饱和尿素溶液，边搅拌边加入1mol·L^{-1}H_2SO_4直至溶液呈酸性，然后再滴加2滴H_2SO_4，继续搅拌2min。待反应缓慢后，加热5min。检验试液中是否含有NO_2^-离子，若已消除，可继续进行NO_3^-离子鉴定；否则，须用饱和尿素溶液再进行处理。

6. S^{2-}，SO_3^{2-}，$S_2O_3^{2-}$的鉴定反应

（1）S^{2-}的鉴定反应

取1滴试液放于点滴板上，加入亚硝酰五氰合铁(Ⅲ)酸钠$Na_2[Fe(CN)_5NO]$溶液，显紫红色，表示有S^{2-}的存在。

（2）SO_3^{2-}的鉴定反应

取3滴1mol·L^{-1}Na_2SO_3溶液放于试管中，加入数滴2mol·L^{-1}HCl和0.1mol

$\cdot L^{-1}BaCl_2$，然后往试管中滴加3% H_2O_2，生成白色沉淀，表示有 SO_3^{2-} 离子。

(3) $S_2O_3^{2-}$ 的鉴定反应

见本实验(4).②。

7. 磷酸盐的性质

(1)水溶液的酸碱性

取三支试管，各加入0.1mol·$L^{-1}Na_2HPO_4$ 和 NaH_2PO_4，测其pH值。溶液保留供下述试验用。

(2) Ag^+盐水溶解性

于上述三支试管中各加入10滴0.1mol·$L^{-1}AgNO_3$，观察并记录现象，然后再测定各试管中的pH值，与未加 $AgNO_3$ 溶液时，pH值相比较，说明pH值变化的原因。

(3) Ca^{2+}盐水溶解性

取三支试管各加入5滴0.1mol·$L^{-1}Na_3PO_4$，Na_2HPO_4，NaH_2PO_4，再在各试管中加入0.1mol·$L^{-1}CaCl_2$ 溶液，观察三支试管中生成沉淀的现象。在不生成沉淀的试管中，加入少量 $NH_3 \cdot H_2O$，有何变化？然后试验生成的沉淀，是否溶于1mol·L^{-1}HCl。

8. PO_4^{3-}，PO_3^-，$P_2O_7^{2-}$的鉴定反应

(1) PO_4^{3-} 的鉴定反应

在试管中加入2滴0.1mol·$L^{-1}Na_3PO_4$，5滴浓 HNO_3，10滴饱和 $(NH_4)_2MoO_4$溶液，微热(40～50°C)，用搅拌棒摩擦管壁，有黄色沉淀生成，证明 PO_4^{3-} 存在：

$$PO_4^{3-} + 3NH_4^+ + 12MoO_4^{2+} + 24H^+ = (NH_4)_3PO_4 \cdot 12MoO_3 \cdot 6H_2O\downarrow + 6H_2O$$

强还原剂可能将钼(Ⅵ)还原成低价的蓝色产物；因此，上述反应在浓 HNO_3 中进行较为有利。

PO_3^- 和 $P_2O_7^{2-}$也可用此进行鉴定。如果只需了解有无磷的含氧酸根存在，不必区别是何种酸根时，用磷钼酸铵法便可确定；若需区别是什么酸根，可通过下述实验(2)鉴定。

(2) PO_4^{3-}，PO_3^-，$P_2O_7^{2-}$的区分和鉴定

① 在 H_3PO_4，HPO_3(用 Na_2CO_3 溶液调至微酸性)和 $Na_4P_2O_7$溶液中各加入 $AgNO_3$ 溶液，观察现象(Ag_3PO_4 为黄色沉淀，$AgPO_3$ 和 $Ag_4P_2O_7$为白色沉淀)，通过此实验可将磷酸根与其余两种磷酸根区分。

② 在 $NaPO_3$ 和 $Na_4P_2O_7$溶液中，各加入2mol·L^{-1}HAc 调pH值至1～4，再加入鸡蛋白水溶液，观察现象。HPO_3 能使鸡蛋白凝聚沉淀，而 $H_4P_2O_7$不能，

因此，可将两种酸根区分。

五、思考题

1. 往 $AgNO_3$ 溶液中滴加 $Na_2S_2O_3$ 溶液，所加 $Na_2S_2O_3$ 溶液量不同时，产物是否相同？

2. $Na_2S_2O_3$ 和 I_2 反应时，能否加酸？

3. 根据实验结果比较：

（1）$S_2O_8^{2-}$ 和 MnO_4^+，NO_2^- 和 I_2 氧化性的强弱；

（2）$S_2O_3^{2-}$ 和 I_2 的还原性强弱。

4. 常用的浓硫酸、浓硝酸、浓盐酸、浓氨水的浓度各为多少？

5. 如何鉴定 PO_4^{3-}，NH_4^+，SO_4^{2-}，$S_2O_3^{2-}$ 离子和 H_2S 气体？

6. 不同硝酸盐热分解产物有何不同？

实验 3－3 s 区元素

一、实验目的

1. 试验钾、钠、镁、钙、钡单质、氧化物和氢氧化物性质。
2. 了解钾、钠、镁、钙、钡的盐的溶解性。
3. 掌握 K^+，Na^+，Mg^{2+}，Ca^{2+}，Ba^{2+} 离子的鉴定反应。

二、实验原理

参看《无机化学》中有关内容。

碱金属、碱土金属是 s 区元素，它们均易失去最外层的 s 电子形成相应的 M^+，M^{2+} 离子。在同一周期的元素中，它们的金属半径和离子半径都较大，所以常见的 s 区元素的化合物以离子型为主。碱金属、碱土金属单质有很强的金属活泼性，能与水作用，也能与卤素、氧、氢及其他非金属反应。与氧作用的产物除正常价态的氧化物还有过氧化物、超氧化物。

大多数碱金属氧化物易溶于水，而碱土金属氧化物(除钡外)、碳酸盐、硫酸盐等是微溶或难溶的化合物。

除镁以外，碱金属和碱土金属盐类在火焰中灼烧能产生特征的颜色，如表 3－1 所示，因而在分析化学中用来定性检验这些元素，并称之为焰色反应。

表 3－1 碱金属和碱土金属盐类的特征颜色表

盐　类	锂	钠	钙	锶	钡
特征颜色	红	黄	橙红	洋红	绿

三、仪器与试剂

仪器：离心机，镍子，滤纸，小刀，烧杯(250mL)，煤气灶，试管，砂纸，镍丝，坩埚。

试剂：

酸：　$2.0mol\cdot L^{-1}HCl$，$6mol\cdot L^{-1}HCl$，$2mol\cdot L^{-1}HNO_3$，$2.0mol\cdot L^{-1}HAc$。

碱：　$2.0mol\cdot L^{-1}NaOH$，$2.0mol\cdot L^{-1}NH_3\cdot H_2O$。

盐：　$0.1mol\cdot L^{-1}BaCl_2$，$0.1mol\cdot L^{-1}CaCl_2$，$0.5mol\cdot L^{-1}KCl$，$0.1mol\cdot L^{-1}K_2CrO_4$，$0.1mol\cdot L^{-1}MgCl_2$，$0.1mol\cdot L^{-1}Na_3[CO(NO_2)_6]$，$0.1mol\cdot L^{-1}Na_2CO_3$，$0.1mol\cdot L^{-1}Na_2SO_4$，$0.1mol\cdot L^{-1}Na_2HPO_4$，

$2mol\cdot L^{-1}$ NH_4Cl，饱和 NH_4Cl，饱和 $(NH_4)_2C_2O_4$，醋酸铀酰锌，$0.5mol\cdot L^{-1}$ $(NH_4)_2CO_3$。

其他：钠，镁条，Nessler 试剂，pH 试纸。

四、实验内容

1. 金属钠与氧气、水的作用

金属钠存放在煤油里，用镊子取一小块，放于滤纸上，迅速用滤纸吸干表面的煤油，用小刀切取两块约米粒大小的金属。观察表面的颜色及变化，并完成下面的实验。

（1）将一块金属钠放入盛有水的 250mL 烧杯中，观察反应情况，检验水溶液的酸碱性。

（2）将另一块钠置于坩埚中，微热至燃烧开始，立即停止加热，观察产物的颜色和状态。冷却后，将产物放入试管，加少量水，检验管口有无氧气放出，并检验溶液的酸碱性和氧化还原性。

2. 金属镁与氧气、水的作用

（1）取一段镁条，用砂纸除去表面氧化层，点燃，观察燃烧情况、产物的颜色和状态。

（2）另取一小段擦净的镁条，放在试管中与冷水作用，观察反应情况，检验溶液反应后的酸碱性。加热后反应情况如何？

3. 氢氧化物的性质

（1）碱土金属氢氧化物溶解度

① 取 5 滴 $0.1mol\cdot L^{-1}$ $MgCl_2$，$0.1mol\cdot L^{-1}$ $CaCl_2$，$0.1mol\cdot L^{-1}$ $BaCl_2$ 与等体积的 $2mol\cdot L^{-1}$ NaOH 混合，放置，观察形成沉淀的情况。

② 用 $2mol\cdot L^{-1}$ $NH_3\cdot H_2O$ 代替 $2mol\cdot L^{-1}$ NaOH 进行实验。

由实验结果总结碱土金属氢氧化物的溶解度变化情况。

（2）氢氧化镁的性质

在试管中加入 10 滴 $0.1mol\cdot L^{-1}$ $MgCl_2$，再加入 1mL $2mol\cdot L^{-1}$ $NH_3\cdot H_2O$，将得到的产物分装在三支试管中，分别与 $2mol\cdot L^{-1}$ HCl，$2mol\cdot L^{-1}$ NaOH 及饱和 NH_4Cl 溶液作用，观察现象。

4. 盐的溶解性

（1）钠、钾难溶盐

① 钠难溶盐的生成（Na^+ 离子的鉴定反应） 取 1 滴钠盐溶液，加 8 滴醋酸铀酰锌溶液，用玻璃棒摩擦管壁，观察现象。此反应可用作钠的鉴定反应（醋酸铀酞锌与 Na^+ 的反应产物，参见附录 12）。

② 钾难溶盐的生成（K^+离子的鉴定反应） 钴亚硝酸钠 $Na_3[Co(NO_2)_6]$与钾盐生成黄色 $K_2Na[Co(NO_2)_6]$沉淀，该反应可在点滴板上进行。加一滴钾盐溶液在点滴板上，然后加 1～2 滴钴亚硝酸钠试剂，观察现象。此反应可用作钾的鉴定反应。黄色 $K_2Na[Co(NO_2)_6]$沉淀的出现，表示 K^+离子存在。

（2） 碱土金属硫酸盐的溶解性（Ba^{2+}离子鉴定反应）

于三支试管中分别加入 5 滴 0.1 $mol \cdot L^{-1}$ $MgCl_2$，0.1 $mol \cdot L^{-1}$ $CaCl_2$，0.1$mol \cdot L^{-1}$ $BaCl_2$，然后各加 5 滴 0.1$mol \cdot L^{-1}$ Na_2SO_4，观察沉淀的颜色，试验沉淀是否溶于 2$mol \cdot L^{-1}$ HNO_3？解释原因。Ba^{2+}离子与 SO_4^{2+}离子的反应生成不溶于强酸的白色 $BaSO_4$ 沉淀，可作为 Ba^{2+}的鉴定反应。

（3） 碱土金属碳酸盐的溶解性

① 于三支试管中各加 5 滴 0.1 $mol \cdot L^{-1}$ $MgCl_2$，0.1 $mol \cdot L^{-1}$ $CaCl_2$ 和 0.1$mol \cdot L^{-1}$ $BaCl_2$，然后各加 5 滴 0.1$mol \cdot L^{-1}$ Na_2CO_3，观察生成沉淀的颜色，分别试验沉淀对 2$mol \cdot L^{-1}$ HAc 和 2$mol \cdot L^{-1}$ HCl 的作用。

② 取三支试管各加 3 滴 0.1 $mol \cdot L^{-1}$ $MgCl_2$，0.1 $mol \cdot L^{-1}$ $CaCl_2$，和 0.1$mol \cdot L^{-1}$ $BaCl_2$，然后各加 1 滴 2$mol \cdot L^{-1}$ $NH_3 \cdot H_2O$ 和 2$mol \cdot L^{-1}$ NH_4Cl，再各加 2 滴 0.5$mol \cdot L^{-1}$ $(NH_4)_2CO_3$，观察现象。

（4） 碱土金属草酸盐的溶解性（Ca^{2+}离子的鉴定反应）

于三支试管中分别加 3 滴 0.1$mol \cdot L^{-1}$ $MgCl_2$，$CaCl_2$ 和 $BaCl_2$，再各加 3 滴饱和 $(NH_4)_2C_2O_4$，观察现象。白色 CaC_2O_4 沉淀的生成，可表示 Ca^{2+}存在，此反应可作为 Ca^{2+} 离子的鉴定反应。试验沉淀对 2$mol \cdot L^{-1}$ HAc 和 HCl 的作用。

（5） 铬酸盐的溶解性

分别取 3 滴 0.1$mol \cdot L^{-1}$ $MgCl_2$，$CaCl_2$ 和 $BaCl_2$，各加入 0.1$mol \cdot L^{-1}$ K_2CrO_4，观察现象，分别试验沉淀对 2$mol \cdot L^{-1}$ HAc 和 HCl 的作用。

（6） $Mg(NH_4)PO_4$ 的生成（Mg^{2+} 的鉴定反应）

在盛有 3 滴 0.1$mol \cdot L^{-1}$ $MgCl_2$ 的试管中，加 1 滴 2$mol \cdot L^{-1}$ HCl 和 3 滴 0.1$mol \cdot L^{-1}$ Na_2HPO_4，再滴加 2$mol \cdot L^{-1}$ $NH_3 \cdot H_2O$，观察 $Mg(NH_4)PO_4$ 白色沉淀生成。此反应可作为 Mg^{2+}离子的鉴定反应。

5. 焰色反应

首先清洗镍丝。将镍丝侵入 2$mol \cdot L^{-1}$ HCl 中，取出后放在氧化焰中灼烧，然后侵入 HCl 中，再灼烧。若镍丝在氧化焰中燃烧不呈任何颜色，说明清洗干净，用镍丝蘸以 0.5$mol \cdot L^{-1}$ KCl 溶液，放在氧化焰中灼烧，观察火焰颜色。

同法观察钠、钙、钡盐溶液的焰色。

6. 离子的分离与鉴定

混合溶液中含有 Na^+，K^+，NH_4^+，Mg^{2+}，Ca^{2+}，Ba^{2+} 离子。设计分离和鉴定方案，取 10 滴溶液进行试验。

（1）利用碳酸盐溶解性不同，将 Ca^{2+}，Ba^{2+} 两种离子与其余四种离子分开。Ca^{2+}，Ba^{2+} 的分离则利用其铬酸盐溶解度的差异。

（2）NH_4^+ 直接由原始溶液中鉴定。

（3）NH_4^+ 与 $Na_3[Co(NO_2)_6]$ 反应，对 K^+ 鉴定有妨碍，故用灼烧法除去铵盐（取 0.5mL 试液放入小烧杯中，加入 1mL 6mol·L^{-1} HCl，蒸干并灼烧至不出现白烟为止，然后将残渣溶于水中作 K^+ 鉴定。

五、思考题

1. 列表对比金属钠和镁的性质（硬度、密度、与氧和水的作用情况以及产物性质）。

2. 在实验基础上完成表 3－2。

表 3－2 碱土金属碳酸盐的溶解性

试剂 (0.1mol·L^{-1})	Mg^{2+}		Ca^{2+}		Ba^{2+}	
	有无沉淀	溶于何种酸	有无沉淀	溶于何种酸	有无沉淀	溶于何种酸
Na_2CO_3						
K_2CO_3						
Na_2SO_4						

3. 解释碱土金属氢氧化物溶解度的变化。

4. $Na_3[Co(NO_2)_6]$ 与钾盐反应时，若溶液碱性较强，有什么影响？

5. 用 $(NH_4)_2CO_3$ 作沉淀剂，沉淀 Ba^{2+} 等离子，为何要加入氨水？

实验3-4　p区常见金属元素(Sn，Pb，Sb，Bi)

一、实验目的

1. 了解锡、铅、锑、铋氢氧化物的酸碱性、低价化合物的还原性、高价化合物的氧化性及硫化物和硫代酸盐等化合物的性质。

2. 试验Sn^{2+}，Pb^{2+}，Sb^{3+}，Bi^{3+}的离子鉴定方法。

二、实验原理

锡、铅都能形成+2价和+4价的化合物，它们的+2价氢氧化物都呈现两性，锡(Ⅳ)的氢氧化物可由Sn^{4+}及NaOH反应得到，为白色胶状沉淀，分子式为H_4SnO_4，称正锡酸，易失水而成为偏锡酸H_2SnO_3。如：

$$SnO_2 + 2NaOH \xlongequal{\text{熔融}} Na_2SnO_3 + H_2O$$

在Na_2SnO_3溶液中加适量盐酸，可析出凝胶状α-锡酸($xSnO_2 \cdot YH_2O$)，它易溶于过量浓盐酸及氢氧化钠溶液，分别生成$SnCl_4$及Na_2SnO_3。由锡溶于浓硝酸得到锡酸的另一种胶体，称之为β-锡酸(SnO_2)，这种白色粉末不溶于浓盐酸或氢氧化钠溶液。

锑和铋都能形成+3价和+5价的化合物，+3价的锑的氧化物和氢氧化物呈两性。Bi_2O_3是黄色粉末，呈碱性，只能溶于酸。向Bi(Ⅲ)盐溶液加入碱可得到$Bi(OH)_3$白色沉淀，锑、铋的五价氧化物不能由单质直接制取，而要用硝酸将它们的单质先氧化成酸，然后再小心脱水而成。

锡、铅、锑、铋都能生成不溶于水和稀酸的有色硫化物：SnS为棕色、SnS_2为黄色、PbS为黑色、Sb_2S_3及Sb_2S_5为橙色、Bi_2S_3为黑色。其中SnS_2，Sb_2S_3，Sb_2S_5可溶于Na_2S或$(NH_4)_2S$中，生成硫代酸盐：

$$SnS_2 + Na_2S = Na_2[SnS_3] \quad \text{偏硫代酸盐}$$

$$SnS_2 + 2Na_2S = Na_4[SnS_4] \quad \text{正硫代酸盐}$$

$$Sb_2S_3 + 3Na_2S = 2Na_3[SbS_3] \quad \text{硫代锑酸盐}$$

Sb_2S_5的酸性比相应的Sb_2S_3强，因此更易溶于碱性硫化物中：

$$Sb_2S_5 + 3Na_2S = 2Na_3[SbS_4]$$

而SnS则能溶于多硫化钠或多硫化铵溶液中，因为多硫离子有氧化性，它能将SnS氧化成硫代锡酸盐而溶解：

$$SnS + Na-S-S-Na = Na_2[SnS_3]$$

在SnS_3^{2-}盐溶液中加酸，则析出黄色的SnS_2沉淀：

$$SnS_3^{2-} + 2H^+ = H_2S\uparrow + SnS_2\downarrow$$

故常利用 SnS_2 和 SnS 在碱金属硫化物中溶解性的不同来鉴别 Sn^{2+} 和 Sn^{4+}。

Sn(Ⅱ)具有很强的还原性而 Pb(Ⅳ)则有很强的氧化性，Sb(Ⅲ)，Bi(Ⅲ)的还原性依次减弱而 Sb(Ⅴ)，Bi(Ⅴ)的氧化性依次加强。如 Sn^{2+} 遇中等程度的氧化剂 Fe^{3+} 即可被氧化：

$$Sn^{2+} + 2Fe^{3+} = Sn^{4+} + 2Fe^{2+}$$

Sb(Ⅲ)可被 H_2O_2 氧化：

$$Sb(OH)_3 + H_2O_2 + NaOH = Na[Sb(OH)_6]\downarrow$$

而 $Bi(OH)_3$ 的还原性则较弱，必须在碱性条件下采用强氧化剂才能被氧化成 BiO_3^-：

$$Bi(OH)_3 + Cl_2 + 3OH^- + Na^+ = NaBiO_3 + 2Cl^- + 3H_2O$$

Sb^{3+} 和 SbO_4^{3-} 在 Sn 片上可被还原为金属锑，使锡片呈黑色，利用这个反应可以鉴定 Sb^{3+} 和 SbO_4^{3-}：

$$2Sb^{3+} + 3Sn = 2Sb + 3Sn^{2+}$$

Bi^{3+} 通常是用亚锡酸钠还原为黑色的金属铋，利用该反应可鉴定 Bi^{3+}：

$$2Bi^{3+} + 6OH^- + 3Na_2SnO_2 = 2Bi + 3Na_2SnO_3 + 3H_2O$$

三、仪器与试剂

1. 仪器：离心机，试管反应装置，坩埚，坩埚钳，点滴板，镊子。

2. 试剂：

酸：$2.0mol \cdot L^{-1}$ HCl，$6.0mol \cdot L^{-1}$ HCl，浓 HCl，$2mol \cdot L^{-1}$ HNO_3，$6.0mol \cdot L^{-1}$ HNO_3，浓 HNO_3，$2.0mol \cdot L^{-1}$ H_2SO_4，$6mol \cdot L^{-1}$ H_2SO_4。

碱：$2.0mol \cdot L^{-1}$ NaOH，$6.0mol \cdot L^{-1}$ NaOH，40% NaOH。

盐：$0.1mol \cdot L^{-1}$ $BiCl_3$，$0.1mol \cdot L^{-1}$ $Bi(NO_3)_3$，$0.1mol \cdot L^{-1}$ $FeCl_3$，$0.1mol \cdot L^{-1}$ K_2CrO_4，$0.1mol \cdot L^{-1}$ KI，$0.1mol \cdot L^{-1}$ $MnSO_4$，饱和 NaAc，$0.5mol \cdot L^{-1}$ Na_2S，$0.1mol \cdot L^{-1}$ Na_2S，$0.1mol \cdot L^{-1}$ Na_2S_x，$0.5mol \cdot L^{-1}$ $Pb(NO_3)_2$，$0.1mol \cdot L^{-1}$ $Pb(NO_3)_2$，$0.1mol \cdot L^{-1}$ $SbCl_3$，$0.5mol \cdot L^{-1}$ $SbCl_3$，$0.1mol \cdot L^{-1}$ $SnCl_2$，$0.1mol \cdot L^{-1}$ $SnCl_4$。

其他：锡粒，PbO_2 固体，氯水，饱和 H_2S，3% H_2O_2，淀粉碘化钾试纸。

四、实验内容

1. 锡（Ⅱ）、铅（Ⅱ）、锑（Ⅲ）、铋（Ⅲ）氢氧化物的酸碱性

(1) 氢氧化锡（Ⅱ）的生成和酸碱性

在离心试管中，注入 1mL $0.1mol \cdot L^{-1}$ $SnCl_2$ 溶液，滴入 $2.0mol \cdot L^{-1}$ NaOH

溶液(注意:不要加得太多,以免沉淀溶解),即得白色氢氧化锡(Ⅱ)沉淀,离心,弃去清液,将沉淀分成两份,试验其对稀酸和稀碱溶液的反应,写出反应方程式(溶于碱所得溶液留作本实验4.(2)用)。

(2) 氢氧化铅(Ⅱ)的生成和酸碱性

用0.5mol·L^{-1} $Pb(NO_3)_2$ 溶液制备氢氧化铅(Ⅱ),离心分离,弃去溶液,试验氢氧化铅(Ⅱ)在稀酸(用什么酸最合适)和稀碱溶液的反应,写出反应方程式。

根据上面实验,试对氢氧化锡(Ⅱ)和氢氧化铅(Ⅱ)的酸碱性做出结论。

(3) 氢氧化锑(Ⅲ)的生成和性质

向盛有1mL 0.1mol·L^{-1} $SbCl_3$ 溶液的试管中,滴入2.0mol·L^{-1} NaOH 溶液,观察生成物的颜色和状态,把沉淀分成两份,分别注入6.0mol·L^{-1} NaOH 溶液和6.0mol·L^{-1} HCl 溶液,观察沉淀是否溶解,写出反应方程式。

(4) 氢氧化铋(Ⅲ)的生成和性质

向盛有1mL 0.1mol·L^{-1} $Bi(NO_3)_3$ 溶液的试管中,注入2.0mol·L^{-1} NaOH 溶液,观察现象,把沉淀分成两份,分别注入6.0 mol·L^{-1} NaOH 溶液和6.0mol·L^{-1} HCl溶液,观察沉淀是否溶解,写出反应方程式。

2. α-锡酸与β-锡酸的生成和性质

(1) α-锡酸的生成和酸碱性

取1mL 0.1mol·L^{-1} $SnCl_4$ 与2.0mol·L^{-1}NaOH 反应,即得白色的α-锡酸。离心分离,弃去溶液,试检验α-锡酸和稀酸及稀碱的反应,写出有关反应式。

(2) β-锡酸的生成和性质

取极少量金属锡放入蒸发皿中,注入浓硝酸,微热,观察现象,写出反应方程式(本实验在通风橱中进行),试验沉淀物和6.0mol·L^{-1} NaOH,40% NaOH 及6.0mol·L^{-1} HCl 溶液的反应。

根据实验结果,比较α-锡酸和β-锡酸性质上的差异。

3. 锡、铅、锑、铋硫化物的生成和性质

(1) 在四支试管中各加入2~3滴0.1mol·L^{-1} $SnCl_2$ 溶液,然后分别滴加饱和 H_2S 溶液至沉淀生成,离心分离,弃去溶液,再依次分别加入下列溶液:6.0mol·L^{-1} HCl,2.0mol·L^{-1} NaOH,0.1mol·L^{-1} Na_2S,0.1mol·L^{-1} Na_2S_x 各15~20滴,观察沉淀是否溶解,加热后,SnS 沉淀能否溶于0.1mol·L^{-1} Na_2S_x 中,写出有关反应方程式。

(2) 在四支试管中各加入1~2滴0.1mol·L^{-1} $SnCl_4$ 溶液,然后分别滴加饱和 H_2S 溶液至沉淀生成,离心分离,弃去溶液,再依次分别加入下列溶液:

浓 HCl，2.0mol·L^{-1} NaOH，0.1mol·L^{-1} Na_2S，0.1mol·L^{-1} Na_2S_x各 15～20 滴，观察沉淀是否溶解，写出有关反应方程式。

（3）在四支试管中各加入 1～2 滴 0.1mol·L^{-1} $Pb(NO_3)_2$ 溶液，然后分别滴加饱和 H_2S 溶液至沉淀生成，离心分离，弃去溶液，再依次分别加入下列溶液：6.0mol·L^{-1}HCl，2.0mol·L^{-1} HNO_3，2.0mol·L^{-1}NaOH，0.1mol·$L^{-1}$$Na_2S$ 各 15～20 滴，观察沉淀是否溶解，加热后 PbS 能否溶于 2.0mol·$L^{-1}$$HNO_3$ 溶液？写出有关反应方程式。

（4）在四支试管中各加入 1～2 滴 0.1mol·L^{-1} $SbCl_3$，溶液和几滴 0.1mol·L^{-1} Na_2S 溶液至沉淀生成，离心分离，弃去溶液，再依次分别加入下列溶液，6.0mol·L^{-1} HCl，2.0mol·L^{-1} NaOH，0.1mol·L^{-1} Na_2S，0.1mol·L^{-1} Na_2S_x各 15～20 滴，观察沉淀是否溶解，在加 Na_2S 的溶液中再加 2.0mol·L^{-1} HCl 溶液，有何变化？解释实验现象，写出有关反应方程式。

（5）在四支试管中各加入 1～2 滴 0.1mol·L^{-1} $BiCl_3$ 溶液和几滴 0.5mol·L^{-1} Na_2S 溶液，观察沉淀颜色，离心分离，弃去溶液，再依次分别加入下列溶液，6.0mol·L^{-1} HCl，2.0mol·L^{-1} NaOH，0.5mol·L^{-1} Na_2S，0.1mol·L^{-1} Na_2S_x各15～20滴，观察沉淀是否溶解，写出有关反应方程式。

将以上实验结果，归纳成表 3－3，写入报告。

表 3－3　锡、铅、锑、铋硫化物的生成和性质

颜色	Sb_2S_3	Bi_2S_3	SnS	SnS_2	PbS
HCl(mol·L^{-1})					
NaOH(mol·L^{-1})					
Na_2S(mol·L^{-1})					
$(NH_4)_2S_x$(mol·L^{-1})					

4. 锡(Ⅱ)、锑(Ⅲ)、铋(Ⅲ)的还原性和铅(Ⅳ)、锑(Ⅴ)、铋(Ⅴ)的氧化性

（1）试验 $SnCl_2$ 和 $FeCl_3$ 溶液的反应，有何现象？写出反应式。

（2）在实验 1.(1)生成的亚锡酸钠溶液中，注入 $Bi(NO_3)_3$ 溶液，观察现象。写出反应方程式，此反应可用来鉴定 Sn^{2+} 和 Bi^{3+}。

（3）取约 10 滴 0.5mol·$L^{-1}$$SbCl_3$ 溶液，滴加 6.0mol·L^{-1}NaOH 溶液至生成沉淀溶解后，再加约 1mL 3% H_2O_2，观察所生成的新沉淀，写出反应方程式，将上述沉淀用蒸馏水洗涤 2～3 次，去掉过量的H_2O_2，在沉淀上滴加

$0.1mol \cdot L^{-1}$ KI 溶液，并以 $6.0mol \cdot L^{-1}$ HCl 溶液酸化，振荡使之充分反应，观察溶液颜色有无变化，写出反应方程式。

(4) 在坩埚中注入少量 $Bi(NO_3)_3$ 溶液加入 $6.0mol \cdot L^{-1}$ NaOH 溶液和几滴氯水，加热并观察现象，弃去溶液，洗涤沉淀，在沉淀中滴加 $2.0mol \cdot L^{-1}$ HCl 溶液，再加浓 HCl 数滴于沉淀中，有何现象发生？用淀粉碘化钾试纸鉴定气体产物，写出有关的反应方程式。

(5) 在两根试管中各放入米粒大的 PbO_2 固体，在一根试管中逐滴注入浓 HCl，观察现象，并鉴定气体产物，写出反应方程式。在另一支试管中加入 2mL $6.0mol \cdot L^{-1}$ H_2SO_4 溶液和 2 滴稀 $MnSO_4$ 溶液，微热，观察现象，写出反应方程式。

5. 铅(Ⅱ)难溶化合物的生成和性质

(1) 氯化铅

在 1.0mL 蒸馏水中滴数滴 $0.5mol \cdot L^{-1}$ $Pb(NO_3)_2$ 溶液，再滴几滴稀 HCl，即有白色沉淀生成，将所得沉淀连同溶液一起加热，沉淀是否溶解？再把溶液冷却，有何变化？试说明 $PbCl_2$ 的溶解度与温度的关系。

取以上白色沉淀少许，注入浓 HCl，观察沉淀溶解情况。

(2) 碘化铅

取数滴 $0.5mol \cdot L^{-1}$ $Pb(NO_3)_2$ 溶液，用水稀释至 1mL，滴入几滴 KI 溶液，即生成橙黄色 PbI_2 沉淀，试验它在冷水和热水中的溶解度。

(3) 铬酸铅

取数滴 $Pb(NO_3)_2$ 溶液用水稀释至 1mL，滴入几滴 $0.5mol \cdot L^{-1}$ K_2CrO_4 溶液制备 $PbCrO_4$，试验它在 $6.0mol \cdot L^{-1}$ HNO_3 溶液中的溶解度。

(4) 硫酸铅

在 1mL 水中滴入数滴 $0.5mol \cdot L^{-1}$ $Pb(NO_3)_2$ 溶液，再滴入几滴稀 H_2SO_4，得白色 $PbSO_4$ 沉淀，滴入数滴饱和 NaAc 溶液，微热，并不断搅动，沉淀是否溶解？解释上述现象，写出有关反应方程式。

根据实验现象，并查阅手册，填写表 3－4。

表 3-4 铅（Ⅱ）难溶化合物的生成和性质

名　称	反应式	颜 色	溶解性（水或其他试剂）	溶度积(K_{sp})
$PbCl_2$				
PbI_2				
$PbCrO_4$				
$PbSO_4$				
PbS				

五、思考题

1. 实验室中如何配制清亮透明的 $SnCl_2$ 溶液？为什么？
2. 验证 $Pb(OH)_2$ 的碱性时，应该用什么酸？为什么？
3. $Bi(NO_3)_3$ 溶液用水稀释会出现什么现象？再加 HNO_3 溶液又会怎样？
4. 分离 Sb^{3+} 和 Bi^{3+} 可采取哪些方法？

实验 3-5 ds 区常见金属元素(Cu, Ag, Zn, Cd, Hg)

一、实验目的

1. 了解铜、银、锌、镉、汞氧化物和氢氧化物的生成和性质。
2. 了解 Cu^{2+}, Cu^{+} 相互转化的条件及 Cu^{2+}, Ag^{+} 的氧化性。
3. 了解铜、银、锌、镉、汞配合物的生成和性质。
4. 学会一般的离子鉴定与分离方法。

二、实验原理

1. Cu^{2+} 与 OH^- 生成蓝色沉淀，在过量碱液中则生成 $[Cu(OH)_4]^{2-}$，Ag^+ 与 NaOH 反应只能得到棕褐色的 Ag_2O 沉淀。因为 AgOH 很不稳定，室温下就易脱水：

$$2AgOH = Ag_2O\downarrow + H_2O$$

在水溶液中，Cu^{2+} 具有不太强的氧化性，能氧化 I^-，SCN^- 等，如：

$$2Cu^{2+} + 4I^- = 2CuI\downarrow(\text{白色}) + I_2$$

I^- 过量可使 CuI 转化为 $[CuI_2]^-$。在加热的碱性溶液中，Cu^{2+} 能氧化醛或糖类，并有暗红色 Cu_2O 生成：

$$2[Cu(OH_4)]^{2-} + \underset{(\text{葡萄糖})}{C_6H_{12}O_6} = Cu_2O\downarrow + \underset{(\text{葡萄糖酸})}{C_6H_{12}O_7} + 2H_2O + 4OH^-$$

这一反应在有机化学上用来检验某些糖的存在。在浓 HCl 中，Cu^{2+} 能将 Cu 氧化成 Cu^+：

$$Cu^{2+} + Cu + 4HCl = 2[CuCl_2]^-(\text{泥黄色}) + 4H^+$$

用水稀释后有白色的 CuCl 沉淀生成：

$$2[CuCl_2]^- = 2CuCl\downarrow + 2Cl^-$$

含有 $[Ag(NH_3)_2]$ 的溶液在煮沸时也能将某些醛类或某些糖类氧化，本身还原为 Ag：

$$2[Ag(NH_3)_2]^+ + HCHO + 3OH^- = HCOO^- + 2Ag\downarrow + 4NH_3 + 2H_2O$$

此反应称银镜反应，工业上利用这类反应来制作镜子或在暖水瓶的夹层上镀银。

Cu^{2+}，Ag^+ 均能与氨水形成氨合物，Cu^{2+} 与 Cl^-，Br^- 也能形成 $[CuCl_4]^{2-}$（黄绿色），$[CuBr_4]^{2-}$（红紫色）配离子，但不及氨合物稳定。Cu^+ 的配离子不稳定，如在 CuCl 沉淀中加氨水，可以形成 $[Cu(NH_3)_2]^+$，沉淀消失，但是被

空气中的 O_2 氧化成蓝色的 $[Cu(NH_3)_2]^{2+}$：

$$4[Cu(NH_3)_2]^+ + 8NH_3 + O_2 + 2H_2O = 4[Cu(NH_3)_4]^{2+} + 4OH^-$$

2. 锌的氧化物和氢氧化物均显两性，镉与汞的氧化物和氢氧化物则为碱性，$Hg(OH)_2$，$Hg_2(OH)_2$ 都极易脱水而转变为黄色的 HgO 和黑色的 Hg_2O，Hg_2O 仍不稳定，易歧化为 HgO，HgO 加热到 573K 时分解为 Hg 和 O_2，部分反应式如下：

$$Hg^{2+} + 2OH^- = HgO\downarrow + H_2O$$

$$Hg_2^{2+} + 2OH^- = HgO\downarrow + Hg(黑) + H_2O$$

Zn^{2+}，Cd^{2+} 与氨水反应生成白色 $Zn(OH)_2$ 和 $Cd(OH)_2$ 沉淀，与过量氨水反应则生成络合物。例如：

$$Zn^{2+} + 2NH_3 \cdot H_2O = Zn(OH)_2\downarrow + 2NH_4^+$$

$$Zn(OH)_2 + 2NH_4^+ + 3NH_3 = [Zn(NH_3)_4]^{2+} + 2H_2O$$

Hg^{2+}，Hg_2^{2+} 与氨水反应首先生成难溶于水的白色氨基化物，当没有大量的 NH_4^+ 存在时，氨基化物与过量氨水不易形成配离子，例如：

$$HgCl_2 + 2NH_3 = NH_2HgCl\downarrow + NH_4Cl$$

$$Hg_2Cl_2 + 2NH_3 = NH_2Hg_2Cl\downarrow + NH_4Cl$$

$$\rightarrow NH_2HgCl\downarrow + Hg$$

当有大量 NH_4^+ 存在时，氨基化物可溶于水形成配离子：

$$NH_2HgCl + 2NH_3 + NH_4^+ = [Hg(NH_3)_4]^{2+} + Cl^-$$

黄色的 CdS 难溶于稀盐酸，但能溶于浓盐酸，因而 Cd^{2+} 与 H_2S 反应生成不溶于稀盐酸的 CdS 沉淀是鉴定 Cd^{2+} 的一种较好方法，黑色的 HgS 变体加热到 659K，即转化为较稳定的红色变体，溶于王水：

$$3HgS + 12HCl + 2HNO_3 = 3H_2[HgCl_4] + 3S + 2NO\uparrow + 4H_2O$$

在 Hg^{2+} 溶液中，加入适量的 KI 溶液生成金红色 HgI_2 沉淀，HgI_2 溶于过量的 KI 溶液生成 $[HgI_4]^{2-}$：

$$Hg^{2+} + 2I^- = HgI_2\downarrow$$

$$HgI_2 + 2I^- = [HgI_4]^{2-}$$

Hg_2^{2+} 与 I^- 反应首先生成黄绿色的 Hg_2I_2 沉淀，Hg_2I_2 与过量 I^- 反应则发生变化：

$$Hg_2^{2+} + 2I^- = Hg_2I_2,$$

$$Hg_2I_2 + 2I^- = [HgI_4]^{2-} + Hg\downarrow$$

$K_2[HgI_4]$ 与 KOH 的混合溶液称 Nessler 试剂，用于检验 NH_3 或 NH_4^+ 的

存在。

在酸性条件下，Hg^{2+}具有较强的氧化性，能把 Cu，Zn，Fe 等氧化，与$SnCl_2$反应生成Hg_2Cl_2白色沉淀，进一步生成黑色 Hg，这一反应用于Hg^{2+}或Sn^{2+}的鉴定。

在碱性条件下，Zn^{2+}与二苯硫腙形成粉红色螯合物：

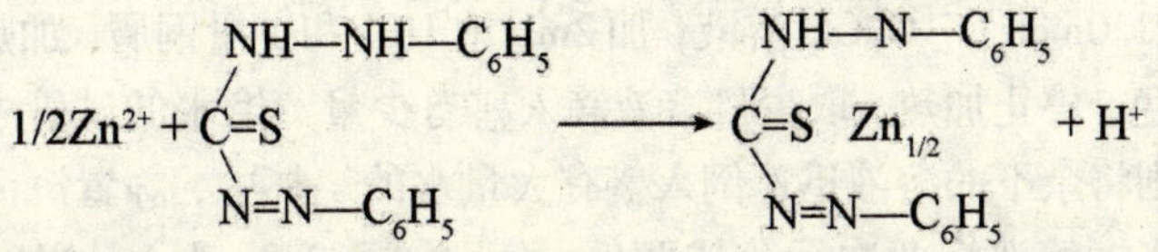

此反应用于鉴定Zn^{2+}。

三、仪器与试剂

仪器：烧杯(100mL)，离心机，试管反应装置。

试剂：

酸：$2.0mol \cdot L^{-1}HCl$，浓 HCl，$2.0mol \cdot L^{-1}HNO_3$，$6.0mol \cdot L^{-1}HNO_3$，浓HNO_3，$2.0mol \cdot L^{-1}H_2SO_4$，$2.0mol \cdot L^{-1}HAc$。

碱：$2.0mol \cdot L^{-1}NaOH$，$6.0mol \cdot L^{-1}NaOH$，40% NaOH，$2.0mol \cdot L^{-1}NH_3.H_2O$，$6.0mol \cdot L^{-1}NH_3 \cdot H_2O$，浓$NH_3 \cdot H_2O$。

盐：$0.1mol \cdot L^{-1}AgNO_3$，$1.0mol \cdot L^{-1}CuCl_2$，$0.1mol \cdot L^{-1}CdSO_4$，$0.1mol \cdot L^{-1}CuSO_4$，$0.1mol \cdot L^{-1}Hg(NO_3)_2$，$0.1mol \cdot L^{-1}Hg_2(NO_3)_2$，$0.1mol \cdot L^{-1}HgCl_2$，$0.1mol \cdot L^{-1}KCl$，$0.1mol \cdot L^{-1}KBr$，$0.1mol \cdot L^{-1}KI$，$2.0mol \cdot L^{-1}KI$，$0.1mol \cdot L^{-1}K_4[Fe(CN)_6]$，$0.1mol \cdot L^{-1}NaCl$，$0.1mol \cdot L^{-1}Na_2S$，$0.1mol \cdot L^{-1}Na_2S_2O_3$，$0.1mol \cdot L^{-1}SnCl_2$，$0.1mol \cdot L^{-1}ZnSO_4$。

其他：Cu 片，Zn 粒，二苯硫腙的CCl_4溶液，10% 葡萄糖溶液，淀粉溶液，KI 固体，未知样品 1，未知样品 2，未知样品 3。

四、实验内容

1. 铜的化合物

(1) 氢氧化铜和氧化铜的生成和性质

取 1mL $0.1mol \cdot L^{-1}CuSO_4$溶液，滴入$6.0mol \cdot L^{-1}NaOH$溶液，观察$Cu(OH)_2$的颜色和状态，沉淀分为三份，其中两份分别注入$2.0mol \cdot L^{-1}H_2SO_4$和过量的$6.0mol \cdot L^{-1}NaOH$溶液，另一份加热至固体变黑；加热后的一份再加入$2.0mol \cdot L^{-1}HCl$溶液，观察现象，写出反应方程式。

(2) 氧化亚铜的生成和性质

取 0.5mL $0.1mol \cdot L^{-1}CuSO_4$溶液，注入过量的 40% NaOH 溶液至生成的

沉淀全部溶解。注入 5mL 10% 葡萄糖溶液，混匀，微热，观察现象，写出反应方程式。离心分离并用蒸馏水洗涤沉淀，取少量沉淀与 2.0mol·L^{-1} H_2SO_4 反应，加热观察现象，另取少量沉淀注入 3mL 浓氨水，静置 10min，观察溶液颜色有无变化，写出反应方程式。

（3）氯化亚铜的生成和性质

取 5mL 1.0mol·L^{-1} $CuCl_2$ 溶液，加 2mL 浓 HCl 和少量铜屑，加热至沸，当溶液变为泥黄色，停止加热，取少量溶液滴入盛有少量蒸馏水的试管中，如有白色沉淀生成，则将余下的溶液迅速倒入盛有大量水的烧杯中，静置沉淀，用倾析法分出沉淀，将沉淀洗涤两次后分成两份，分别加入 2.0mol·L^{-1} $NH_3 \cdot H_2O$ 和浓 HCl，观察现象，写出反应方程式。

（4）碘化亚铜的生成和性质

向 10 滴 0.1mol·L^{-1} $CuSO_4$ 溶液中滴加 0.1mol·L^{-1} KI 溶液直至有沉淀生成，离心分离，清液中加入 2 滴淀粉溶液，有何现象？将沉淀洗涤两次，必要时可加入一滴 0.1mol·L^{-1} $Na_2S_2O_3$ 溶液（以除去反应中生成的 I_2，切勿多加以防止 CuI 溶解）。再向沉淀中加入 2.0mol·L^{-1} KI 溶液，沉淀是否溶解？如果加大量水稀释，又有何现象？

2. 银的化合物

（1）氧化银的生成和性质

取 2mL 0.1mol·L^{-1} $AgNO_3$ 溶液，滴入 2 滴 2.0mol·L^{-1} NaOH 溶液，是否有沉淀产生？观察其颜色变化。离心分离后，将沉淀分成两份，分别与 2.0mol·L^{-1} HNO_3 和 2.0mol·L^{-1} $NH_3 \cdot H_2O$ 反应，写出反应方程式。

（2）卤化银和银的配合物的生成和性质

在三支试管中分别滴入约 0.5mL 0.1mol·L^{-1} $AgNO_3$ 溶液，再分别滴入 0.1mol·L^{-1} KCl，0.1mol·L^{-1} KBr，0.1mol·L^{-1} KI 溶液，离心分离，观察沉淀，再进行如下实验。

① 在 AgCl，AgBr，AgI 沉淀中注入 2.0mol·L^{-1} $NH_3 \cdot H_2O$，观察沉淀溶解情况。

② 在 AgBr，AgI 分别注入 0.1mol·L^{-1} $Na_2S_2O_3$ 溶液，观察溶解情况。

③ 在 AgI 中注入少量 0.1mol·L^{-1} Na_2S 溶液，观察沉淀。

以上实验结果说明什么问题？写出反应方程式。

3. Cu^{2+}，Ag^+ 离子的鉴定

(1)取 2 滴 0.1mol·L^{-1} $CuSO_4$ 溶液，加 1 滴 2.0mol·L^{-1} HAc 溶液和 2 滴 0.1mol·L^{-1} $K_4[Fe(CN)_6]$ 溶液，有棕红色沉淀生成，再在沉淀中加入

6.0mol·L^{-1} $NH_3 \cdot H_2O$ 溶液，沉淀溶解呈深蓝色，表示有 Cu^{2+} 存在。

(2)在5滴 $AgNO_3$ 溶液中加入2.0mol·L^{-1} HCl 溶液至沉淀完全，离心分离，将沉淀洗涤两次，滴加2.0mol·L^{-1} $NH_3 \cdot H_2O$ 至沉淀完全溶解，再加入2滴0.1mol·L^{-1}KI 溶液，有黄色沉淀生成，表示有 Ag^+ 存在。

4. 锌、镉、汞

(1)金属锌与稀硝酸的反应

取一颗锌粒与2.0mol·L^{-1} HNO_3 反应，观察现象，写出反应方程式(反应后的溶液中应有 NH_4^+，留待下面实验检验用)。

(2)锌、镉、银、汞氢氧化物的生成和性质

① 锌、镉的氢氧化物的生成和性质　往盛有0.1mol·L^{-1} $ZnSO_4$ 溶液的试管中滴加2.0mol·L^{-1} NaOH 溶液直到大量沉淀生成为止(注意：不要过量)。将沉淀分为两份，一份加入2.0mol·L^{-1} H_2SO_4，另一份继续滴入2.0mol·L^{-1} NaOH，观察现象，写出反应方程式。

用同样的方法实验镉的生成和性质，并和氢氧化锌比较，写出有关反应方程式。

② 氢氧化汞生成和性质　往0.2mol·L^{-1} $Hg(NO_3)_2$ 溶液中，滴入2.0mol·L^{-1}NaOH 溶液，观察反应产物的颜色和状态，将沉淀分为两分，一份注入2.0mol·L^{-1} HNO_3，另一份注入40% NaOH 溶液，沉淀是否溶解，写出反应方程式。

③ 锌、镉、汞硫化物的生成和性质　往盛有 $ZnSO_4$，$CdSO_4$，$Hg(NO_3)_2$ 溶液(均为0.1mol·L^{-1})的试管中，分别滴入0.1mol·L^{-1} Na_2S 溶液，观察沉淀的生成和颜色。将沉淀离心分离，往沉淀中注入2.0mol·L^{-1} HCl，观察哪些沉淀可溶解。将不溶解的沉淀离心分离，然后注入6.0mol·L^{-1} HNO_3，观察哪些沉淀可溶解。将不溶解的沉淀离心分离，用蒸馏水洗涤，向沉淀中注入王水，观察沉淀是否溶解？是否有其他现象？

根据实验，对锌、镉、汞硫化物的溶解情况做出结论，写出反应方程式。

5. 锌、镉、汞的配合物

(1) 镉的配合物

往0.1mol·L^{-1} $ZnSO_4$，0.1mol·L^{-1} $CdSO_4$ 溶液中，分别滴入2.0mol·L^{-1} $NH_3 \cdot H_2O$，观察沉淀的生成，继续滴入过量2.0mol·L^{-1} $NH_3 \cdot H_2O$，又有什么现象发生？写出有关反应式。用0.1mol·L^{-1} $HgCl_2$ 溶液做同样实验，比较 Zn^{2+}，Cd^{2+}，Hg^{2+} 与氨水反应有何不同？

（2）汞配合物的生成

往盛有少量0.1mol·L^{-1} $Hg(NO_3)_2$溶液中，滴入0.1mol·L^{-1} KI溶液，观察沉淀的生成和颜色，再往该沉淀中加入少量的KI固体(使沉淀刚好溶解，不要过量)，溶液呈何色？写出反应方程式。

在所得溶液中，滴入几滴40% NaOH溶液，用该溶液检验本实验4.（1）所留下的NH_4^+。

6. 汞(Ⅱ)的氧化性和汞(Ⅰ)及汞(Ⅱ)的转化

（1）Hg^{2+}的氧化性

往0.1mol·L^{-1} $Hg(NO_3)_2$溶液中，滴入0.1mol·L^{-1} $SnCl_2$溶液(先适量后过量)，观察现象，写出反应方程式。

（2）Hg^{2+}，Hg_2^{2+}的相互转化

在两支试管中分别加4滴0.1mol·L^{-1}$Hg_2(NO_3)_2$溶液，然后在一支试管中加入0.1mol·L^{-1} NaCl溶液，观察现象，写出反应方程式；往另一支试管中滴入2.0mol·L^{-1} $NH_3 \cdot H_2O$，观察现象，写出反应式。

7. 离子鉴定

（1）今有Zn^{2+}，Cd^{2+}混合溶液，分别加以鉴定。

（2）现有三瓶已失标签的$Hg(NO_3)_2$，$Hg_2(NO_3)_2$和$AgNO_3$溶液，鉴别后贴上标签(至少用两种方法)。

五、思考题

1. Cu(Ⅰ)和Cu(Ⅱ)各自稳定存在和相互转化的条件是什么？

2. 向CuCl沉淀中加$NH_3 \cdot H_2O$时最终产生什么颜色？是$[Cu(NH_3)_2]^+$的颜色吗？

3. Zn^{2+}，Cd^{2+}，Hg^{2+}与氨水反应的产物是什么？

4. Hg^{2+}，Hg_2^{2+}与KI反应的产物有何不同？

实验3-6 钛、钒、铬、锰

一、实验目的

1. 了解钛、钒、铬、锰各种氧化态的化合物的生成和性质。

2. 掌握钛、钒、铬、锰各种氧化态之间的转化条件。

二、实验原理

1. 钛

TiO_2 不溶于稀酸也不溶于稀碱溶液，但在热的浓硫酸中能缓慢溶解，生成硫酸钛或硫酸氧钛：

$$TiO_2 + 2H_2SO_4 = Ti(SO_4)_2 + 2H_2O$$

$$TiO_2 + H_2SO_4 = TiOSO_4 + H_2O$$

将此溶液加热至煮沸，则发生水解，得到不溶于酸的β-钛酸：

$$TiOSO_4 + (x+1)H_2O = TiO_2 \cdot xH_2O + H_2SO_4$$

若加碱于新配制的酸性钛盐中，则可得到能溶于稀酸或浓碱的α-钛酸：

$$TiOSO_4 + 2NaOH + H_2O = Ti(OH)_4 + Na_2SO_4$$

$$Ti(OH)_4 + H_2SO_4 = TiOSO_4 + 3H_2O$$

$$Ti(OH)_4 + 2NaOH = Na_2TiO_3 + 3H_2O$$

在酸性溶液中用锌还原钛氧酰离子 TiO^{2+}，可得到紫色的$[Ti(H_2O)_6]^{3+}$离子：

$$2TiO^{2+} + Zn + 10H_2O + 4H^+ = 2[Ti(H_2O)_6]^{3+} + Zn^{2+}$$

在 TiO^{2+} 溶液中加入过氧化氢，呈现出特征颜色，在强酸性溶液中显红色，在稀酸或中性溶液中显橙黄色，利用这一反应可检验 TiO^{2+} 离子的存在。

$$TiO^{2+} + H_2O_2 = [TiO(H_2O_2)]^{2+}$$

Ti^{3+} 易水解，向 Ti^{3+} 溶液中加入可溶性碳酸盐时，有 $Ti(OH)_3$ 沉淀生成：

$$Ti^{3+} + H_2O = Ti(OH)^{2+} + H^+$$

$$2Ti^{3+} + 3CO_3^{2-} + 3H_2O = 2Ti(OH)_3\downarrow + 3CO_2\uparrow$$

在酸性溶液中，Ti^{3+} 有强还原性，能将 Cu^{2+}，Fe^{3+} 还原为 Cu^+，Fe^{2+}，也可被空气中的氧所氧化：

$$2Ti^{3+} + 2Cu^{2+} + 2Cl^- + 2H_2O = 2CuCl + 2TiO^{2+} + 4H^+$$

$$Ti^{3+} + Fe^{3+} + H_2O = TiO^{2+} + Fe^{2+} + 2H^+$$

$$4Ti^{3+} + O_2 + 2H_2O = 4TiO^{2+} + 4H^+$$

2.钒

V_2O_5是橙黄色或砖红色晶体，有毒，微溶于水(约0.07g/100g H_2O)，呈淡黄色，具有两性，但酸性占优势，溶于碱生成偏钒酸盐，在强碱性溶液中则生成过钒酸盐:

$$V_2O_5 + 2NaOH = 2NaVO_3 + H_2O$$
$$V_2O_5 + 6NaOH = 2Na_3VO_4 + 3H_2O$$

V_2O_5或VO_2^+都是较强的氧化剂，能把盐酸中的Cl^-氧化为Cl_2，本身还原成蓝色的VO^{2+}:

$$V_2O_5 + 6HCl = 2VOCl_2 + Cl_2 + 3H_2O$$
$$2VO_2^+ + 2Cl^- + 4H^+ = 2VO^{2+} + Cl_2 + 2H_2O$$

VO_2^+也可被Fe^{2+}或$H_2C_2O_4$还原为VO^{2+}:

$$VO_2^+ + Fe^{2+} + 2H^+ = VO^{2+} + Fe^{3+} + H_2O$$
$$2VO_2^+ + H_2C_2O_4 + 2H^+ = 2VO^{2+} + 2CO_2 + 2H_2O$$

上述反应可用于钒的测定。

在酸性溶液中，V(Ⅴ)可被强还原剂还原为V(Ⅳ)，V(Ⅲ)，V(Ⅱ)使溶液颜色发生一系列演变过程:

$$2VO_2Cl + Zn + 4HCl = 2VOCl_2(\text{蓝}) + ZnCl_2 + 2H_2O$$
$$2VOCl_2 + Zn + 4HCl = 2VCl_3(\text{绿}) + ZnCl_2 + 2H_2O$$
$$2VCl_3 + 2Zn = 2VCl_2(\text{紫}) + 2ZnCl_2$$

3.铬

灰绿色的$Cr(OH)_3$呈两性:

$$Cr(OH)_3 + 3H^+ = Cr^{3+} + 3H_2O$$
$$Cr(OH)_3 + OH^- = [Cr(OH)_4]^-(\text{亮绿})$$

向含有Cr^{3+}的溶液中加入Na_2S或$(NH_4)_2S$，并不生成Cr_2S_3，因为Cr_2S_3在水中完全水解:

$$Cr^{3+} + 3S^{2-} + 6H_2O = 2Cr(OH)_3\downarrow(\text{灰绿}) + 3H_2S\uparrow$$

在碱性溶液中，$[Cr(OH)_4]^-$具有较强的还原性，可被H_2O_2氧化为CrO_4^{2-}:

$$2[Cr(OH)_4]^- + 3H_2O_2 + 2OH^- = 2CrO_4^{2-} + 8H_2O$$

在酸性溶液中，Cr^{3+}的还原性较弱，只有$K_2S_2O_8$或$KMnO_4$等强氧化剂才能将Cr^{3+}氧化成$Cr_2O_7^{2-}$，如:

$$2Cr^{3+} + 3S_2O_8^{2-} + 7H_2O = Cr_2O_7^{2-} + 6SO_4^{2-} + 14H^+$$

而在酸性溶液中，$Cr_2O_7^{2-}$是强氧化剂，如:

$$K_2Cr_2O_7 + 14HCl(浓) = 2CrCl_3 + 3Cl_2\uparrow + 2KCl + 7H_2O$$

重铬酸盐的溶解度较铬酸盐大，因此，向重铬酸盐溶液中加入 Ag^+，Pb^{2+}，Ba^{2+} 等离子时，通常生成铬酸盐沉淀，例如：

$$Cr_2O_7^{2-} + 4Ag^+ + H_2O = 2Ag_2CrO_4\downarrow(砖红色) + 2H^+$$

$$Cr_2O_7^{2-} + 2Ba^{2+} + H_2O = 2BaCrO_4\downarrow(黄色) + 2H^+$$

4.锰

$Mn(OH)_2$ 易被氧化：

$$Mn^{2+} + 2OH^- = Mn(OH)_2\downarrow(白)$$

$$2Mn(OH)_2 + O_2 = 2MnO(OH)_2\downarrow(棕)$$

在浓硫酸中，$MnSO_4$ 与 $KMnO_4$ 可发生反应生成红色的 Mn^{3+}(实际上是硫酸根的配合物)：

$$MnO_4^- + 4Mn^{2+} + 8H^+ = 5Mn^{3+} + 4H_2O$$

Mn^{3+} 只能存在于浓硫酸中，若酸度降低，立即歧化为 Mn^{2+} 与 MnO_2：

$$2Mn^{3+} + 2H_2O = Mn^{2+} + MnO_2\downarrow + 4H^+$$

在中性或接近中性溶液中，MnO_4^- 与 Mn^{2+} 反应生成 MnO_2：

$$2MnO_4^- + 3Mn^{2+} + 2H_2O = 5MnO_2 + 4H^+$$

在酸性介质中，MnO_2 是较强的氧化剂，本身被还原为 Mn^{2+}：

$$MnO_2 + 4HCl(浓) = MnCl_2 + Cl_2\uparrow + 2H_2O$$

后一反应常用于实验室中制取少量氯气。

在强碱性介质条件下，强氧化剂能把 MnO_2 氧化成绿色的 MnO_4^{2-}：

$$2MnO_4^- + MnO_2 + 4OH^- = 3MnO_4^{2-} + 2H_2O$$

MnO_4^{2-} 只能在强碱性溶液($pH > 13.5$)中才能稳定存在，在中性介质中或酸性介质中，发生歧化反应：

$$3MnO_4^{2-} + 4H^+ = MnO_2\downarrow + 2H_2O + 2MnO_4^-$$

在有 HNO_3 存在时，Mn^{2+} 可被 $NaBiO_3$ 或 PbO_2 等强氧化剂氧化成 MnO_4^-：

$$5NaBiO_3\ (固)\ + 2Mn^{2+} + 14H^+ = 2MnO_4^- + 5Bi^{3+} + 5Na^+ + 7H_2O$$

此反应用于鉴定 Mn^{2+} 离子。

三、仪器与试剂

仪器：坩埚，坩埚钳，泥三角，石棉网，三脚架，离心机，试管反应装置 。

试剂：

酸：　6.0mol·L^{-1} HCl，浓 HCl，2.0mol·L^{-1} H_2SO_4，1.0mol·L^{-1} H_2SO_4，浓 H_2SO_4，饱和 H_2S。

碱：　$2.0mol \cdot L^{-1}$ NaOH，$6.0mol \cdot L^{-1}$ NaOH，40% NaOH，$2.0mol \cdot L^{-1}$ $NH_3 \cdot H_2O$。

盐：　$0.1mol \cdot L^{-1}$ $AgNO_3$，$0.\ mol \cdot L^{-1}$ $Cr_2(SO_4)_3$，$0.5mol \cdot L^{-1}$ $CuCl_2$，$0.1mol \cdot L^{-1}$ $K_2Cr_2O_7$，$0.1mol \cdot L^{-1}$ K_2CrO_4，$0.01mol \cdot L^{-1}$ $KMnO_4$，$0.1mol \cdot L^{-1}$ $MnSO_4$，$0.5mol \cdot L^{-1}$ $MnSO_4$，$0.1mol \cdot L^{-1}$ Na_2S，$1.0mol \cdot L^{-1}$ Na_2CO_3，$0.1mol \cdot L^{-1}$ $Pb(NO_3)_2$，$0.1mol \cdot L^{-1}$ $SnCl_2$，$0.1mol \cdot L^{-1}$ $TiOSO_4$，$0.5mol \cdot L^{-1}$ VO_2Cl。

其他：锌粒，TiO_2固体，NH_4VO_3固体，$(NH_4)_2S_2O_8$固体，MnO_2固体，PbO_2固体，沸石，3% H_2O_2，淀粉碘化钾试纸，pH 试纸。

$0.5mol \cdot L^{-1}VO_2Cl$溶液的配制：1g NH_4VO_3 固体中注入 20mL $6.0mol \cdot L^{-1}$ HCl 溶液和 10mL 蒸馏水，总量约需 150 ~ 200mL。

四、实验内容

1. 钛

(1) TiO_2 的性质

取三支试管分别加入米粒大小的 TiO_2 粉末，再分别加入蒸馏水、浓 H_2SO_4 和 40% NaOH 溶液，摇动试管，然后逐个加热（加热时防止溶液溅出，有浓 H_2SO_4的试管中应加沸石），观察试管内有无变化，静置后，取上层清液。对已加蒸馏水及 NaOH 的试管，小心地沿管壁滴入浓硫酸，将溶液调整至酸性，再加入 1 滴 3% H_2O_2，观察现象，说明 TiO_2 在各种情况下的溶解性，写出有关的反应方程式(保留有浓 H_2SO_4 的试管备用)。

(2) α - 钛酸和 β - 钛酸的生成和性质

向 1.(1)中所保留的加有浓 H_2SO_4 的试管中滴加 $2mol \cdot L^{-1}NH_3 \cdot H_2O$ 溶液，直至大量的沉淀生成为止，观察溶液颜色，离心分离。将沉淀分成三份：第一份加入过量的 $6.0mol \cdot L^{-1}$NaOH 溶液；第二份加入过量的 $6.0mol \cdot L^{-1}$HCl 溶液，观察溶液是否溶解；第三份供实验 1.(3)用。

(3) β - 钛酸的生成和性质

在实验(2)中所得的第三份 α - 钛酸中加入少量水，加热煮沸 1 ~ 2min，然后将沉淀分成两份，分别加入 $6.0mol \cdot L^{-1}$NaOH 和 $6.0mol \cdot L^{-1}$HCl 溶液，观察沉淀是否溶解。

通过实验(2)，(3)，比较 α - 钛酸和 β - 钛酸的生成条件和性质的不同。

(4) Ti(Ⅲ)的性质

在 2mL $0.1mol \cdot L^{-1}TiOSO_4$ 溶液中加入两颗 Zn 粒，观察溶液颜色的变化，静置 2min 后将清液分成两份，分别加入 $1.0mol \cdot L^{-1}$ Na_2CO_3 和 $0.5mol \cdot L^{-1}$

$CuCl_2$ 溶液，有何现象？写出反应方程式。

2. 钒

（1）V_2O_5的生成和性质

取 1g 左右的 NH_4VO_3 固体，置于坩埚中，小心加热并不断搅拌，观察并记录反应过程中固体的颜色变化，待产物呈现橙红色时停止加热，并将产物分装于四支试管中。在试管 1 中注入 2 ~ 3mL 浓 H_2SO_4，震荡，静置后观察溶液颜色及固体是否溶解。在试管 2 中加入 6.0mol·L^{-1} NaOH 溶液，加热后有何变化？在试管 3 中注入少量蒸馏水观察现象，煮沸静置，待其冷却后用 pH 试纸确定溶液的 pH 值。在试管 4 中，注入少量的浓 HCl，观察现象，微沸，是否有气体产生？若有，检验其为何物，写出与以上实验有关的反应方程式，并总结 V_2O_5的有关性质。

（2）低价钒化合物的生成

在盛有 2mLVO_2Cl 溶液的试管中，加入两颗 Zn，放置片刻，观察并记录反应过程中溶液颜色的变化。

3. 铬

（1）氢氧化铬的生成和酸碱性

取 2mL 0.1mol·$L^{-1}$$Cr_2(SO_4)_3$ 溶液，滴入 2.0mol·L^{-1}NaOH 溶液直到生成沉淀为止，观察沉淀的颜色，用实验证明沉淀酸碱性并写出反应方程式。

（2）铬（Ⅲ）盐的水解

在 0.1mol·$L^{-1}$$Cr_2(SO_4)_3$ 溶液加入 0.1mol·$L^{-1}$$Na_2S$ 溶液，有何现象？产物是什么？试通过实验鉴别，写出反应方程式。

（3）铬（Ⅲ）的还原性和铬（Ⅵ）的氧化性

在 0.1mol·L^{-1} $Cr_2(SO_4)_3$ 溶液中加入过量的 2.0mol·L^{-1} NaOH 溶液，使呈亮绿色，再加入 3% H_2O_2 溶液，微热，观察溶液颜色变化，写出反应方程式。

在 0.1mol·$L^{-1}$$K_2Cr_2O_7$溶液中，注入少许 1.0mol·$L^{-1}$ H_2SO_4 进行酸化，再加入 0.1mol·$L^{-1}$$NaNO_2$（或 $SnCl_2$ 也可）溶液，微热，观察溶液颜色变化，写出反应方程式。

（4）CrO_4^{2-} 与 $Cr_2O_7^{2-}$ 的相互转化

在 0.1mol·L^{-1} K_2CrO_4 溶液中逐滴加入 2.0mol·L^{-1} H_2SO_4 溶液，然后再逐滴加入 2mol·L^{-1} NaOH 溶液，观察溶液颜色变化，写出反应方程式。

在两支试管中分别加入几滴 K_2CrO_4 溶液和 $K_2Cr_2O_7$溶液，然后分别加入几滴 $Pb(NO_3)_2$ 溶液，比较试管中生成沉淀的颜色，写出反应方程式。

用 $AgNO_3$ 代替 $Pb(NO_3)_2$ 溶液，重复上述实验。

4. 锰

(1) Mn $(OH)_2$ 的生成与性质

在三支试管中各加入 1mL 新配制的 0.1mol·L^{-1} $MnSO_4$ 溶液，再分别加入 2mol·L^{-1} NaOH 溶液，直至白色沉淀生成。在两支试管中迅速检查 $Mn(OH)_2$ 的酸碱性，将另一支试管在空气中振荡，观察沉淀颜色的变化，解释现象，写出反应方程式。

(2) MnS 的生成和性质

在 $MnSO_4$ 溶液中滴加 H_2S 饱和溶液，有无沉淀生成？再向试管中滴加 2mol·L^{-1} $NH_3 \cdot H_2O$ 溶液，摇荡试管，有无沉淀生成？为什么？写出反应方程式。

(3) Mn^{3+} 的生成和性质

在试管中加入 5 滴 0.5mol·L^{-1} $MnSO_4$ 溶液，再加 2 滴浓硫酸，然后用冷水冷却试管，再加入 3～5 滴 0.01mol·L^{-1} $KMnO_4$ 溶液，有何现象？将所得溶液用 1.0mol·L^{-1} Na_2CO_3 中和使 pH 值升高，又有何现象？写出反应方程式。

(4) MnO_4^{2-} 的生成和性质

取 1mL 40% NaOH 溶液于试管中，加 2～3 滴 0.01mol·L^{-1} $KMnO_4$ 溶液，振荡试管，观察溶液颜色变化。再滴加 2.0mol·L^{-1} H_2SO_4 溶液，又有何现象发生？写出反应方程式。

(5) Mn^{2+} 和 Cr^{3+} 的分离与鉴定

某溶液中含有 Mn^{2+} 和 Cr^{3+} 试分离鉴定之，并写出分离步骤和有关反应式。

五、思考题

1. 仔细观察氯化氧钒（VO_2Cl）溶液和锌粒反应过程中的颜色变化，是否比蓝色→暗绿色→紫色的变化过程更复杂一些？试检查其原因。

2. 怎样实现 $Cr^{3+} \rightarrow [Cr(OH)_4]^- \rightarrow CrO_4^{2-} \rightarrow Cr_2O_7^{2-} \rightarrow CrO_3 \rightarrow Cr^{3+}$ 的转化？怎样实现 $Mn^{2+} \rightarrow MnO_2 \rightarrow MnO_4^{2-} \rightarrow MnO_4^- \rightarrow Mn^{2+}$ 的转化？

3. 在含有 Cr^{3+} 的溶液中加 Na_2S 为什么得不到 Cr_2S_3？在含有 Mn^{2+} 的溶液中通入 H_2S 能否得到 MnS 沉淀？怎样才能得到 MnS 沉淀？

附注：

1. Ti^{3+} 能将 $CuCl_2$ 中的 Cu^{2+} 还原成 Cu^+，但浓度太稀时可能不足以生成 CuCl 白色沉淀，为了取得较好的实验效果，须使 TiO^{2+} 和 Zn 充分反应几分钟，使溶液呈较浓的紫色，再滴加 $CuCl_2$。$CuCl_2$ 的量也不宜过多，因为可能发生反应。$CuCl_2 + 2Cl^- = CuCl_4^{2-}$ 而使沉淀溶解。

2. 由 NH_4VO_3 分解制备 V_2O_5 的较适宜温度是400℃左右，加热过程中要不断搅动。反应过程中，固体颜色经过深蓝色和黑色的过程，这可能是生成了低价化合物，继续加热，直至固体呈橙色，冷却后即呈黄色。若用强火灼烧，V_2O_5 在675℃熔化，冷却后结成块状固体，将使后续实验得不到较好的结果。

实验3-7 铁、钴、镍

一、实验目的

1. 了解Fe(Ⅱ)，Fe(Ⅲ)，Co(Ⅱ)，Co(Ⅲ)，Ni(Ⅱ)，Ni(Ⅲ)的氢氧化物的生成与性质。

2. 了解Fe(Ⅱ)，Co(Ⅱ)，Ni(Ⅱ)的还原性与Fe(Ⅲ)，Co(Ⅲ)，Ni(Ⅲ)的氧化性。

3. 了解铁、钴、镍的配合物的生成与性质。

4. 学习Fe^{2+}，Fe^{3+}，Co^{2+}，Ni^{2+}等离子的鉴定方法。

二、实验原理

Fe(Ⅱ)，Co(Ⅱ)，Ni(Ⅱ)的氢氧化物均显碱性，依次为白色、粉红色和苹果绿色，$Fe(OH)_2$有很强的还原性，易被空气中的氧氧化。

$$4Fe(OH)_2+O_2+2H_2O=4Fe(OH)_3\text{（棕红色）}$$

在$Fe(OH)_2$转变为$Fe(OH)_3$的过程中，有中间产物$Fe(OH)_2\cdot 2Fe(OH)_3$（黑色）生成，可看到颜色由白→土绿→黑→棕红的变化过程。因此，制备$Fe(OH)_2$时必须将有关试剂煮沸除氧。即使这样，有时也不易看到白色的$Fe(OH)_2$。$CoCl_2$溶液与OH^-反应先生成碱式氯化钴沉淀，继续加OH^-时才生成$Co(OH)_2$：

$$Co^{2+}+Cl^-+OH^-=Co(OH)Cl\downarrow\text{（蓝色）}$$

$$Co(OH)Cl+OH^-\xlongequal{\Delta}Co(OH)_2\downarrow+Cl^-$$

$Co(OH)_2$也能被空气中的氧缓慢氧化：

$$4Co(OH)_2+O_2+2H_2O=4Co(OH)_3\downarrow\text{（褐色）}$$

$Ni(OH)_2$在空气中是稳定的。

$Fe(OH)_3$，$Co(OH)_3$，$Ni(OH)_3$依次为棕色、褐色、黑色，都显碱性，$Fe(OH)_3$与酸反应生成Fe(Ⅲ)盐，$Co(OH)_3$，$Ni(OH)_3$因有较强的氧化性，与盐酸反应得不到相应的盐而生成Co(Ⅱ)，Ni(Ⅱ)盐，并放出氯气，如：

$$2Co(OH)_3+6HCl\text{（浓）}=2CoCl_2+Cl_2\uparrow+6H_2O$$

$Co(OH)_3$和$Ni(OH)_3$通常由Co(Ⅱ)，Ni(Ⅱ)盐在碱性条件下由强氧化剂，如Br_2，Cl_2，NaClO等氧化而得，如：

$$2Ni^{2+}+6OH^-+Br_2=2Ni(OH)_3\downarrow+2Br^-$$

铁、钴、镍均能生成多种配合物，Fe^{2+}和Fe^{3+}与氨水反应只生成$Fe(OH)_2$

和 $Fe(OH)_3$ 而不生成氨合物。Co^{2+} 与 Ni^{2+} 遇氨水先生成碱式盐沉淀，而后溶于过量氨水形成配合物：

$$CoCl_2 + NH_3 \cdot H_2O = Co(OH)Cl\downarrow + NH_4Cl$$

$$Co(OH)Cl + 5NH_3 + NH_4^+ = [Co(NH_3)_6]^{2+}(\text{土黄色}) + Cl^- + H_2O$$

$$2NiSO_4 + 2NH_3 \cdot H_2O = Ni_2(OH)_2SO_4\downarrow(\text{浅绿}) + (NH_4)_2SO_4$$

$$Ni_2(OH)_2SO_4 + 6NH_3 + 2NH_4^+ = 2[Ni(NH_3)_6]^{2+}(\text{蓝}) + SO_4^{2-} + 2H_2O$$

$[Ni(NH_3)_6]^{2+}$ 在空气中是稳定的，只有用强氧化剂才能使之变成 $[Ni(NH_3)_6]^{3+}$，如：

$$2[Ni(NH_3)_6]^{2+} + Br_2 = 2[Ni(NH_3)_6]^{3+} + 2Br^-$$

Fe^{2+} 与 Fe^{3+} 均能与 CN^- 形成 $[Fe(CN)_6]^{4-}$ 与 $[Fe(CN)_6]^{3-}$ 配离子，Fe^{3+} 与 SCN^- 形成血红色配合物，该反应很灵敏，常用来检验 Fe^{3+} 的存在。

$$Fe^{3+} + SCN^- = [Fe(SCN)_n]^{3-n}(n = 1 \sim 6 \text{ 均为红色})$$

但该反应必须在酸性溶液中进行，否则因为 Fe^{3+} 水解而得不到 $[Fe(SCN)_n]^{3-n}$。Co^{2+} 与 SCN^- 反应生成 $[Co(SCN)_4]^{2-}$（蓝色），它在水溶液中不稳定，在丙酮或戊醇等有机溶剂中较为稳定，可用来鉴定 Co^{2+} 的存在。

Ni^{2+} 与丁二酮肟（又名二乙酰二肟或简称丁二肟）反应得到玫瑰色的内配盐，此反应需在弱碱性条件下进行，适宜的酸度是 pH 为 5 至 10，酸度过大不利于内配盐的生成，碱度过大则生成 $Ni(OH)_2$ 沉淀：

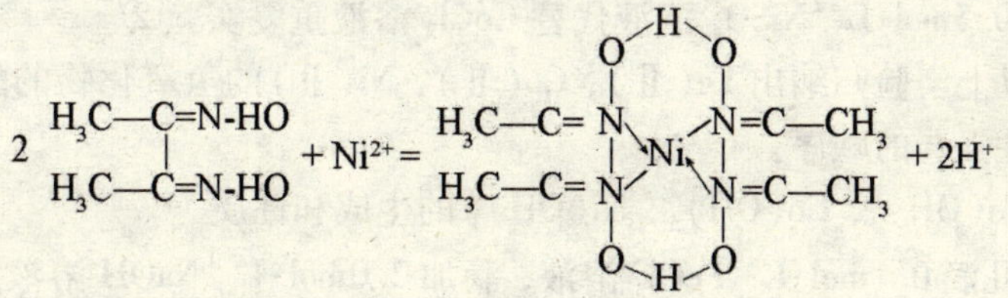

或简写为：$Ni^{2+} + 2LG = Ni(LG)\downarrow + 2H^+$

此反应灵敏度高，常用来鉴定 Ni^{2+} 的存在。

三、仪器与试剂

仪器：离心机，试管反应装置。

试剂：

酸：浓 HCl，$2.0mol \cdot L^{-1}$ HCl，$2.0mol \cdot L^{-1}$ H_2SO_4。

碱：$2.0mol \cdot L^{-1}$ NaOH，$2.0mol \cdot L^{-1}$ $NH_3 \cdot H_2O$，$6.0mol \cdot L^{-1}$ $NH_3 \cdot H_2O$。

盐：$0.1mol \cdot L^{-1}$ $CoCl_2$，$0.5mol \cdot L^{-1}$ $CoCl_2$，$0.1mol \cdot L^{-1}$ $CrCl_3$，$0.1mol \cdot L^{-1}$ $FeCl_3$，$0.1mol \cdot L^{-1}$ $FeSO_4$，$0.1mol \cdot L^{-1}$ $K_4[Fe(CN)_6]$，$0.1mol \cdot L^{-1}$

$K_3[Fe(CN)_6]$，0.1mol·L^{-1}KSCN，0.02mol·L^{-1}KI，0.01mol·L^{-1} $KMnO_4$，1.0mol·$L^{-1}$$NH_4Cl$，0.1mol·$L^{-1}$$NiSO_4$，0.5mol·$L^{-1}$$NiSO_4$。

其他：铜片，$FeSO_4 \cdot 7H_2O$ 固体，KSCN 固体，3% H_2O_2，溴水，碘水，丁二酮肟，丙酮，0.5% 淀粉溶液，淀粉碘化钾试纸，pH 试纸，饱和 H_2S 溶液。

四、实验内容

1. 铁、钴、镍的氢氧化物的生成和性质

（1）$Fe(OH)_2$，$Co(OH)_2$，$Ni(OH)_2$ 的生成和性质

① 取 A，B 两支试管，A 管中加入 2mL 蒸馏水和几滴 2.0mol·$L^{-1}$$H_2SO_4$ 溶液，煮沸以除去溶液中的氧，然后加少量的 $FeSO_4 \cdot 7H_2O$ 使之溶解；在 B 管中加入 2.0mol·L^{-1}NaOH 溶液，煮沸驱氧，冷却后用一长滴管吸取该溶液，迅速将滴管插入 A 管溶液底部，挤出 NaOH 溶液，观察产物的颜色和状态，摇荡后分别装于三根试管中，一支放于空气中静置，另两支分别加入 2.0mol·L^{-1}HCl 溶液和 2.0mol·L^{-1}NaOH 溶液，观察现象，写出有关反应式。

② 在 A，B，C 三支试管中各加入 5 滴 0.5mol·L^{-1} $CoCl_2$ 溶液，再逐滴加入 2.0mol·L^{-1}NaOH 溶液，观察沉淀颜色的变化，将 A，B 两试管离心分离，弃去清液，A 管中加 2.0mol·L^{-1}HCl 溶液，B 管中加 2.0mol·L^{-1}NaOH 溶液，C 管在空气中静置观察，写出有关反应方程式。

③ 用 0.5mol·$L^{-1}$$NiSO_4$ 溶液代替 $CoCl_2$ 溶液重复实验②。

通过以上实验归纳出 Fe(Ⅱ)，Co(Ⅱ)，Ni(Ⅱ)的氢氧化物的酸碱性和它们的还原性强弱的顺序。

（2）$Fe(OH)_3$，$Co(OH)_3$，$Ni(OH)_3$ 的生成和性质

① 取几滴 0.1mol·$L^{-1}$$FeCl_3$ 溶液，滴加 2.0mol·L^{-1}NaOH 溶液，观察沉淀的颜色和状态，检查它的酸碱性。

② 取几滴 0.5mol·$L^{-1}$$CoCl_2$ 溶液，加几滴 Br_2 水，然后加入 2.0mol·L^{-1} NaOH 溶液，摇荡试管，观察，观察沉淀的颜色和状态，离心分离，弃去清液，在沉淀中加入浓 HCl，并用淀粉 KI 试纸检查溢出的气体，写出反应方程式。

③ 用 0.5mol·$L^{-1}$$NiSO_4$ 溶液重复实验②。

通过以上实验，对 $Fe(OH)_3$，$Co(OH)_3$，$Ni(OH)_3$ 的性质做出结论。

2. Fe^{2+} 的还原性

（1）取几滴 0.01mol·$L^{-1}$$KMnO_4$ 溶液，酸化后滴加 0.1mol·$L^{-1}$$FeSO_4$ 溶液，观察有无变化？再加入 2 滴 $K_4[Fe(CN)_6]$溶液，观察是否有变化？写出反

应方程式。

(2) 取0.5mL 0.1mol·L^{-1} $FeSO_4$ 溶液，酸化后加入3% H_2O_2 溶液，微热，观察溶液颜色的变化，再加2滴0.1mol·L^{-1}KSCN溶液，观察有何现象？写出反应方程式。

(3) 在碘水中加2滴淀粉溶液，再逐滴加入0.1mol·L^{-1} $FeSO_4$ 溶液，观察有无变化？解释现象。

3. Fe^{3+}的氧化性

(1) 在0.1mol·L^{-1} $FeCl_3$ 溶液中加入0.02mol·L^{-1}KI溶液，再加2滴淀粉溶液有何现象？用$K_3[Fe(CN)_6]$溶液代替 $FeCl_3$ 重复这一实验，有何现象？

(2) 在1mL 0.1mol·L^{-1} $FeCl_3$ 溶液中滴加饱和 H_2S 溶液，有何现象？

(3) 在1mL 0.1mol·L^{-1} $FeCl_3$ 溶液中浸入一小片铜，观察溶液颜色的变化，写出反应方程式。

4. 铁、钴、镍配合物的生成和性质

(1) 在三支试管中分别加入下列溶液各0.5mL：0.1mol·L^{-1} $FeSO_4$，0.1mol·L^{-1} $CoCl_2$，0.1mol·L^{-1} $NiSO_4$；再加入适量2.0mol·L^{-1} $NH_3\cdot H_2O$ 溶液，有何现象？摇荡后静置片刻又有何变化？写出反应方程式。

(2) 在A，B，C三支试管中分别加入下列溶液各0.5mL：0.1mol·L^{-1} $FeCl_3$，0.1mol·L^{-1} $CoCl_2$，0.1mol·L^{-1} $NiSO_4$ 和几滴1.0mol·L^{-1} NH_4Cl 溶液；然后加过量的6.0mol·L^{-1} $NH_3\cdot H_2O$ 溶液，再在B，C试管中加几滴溴水，摇荡后观察现象，写出反应方程式。

(3) 在0.1mol·L^{-1} $K_4[Fe(CN)_6]$溶液中分别滴加2.0mol·L^{-1} NaOH溶液和0.1mol·L^{-1} $FeCl_3$ 溶液，观察并解释。在0.1mol·L^{-1} $K_3[Fe(CN)_6]$溶液中，分别滴加2.0mol·L^{-1} NaOH溶液和0.1mol·L^{-1} $FeSO_4$ 溶液，观察现象，写出反应方程式。

(4) 取5滴0.1mol·L^{-1} $CoCl_2$ 溶液，加少量KSCN固体，加入几滴丙酮，观察现象。

(5) 取2滴0.1mol·L^{-1} $NiSO_4$ 溶液，滴入几滴2.0mol·L^{-1} $NH_3\cdot H_2O$ 溶液，再加2滴丁二酮肟，观察现象。

5. 混合离子的分离与鉴定

(1) Fe^{3+}和Co^{2+}的混合溶液

(2) Fe^{3+}和Ni^{2+}的混合溶液

(3) Fe^{3+}，Cr^{3+}和Co^{2+}的混合溶液

五、思考题

1. 制取 $Fe(OH)_2$ 时,为什么要先将有关溶液煮沸?吸取 NaOH 溶液的滴管为什么要一直伸到 Fe^{2+} 溶液的底部?

2. 制取 $Co(OH)_3$, $Ni(OH)_3$ 时，为什么要以 Co(Ⅱ), Ni(Ⅱ)为原料在碱性溶液中进行氧化，而不用 Co(Ⅲ), Ni(Ⅲ)直接制取?

3. 在 $Co(OH)_3$ 沉淀中加入浓 HCl 后，溶液呈蓝色，加水稀释后又呈粉红色，为什么?

实验 3-8　混合阳离子的分离与鉴定

一、实验目的

1. 根据金属元素及其化合物的性质，系统学习常见阳离子的分离与鉴定方法。

2. 通过常见阳离子的分离与鉴定，掌握和灵活运用有关理论、金属元素及其化合物的知识。

二、实验内容

常见的阳离子有20多种，由于个别检出时，容易发生相互干扰。因此，可在20多种阳离子的溶液中加入组试剂（能使一组阳离子在适当的反应条件下生成沉淀，从而与其他组阳离子分离的试剂），将阳离子分成若干组，再用特殊试剂分别鉴定出各种离子。分组方案很多，本实验以氢氧化物的沉淀与溶解性质作为分组的基础，用最普通的两酸（盐酸、硫酸）两碱（氨水、氢氧化钠）作试剂，可将阳离子分成五个组，就是两酸两碱系统（图 3-2），其分组依据如下：

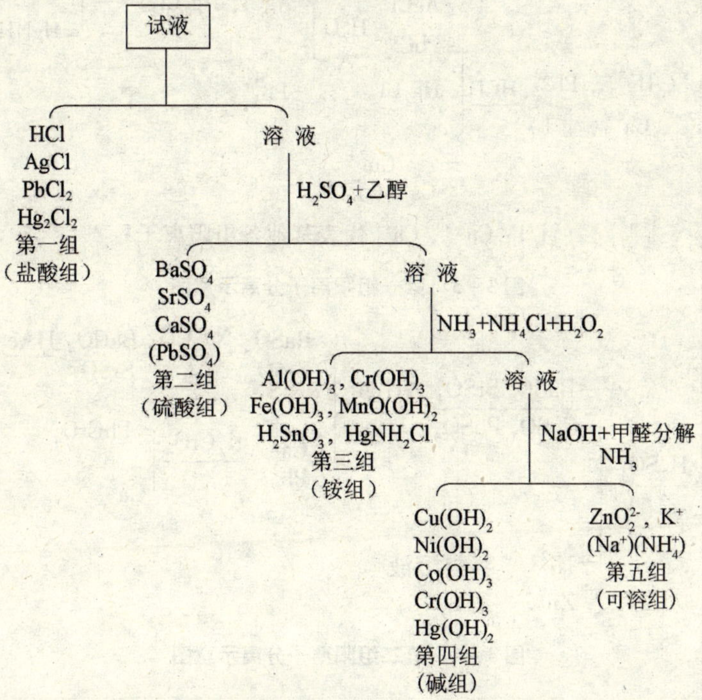

图 3-2　两酸两碱系统的分离步骤示意图

第一组(盐酸组)：氯化物难溶于水的离子，其中有 Ag^+，Hg_2^{2+}，Pb^{2+}。

第二组(硫酸组)：分离第一组后，硫酸盐难溶于水的离子，包括 Ba^{2+}，Sr^{2+}，Ca^{2+}以及剩余的 Pb^{2+}。

第三组(铵组)：分离第一、第二组后氢氧化物难溶于水，也难溶于过量氨水的离子，包括 Al^{3+}，Fe^{3+}，Fe^{2+}，Cr^{3+}，Mn^{2+}，Bi^{3+}，Hg^{2+}，Sb^{3+}(Ⅲ，Ⅴ)，Sn^{4+}。

第四组(碱组)：分离第一、第二、第三组后，氢氧化物难溶于水，也难溶于过量 NaOH 溶液的离子，包括 Cu^{2+}，Cd^{2+}，Co^{2+}，Ni^{2+}，Mg^{2+}。

第五组(可溶组)：分离第一至第四组后，未被沉淀的离子，包括 Zn^{2+}，K^+，Na^+，NH_4^+。

具体做法是：领取 2mL 未知试液(在分析时取用 1mL，留下 1mL 试液作个别检查和复查用)，试液中可能含有 Zn^{2+}，K^+，Na^+，NH_4^+，Cu^{2+}，Cd^{2+}，Co^{2+}，Ni^{2+}，Mg^{2+}，Al^{3+}，Fe^{3+}，Fe^{2+}，Cr^{3+}，Mn^{2+}，Hg^{2+}，Sn^{3+}，Ba^{2+}，Ca^{2+}，Ag^+，Hg_2^{2+}，Pb^{2+}。按如下两酸两碱系统的分离步骤示意图所列的步骤进行分离和检出。所列方案仅供参考，可自拟方案。

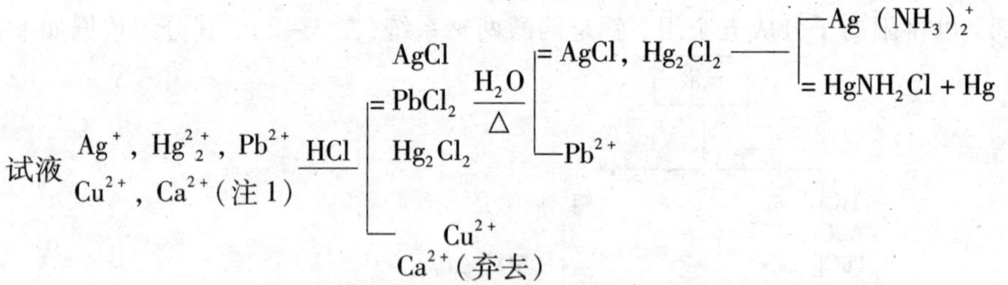

(注 1：Cu^{2+}，Ca^{2+}代表其他各组阳离子)

图 3-3 第一组阳离子分离示意图

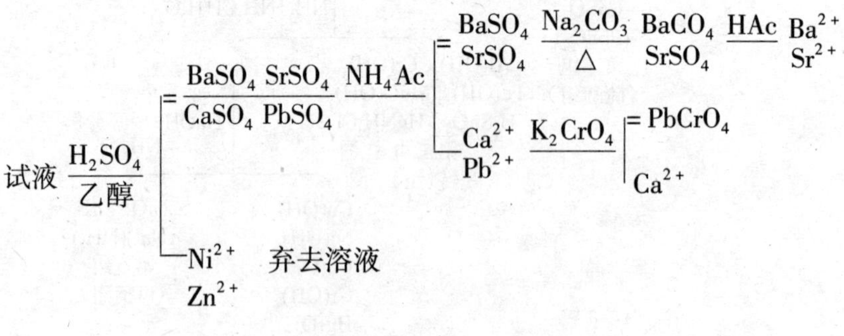

图 3-4 第二组阳离子分离示意图

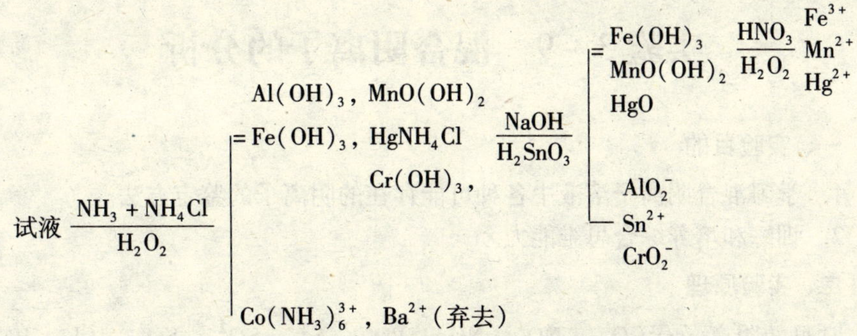

图 3-5 第三组阳离子分离示意图

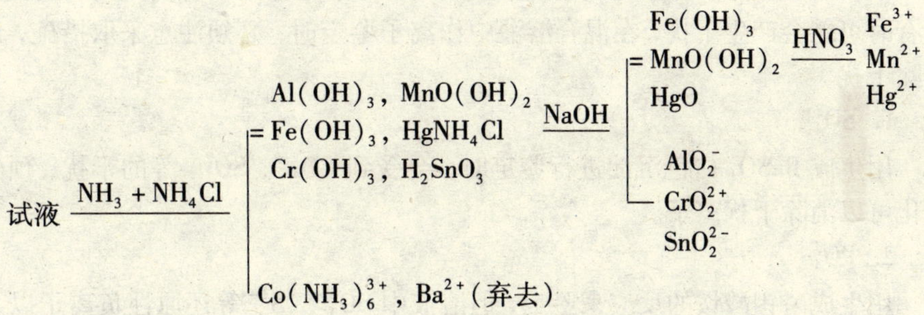

图 3-6 第四组阳离子分离示意图

实验 3-9 混合阴离子的分析

一、实验目的

1. 学习混合阴离子溶液中各种可能存在的阴离子的鉴定方法。
2. 训练和培养综合思维能力。

二、实验原理

常见的阴离子有 CO_3^{2-}，NO_3^-，NO_2^-，PO_4^{3-}，S^{2-}，SO_4^{2-}，SO_3^{2-}，Cl^-，Br^-，I^-10 种，在碱性溶液中，这些离子可能同时存在，在鉴定一种离子时，其他离子有时可能会产生干扰，在混合溶液中作离子鉴定时，必须注意采取措施，以消除干扰。

1. SO_4^{2-}

用生成 $BaSO_4$ 白色沉淀进行鉴定时，会受到 CO_3^{2-}，SO_3^{2-} 等的干扰，预先酸化可以消除干扰离子。

2. PO_4^{3-}

用生成磷钼酸铵的反应来鉴定，但溶液中 SO_3^{2-}，S^{2-} 等还原性负离子以及 Cl^- 都会干扰此反应。还原性离子能将钼(Ⅳ)还原成低氧化态，从而破坏了试剂的作用，Cl^- 能降低反应的灵敏度，通常采用滴加浓 HNO_3 并煮沸的方法消除这些离子的干扰。

3. Cl^-，Br^-，I^-

由于强还原性阴离子妨碍 Br^-，I^- 的鉴定，所以一般将 Cl^-，Br^-，I^- 先沉淀为难溶性银盐，再作进一步的分析鉴定。在含有这些离子的溶液中加入 $AgNO_3$ 和 HNO_3 溶液，并加热，能避免 PO_4^{3-}，CO_3^{2-}，SO_3^{2-}，S^{2-} 生成银盐沉淀。

4. S^{2-}

加入 $Na_2[Fe(CN)_5NO]$，在碱性或氨碱性介质中生成紫红色的 $[Fe(CN)_5NOS]^{4-}$ 溶液。

5. SO_3^{2-}

S^{2-} 干扰 SO_3^{2-} 的检出，可在溶液中加入固体 $PbCO_3$，利用沉淀的转化反应除去 S^{2-}，SO_3^{2-} 在一定的条件下与 $ZnSO_4$，$Na_2[Fe(CN)_5NO]$ 等反应，生成红色沉淀，产物组成可能为 $Zn[Fe(CN)_5NO]$，在酸性溶液中，红色沉淀消失。如介质为酸性，必须调至中性。

6. CO_3^{2-}

将溶液酸化后产生的 CO_2 气体导入 $Ba(OH)_2$ 溶液中，产生白色沉淀，以鉴定 CO_3^{2-}，SO_3^{2-} 对 CO_3^{2-} 的检出有干扰，因为 SO_3^{2-} 酸化后产生的 SO_2 也会使 $Ba(OH)_2$溶液变混浊，若在酸化前加入 H_2O_2 溶液，能使 SO_3^{2-} 氧化为 SO_4^{2-} 消除干扰，同时 S^{2-} 也会被 H_2O_2 氧化为 SO_4^{2-}。

7. NO_2^-

用稀 HAc 酸化溶液，加入硫脲，再加入 HCl 和 $FeCl_3$，溶液变为深红色，其反应为：

$$CS(NH_2)_2 + HNO_2 = N_2(g) + H^+ + SCN^- + 2H_2O$$

生成的 SCN^-在稀 HCl 介质中与 $FeCl_3$ 反应，生成 $Fe(SCN)_n^{3-n}$。I^-干扰该反应，可在加硫脲前加入 Ag_2SO_4 溶液，以除去 I^-。

8. NO_3^-

一般用“棕色环”法鉴定 NO_3^-，Br^-，I^-，NO_2^- 等干扰 NO_3^- 的检出，可先向溶液中加入 H_2SO_4 和 Ag_2SO_4 溶液，使 Br^-，I^-等生成难溶银盐而被除去，再向溶液中加入尿素并加热，使 NO_2^- 生成 N_2 而被除去：

$$2NO_2^- + CO(NH_2)_2 + 2H^+ = CO_2(g) + 2N_2(g) + 3H_2O$$

或加入 $H_2N—HSO_3$ 除去 NO_2^-：

$$NO_2^- + H_2N—HSO_3 = N_2(g) + SO_4^{2-} + H^+ + H_2O$$

三、仪器与试剂

仪器：离心机，水浴，带塞滴定管或带塞的镍铬丝小圈，试管反应装置。

试剂：

酸：　$6.0mol\cdot L^{-1}$ HCl，$2.0mol\cdot L^{-1}$ H_2SO_4，浓 H_2SO_4，$2.0mol\cdot L^{-1}$ HNO_3，$6.0mol\cdot L^{-1}$ HNO_3，浓 HNO_3，$6.0mol\cdot L^{-1}$ HAc。

碱：　饱和 $Ba(OH)_2$，$2.0mol\cdot L^{-1}$ $NH_3\cdot H_2O$。

盐：　$0.1mol\cdot L^{-1}$ $AgNO_3$，$0.02mol.L^{-1}$ Ag_2SO_4，$1.0mol\cdot L^{-1}$ $BaCl_2$，$0.1mol\cdot L^{-1}$ $K_4[Fe(CN)_6]$，$0.1mol\cdot L^{-1}$ $FeCl_3$，$0.5mol\cdot L^{-1}$ $ZnSO_4$，$(NH_4)_2MoO_4$ 溶液，$1mol\cdot L^{-1}$ $(NH_4)_2CO_3$，1% $Na_2[Fe(CN)_5NO]$。

其他：$FeSO_4\cdot 7H_2O$，$PbCO_3$，锌粒，尿素，H_2O_2(3%)，CCl_4，饱和氯水，8%硫脲，pH 试纸。

四、实验内容

1. 用 pH 试纸检验溶液的酸碱性

2. SO_4^{2-} 的检验

取10滴试液于试管中，加入6.0mol·L^{-1}的HCl溶液至无气泡产生时，再多加1～2滴6.0mol·L^{-1}HCl溶液，然后再加入1～2滴1.0mol·$L^{-1}$$BaCl_2$溶液，若生成白色沉淀，表示$SO_4^{2-}$存在。

3. PO_4^{3-}的鉴定

取10滴试液于试管中，加入10滴HNO_3(浓)并煮沸，以除去SO_3^{2-}，S^{2-}，Cl^-等干扰离子，稍冷却后，再加入20滴$(NH_4)_2MoO_4$溶液，并在水浴上加热至40～50℃，若有黄色沉淀产生，证明PO_4^{3-}的存在。

4. Cl^-，Br^-，I^-的鉴定

(1) 取10滴试液于试管中，加入5滴6.0mol·$L^{-1}$$HNO_3$溶液和15～20滴0.1mol·$L^{-1}$$AgNO_3$溶液，在水浴上加热2min，离心分离，失去清液，保留沉淀，并用2mL蒸馏水洗涤沉淀2～3次，使溶液的pH值接近中性。

(2) 在4.(1)所得的沉淀中，加入14滴$(NH_4)_2CO_3$溶液(1.0mol·L^{-1})，并在水浴上加热1min，离心分离，保留沉淀，在清液中加入1～2滴2mol·L^{-1} HNO_3溶液，若有白色沉淀生成，表示有Cl^-存在。

(3) 在4.(2)所得的沉淀中，加入6mol·L^{-1}HAc溶液和一粒金属锌，摇荡1min，沉淀片刻后，将沉淀转移到另一试管中(沉淀中的锌粒回收)。

(4) 通过在4.(3)所得的清液中，加入1滴2.0mol·$L^{-1}$$H_2SO_4$溶液和1mL的$CCl_4$，再加入1滴氯水，充分摇荡，$CCl_4$层呈紫红色，表示$I^-$存在。继续滴加氯水，并摇荡，$CCl_4$层紫红色褪去，又呈现棕黄色或黄色，则表示$Br^-$存在。

5. S^{2-}的鉴定

在点滴板上，加1滴试液，再加入1滴$Na_2[Fe(CN)_5NO]$溶液，呈紫红色，证明S^{2-}的存在。

6. SO_3^{2-}的鉴定

(1) 取10滴试液于试管中，加入少量$PbCO_3$固体，搅拌，若沉淀为纯黑色，须继续加入少量的固体，直到固体呈灰色为止，离心分离，取1滴清液检查S^{2-}是否除净，弃去沉淀，保留清液。

(2) 在点滴板上，加1滴0.5mol·L^{-1} $ZnSO_4$溶液，1滴0.1mol·L^{-1} $K_4[Fe(CN)_6]$溶液及1滴1%的$Na_2[Fe(CN)_5NO]$溶液，再加入1～2滴2mol·$L^{-1}$$NH_3$. H_2O溶液，将溶液调至中性，最后加入1滴由6.(1)得到的清液，若生成红色沉淀，表示SO_3^{2-}存在。

7. CO_3^{2-} 的鉴定

(1) 取1mL负离子混合试液于试管中，加入1mL 3%的 H_2O_2 溶液，在水溶液上加热3min，使 SO_3^{2-} 氧化为 SO_4^{2-}，同时 S^{2-} 也被氧化为 SO_4^{2-}。在点滴板上分别检验 S^{2-} 和 SO_3^{2-} 是否被除去。

(2) 在7. (1)所得溶液中，一次加入半滴管 $6mol \cdot L^{-1}$ HCl 溶液，立即向试管中插入吸有 $Ba(OH)_2$ 饱和溶液的带塞滴管，使滴管口悬挂1滴 $Ba(OH)_2$ 饱和溶液，观察液滴是否变混浊。

8. NO_2^- 的鉴定

(1) 取10滴试液于试管中，加入10～20滴 $0.02mol \cdot L^{-1}$ Ag_2SO_4 溶液，保留清液。

(2) 在8. (1)所得清液中，加入3～5滴 $6mol \cdot L^{-1}$ HAc 溶液和10滴8%硫脲溶液，再加入5～6滴 $2mol \cdot L^{-1}$ HCl 溶液及1～2滴 $0.1mol \cdot L^{-1}$ $FeCl_3$ 溶液，若溶液变为深红色，表示 NO_2^- 存在。

9. NO_3^- 的鉴定

(1) 取10滴试液于试管中，加入5滴 $2mol \cdot L^{-1}$ H_2SO_4 溶液和20滴 $0.02mol \cdot L^{-1}$ Ag_2SO_4 溶液，离心分离，弃去沉淀，保留清液。

在清液中加入尿素，并加热以除去 NO_2^-。检验 Br^-，I^-，NO_2^- 是否已被除去。

(2) 在9. (1)所得的清液中，加入少量固体 $FeSO_4 \cdot 7H_2O$ 摇动溶解后，将试管倾斜，慢慢沿试管壁滴入20滴浓 H_2SO_4，若 H_2SO_4 层与溶液的界面处有"棕色环"出现，表示 NO_3^- 存在。

五、思考题：

1. 试液若显酸性，上述10种负离子中哪种离子不可能存在？

2. 哪些离子干扰 PO_4^{3-} 的鉴定？怎样避免？

3. SO_3^{2-} 的存在为什么干扰 CO_3^{2-} 的鉴定？如何防止？

4. 试设计下列两组负离子混合溶液的分析方案：

(1) SO_4^{2-}，SO_3^{2-}，S^{2-}，Cl^-；

(2) SO_4^{2-}，PO_4^{3-}，I^-，Br^-。

附注：阴离子试液的配制，按表3－5所示组分和用理配制负离子混合试剂。

表 3-5 阴离子混合试剂配制表

组 分	化 合 物	组分溶液 ($mol \cdot L^{-1}$)	组 分	化 合 物	组分溶液 ($mol \cdot L^{-1}$)
CO_3^{2-}	Na_2CO_3	0.10	NO_3^-	$NaNO_3$	0.06
NO_2^-	$NaNO_2$	0.10	PO_4^{3-}	$Na_2HPO_4 \cdot 12H_2O$	0.10
S^{2-}	$Na_2S \cdot 9H_2O$	0.01	SO_4^{2-}	$Na_2SO_4 \cdot 10H_2O$	0.02
SO_3^{2-}	$Na_2SO_3 \cdot 7H_2O$	0.10	Cl^-	$NaCl$	0.15
Br^-	KBr	0.05	I^-	KI	0.01

第四部分　定量分析化学实验

本部分为定量分析实验内容。

分析化学是一门实践性很强的学科，其实验是学习分析化学的一个重要环节。通过实验，可以加深对分析化学基本概念和基本理论的理解；通过实验课的实践，可以正确和熟练地掌握分析化学实验的基本操作和基本技能，可以正确、合理地选择实验条件和实验仪器，正确地处理实验数据和表达实验结果，培养良好的实验习惯、严谨细致的科学态度和实事求是的科学作风。

定量分析实验，它有别于一般观察实验现象、验证某一化学反应的化学实验。它强调的是，每次实验中应对所测试样，获得准确可靠的分析测定结果。为此，要求实验者，在整个分析实验过程中，始终树立一个“量”的观念。因为，每个实验都由多个操作步骤所构成，而每一步操作都可能对测定结果带来影响，产生误差。例如，称量、试样分解、试液转移、分析测定和数据处理等环节中，如不注意规范操作或粗心大意、马虎了事，都将造成实验的结果不正确。实验课是训练实验者掌握规范操作要领、提高基本操作技能的最好场所，学习者应珍视每堂实验课的锻炼机会。

实验前必须学习本教材的“第一部分”所讲内容，充分预习，复习与实验相关的分析化学理论，理解实验原理，熟悉实验步骤。对实验中所用试剂规格、配制方法和保存方法，所用仪器规格、精度和使用方法做到心中有数；对每一步操作的目的和作用，以及可能引入的误差和消除办法应有所准备。有些实验，应做好预算工作，如计算出拟用基准试剂和试样的称取量，配制试剂时应量取和称取的用量等。

实验 4－1　酸碱标准溶液的配制与标定

一、实验目的

1. 练习滴定分析的基本操作，掌握准确确定滴定终点的方法。

2. 练习酸碱标准溶液的配制与浓度的相互比较。

3. 熟悉酸碱指示剂——甲基橙和酚酞的使用与终点颜色的变化。

4. 练习差减称量法，掌握基准物质邻苯二甲酸氢钾标定氢氧化钠溶液的方法。

二、基本原理

酸碱滴定法是以酸碱反应为基础的滴定分析方法，一些能与酸或碱起定量反应的物质，在反应等计量点具有明显 pH 值变化时，均可用酸碱滴定法测定。

酸碱滴定法常用的标准溶液是盐酸溶液和氢氧化钠溶液。由于浓盐酸易挥发，固体的氢氧化钠容易吸收空气中水分和 CO_2，因此，一般先将它们配成近似需要浓度的溶液，然后选用适当的基准物质标定其准确浓度。

酸碱滴定法的标准溶液，通常只要标定其中一种即可，另一种浓度则可进行两者的相互滴定，由两者的体积比计算出来。

标定酸溶液的基准物质常用无水碳酸钠或硼砂。标定碱溶液的基准物质常用草酸、邻苯二甲酸氢钾。本实验选用邻苯二甲酸氢钾来标定 NaOH 溶液。其反应为：

$$KHC_8H_4O_4 + OH^- = K^+ + C_8H_4O_4^{2-} + H_2O$$

滴定产物是呈弱碱性的 $C_8H_4O_4^{2-}$，选用酚酞作指示剂。

滴定终点的判断是否正确，是影响分析结果准确度的重要因素。本实验选用甲基橙指示剂进行酸碱溶液的相互滴定，其变色范围是 pH 3.1(红色)~4.4(黄色)，pH 4.0 附近为橙色。其指示剂的变色是可逆的，这有利于多次练习判断终点。用 NaOH 溶液滴定 HCl 溶液时，终点颜色由橙色转变为黄色，而用 HCl 溶液滴定 NaOH 溶液时，则由黄色转变为橙色。酚酞指示剂的变色范围是 pH 8.0(无色)~10.0(红色)，如用 NaOH 溶液滴定邻苯二甲酸氢钾溶液时，终点颜色由无色转变为微红色，并要求在 30s 以内不褪色。

三、试剂

1. 浓盐酸($12mol \cdot L^{-1}$)，分析纯。

2. 氢氧化钠(固体)，分析纯。

3. 邻苯二甲酸氢钾(固体)，分析纯，100 ~ 125℃烘箱中烘干2h，置于干燥器中冷却备用。

4. 甲基橙指示剂，0.2%水溶液。

5. 酚酞指示剂，0.2%乙醇溶液。

四、实验操作

1. $0.1mol \cdot L^{-1}$ HCl和$0.1mol \cdot L^{-1}$ NaOH溶液的配制

(1) 计算求出配制500mL $0.1mol \cdot L^{-1}$ HCl溶液所需浓盐酸的体积(mL)。用小量筒量取所需的浓盐酸(宜在通风橱内操作)，置于洗净过的试剂瓶中，再加蒸馏水稀释至总体积500mL，充分摇匀，盖好瓶塞，贴上标签，写上试剂名称和配制者姓名。

(2) 计算求出配制1000mL $0.1mol \cdot L^{-1}$ NaOH溶液所需NaOH的质量。在台秤上迅速称出NaOH，置于烧杯中，以蒸馏水溶解后，稀释至1000mL，转入洗净的有橡皮塞的试剂瓶中，摇匀，贴上标签，写上试剂名称和配制者姓名。

2. 酸碱溶液的相互滴定

(1) 用配制好的$0.1mol \cdot L^{-1}$ HCl溶液，润洗已经用蒸馏水洗净的酸式滴定管2 ~ 3次，每次约用10mL。然后将HCl溶液装入酸式滴定管中，调整好酸液面为零刻度或接近零刻度以下的准确位置(及时记录)，置于滴定管架上。

(2) 用配制好的$0.1mol \cdot L^{-1}$ NaOH溶液，润洗已经用蒸馏水洗净的碱式滴定管2 ~ 3次，每次约用10mL。然后将NaOH溶液装入碱式滴定管中，调整好碱液面为零刻度或接近零刻度以下的准确位置(及时记录)，置于滴定管架上。

(3) 由碱式滴定管中放出溶液20mL，注入已洗净的250mL锥形瓶中，加入1 ~ 2滴甲基橙指示剂。然后用$0.1mol \cdot L^{-1}$ HCl溶液滴定，滴定时不停地摇动，直到加入1滴或半滴(半滴概念见后注意事项)HCl溶液后，溶液立即由黄色突变为橙色。接着再由碱式滴定管中滴加1 ~ 3滴$0.1mol \cdot L^{-1}$ NaOH溶液进入锥形瓶中，摇动后溶液又由橙色变为黄色，再用$0.1mol \cdot L^{-1}$ HCl溶液滴回至黄色变为橙色。如此反复练习滴定操作和掌握观察终点的方法，读出最后所用NaOH和HCl溶液的准确体积(准确至小数点后第二位)，求出滴定消耗两溶液的体积比V_{NaOH}/V_{HCl}。

另取一锥形瓶，按上述方法重做一次，计算出两次结果的平均值，要求相对平均偏差不大于0.2%，否则应重做，直至符合要求。

3. NaOH溶液浓度的标定

（1）根据邻苯二甲酸氢钾的分子量(204.22)以及它与NaOH的反应，控制滴定消耗 $0.1mol \cdot L^{-1}$ NaOH溶液为20～30mL，计算出标定NaOH溶液时所需邻苯二甲酸氢钾的量。然后用分析天平，以差减法准确称取邻苯二甲酸氢钾基准试剂，平行称2～3份，分别置于2～3个锥形瓶中，再加40mL煮沸后刚刚冷却的蒸馏水使之溶解(如未完全溶解,可稍微加热,促使其全部溶解)。然后加入2滴酚酞指示剂，用NaOH($0.1mol \cdot L^{-1}$)溶液滴定至溶液呈微红色，并在30s内不褪色即为终点。每份滴定至终点后，记录所消耗的NaOH溶液体积，并分别计算出NaOH溶液的准确浓度。平行测定所计算出NaOH的浓度值，其相对平均偏差应不大于0.2%。

（2）根据HCl和NaOH溶液相互滴定所求的两者体积比值及标定得到NaOH溶液的准确浓度，计算出HCl溶液的准确浓度，并将它们的准确浓度值在试剂瓶标签上注明。此标准溶液可供后继实验使用。

五、注意事项

1. 配制NaOH溶液时，因固体NaOH极易吸收空气中的 CO_2 和水分，因此称量时必须迅速。严格地说，如固体NaOH含有较多 Na_2CO_3，将在分析结果中引入误差。为获得不含 CO_3^{2-} 的NaOH溶液，可在配制好的NaOH溶液中，加入1～2mL 20% $BaCl_2$ 溶液，摇匀后用橡皮塞盖紧，静置过夜，待沉淀完全沉降后，用虹吸管把上层清液转入另一试剂瓶中，塞紧，备用。本实验中，采用新开瓶的分析纯NaOH，称量迅速，并用新鲜蒸馏水溶解和配制NaOH溶液，微量 CO_3^{2-} 的存在，对实验结果的影响可忽略不计。

2. 滴定管盛置NaOH或HCl溶液后，在调整零刻度以前，应注意滴定管尖端部分是否有气泡存在。如有，必须排除。

3. 滴定前应注意检查，滴定管在盛置溶液并安置于滴定管架上时，溶液是否会自动慢慢滴下，如有此现象，即应设法排除后，方可滴定。

4. 使用碱式滴定管时，应用手捏准皮管中玻璃球的中心位置，如捏在玻璃球下半部放液，容易发生在滴定后，滴定管的尖端部分回吸气泡上去。因此滴定以后，应注意观察滴定管尖端部分是否有气泡存在，如有，应排除气泡后，重新滴定，重测一次。

5. 滴定近终点时，所谓滴“半滴”的方法是：在发现滴定溶液的指示剂已发生一些色变，但又感到并未完全到达终点，这时可轻轻地旋转滴定管的活塞(酸式滴定管)或轻捏碱式滴定管橡皮管内的玻璃球，让“液滴”缓慢地长大至大约半滴尺寸时，将锥形瓶内壁与“液滴”接触，这时“液滴”顺锥形瓶内壁流下，然后用蒸馏水洗瓶，吹洗锥形瓶内壁，再摇动溶液。如果这时溶液正好达到终点颜色时，即为终点。这样的方法确定终点，就能比较有把握地判断自己的滴定并未过量。

6. 平行滴定操作中，每次滴定完成后，应将标准溶液补加至滴定管零点或近零点位置，然后再进行第二次滴定。这样可避免滴定管由于管径的上下不均匀或刻线方面的误差而影响结果的平行性。

六、思考题

1. 滴定管在装入标准溶液前，为什么要用该溶液润洗内壁 2 ~ 3 次？用于滴定的锥形瓶是否需要用标准溶液润洗？

2. 配制 HCl 和 NaOH 溶液时，所用蒸馏水的体积是否需要准确量度？

3. 装 NaOH 溶液的试剂瓶和滴定管，不宜用玻璃塞，为什么？

4. 在 HCl 溶液与 NaOH 溶液浓度比较的滴定中，以甲基橙和酚酞分别作指示剂，所得的溶液体积比是否一致？

5. 用邻苯二甲酸氢钾标定 NaOH 溶液时，能否用甲基橙作指示剂？

6. 以酚酞作指示剂标定 NaOH 溶液时，微红色终点后，长时间放置为什么会褪色？

7. 用邻苯二甲酸氢钾标定 NaOH 溶液时，如果已知滴入的 NaOH 溶液明显地过量很多，有没有办法补救而不需要重做？

实验4－2　铵盐中氮含量的测定

一、实验目的

1. 进一步练习滴定法的操作，并熟悉容量瓶和移液管的使用方法。

2. 了解酸碱滴定法的应用，掌握甲醛－酸碱滴定法测定铵盐中的含氮量。

二、基本原理

铵盐 NH_4Cl 和 $(NH_4)_2SO_4$ 是常用的无机化肥，其中对农作物的有效成分是氮，工业生产中常用甲醛－酸碱滴定法测定铵盐中的含氮量。这些铵盐是强酸弱碱盐，它们易溶于水，但 NH_4^+ 的酸性太弱（$K_a=5.6\times10^{-10}$），直接用 NaOH 标准溶液滴定有困难。

当铵盐与甲醛反应时，可生成质子化的六次甲基四胺和游离的 H^+，反应如下：

$$4NH_4^+ + 6HCHO = (CH_2)_6N_4H^+ + 3H^+ + 6H_2O$$

此反应定量进行，所生成的 $(CH_2)_6N_4H^+$（$K_a=7.1\times10^{-6}$）和 H^+ 可用 NaOH 溶液直接滴定，以酚酞作指示剂，滴定至溶液呈稳定的微红色时，即为终点。根据 NaOH 标准溶液的用量计算试样的含氮量：

$$N\% = \frac{c_{NaOH}V_{NaOH}\times\frac{14.007}{1000}}{m}\times100\%$$

式中：14.007 为 N 的相对原子量，m 为铵盐的质量（单位：g）。

由于铵盐试样通常有不够均匀的现象，为此，操作中采取称取较多的试样，溶解后于容量瓶中定容，然后吸取部分试样溶液进行测定。这样在上述计算式中，m 质量应为所取部分试样溶液所对应的试样质量。

实验中，所用的甲醛溶液和试样有可能含有游离酸，测定含氮量的滴定前，应用 NaOH 溶液事先中和。中和试样溶液中的游离酸时，使用甲基红指示剂，在加入甲醛溶液后，再滴加酚酞指示剂。这样溶液中存在两种变色范围不同的指示剂，终点为甲基红的黄色和酚酞的粉红色的混合色。

三、试剂

1. $0.1mol\cdot L^{-1}$ NaOH 标准溶液（同实验4－1）。

2. 酚酞指示剂（同实验4－1）。

3. 0.2%甲基红溶液(60%乙醇的溶液或其指示剂的钠盐水溶液)。

4. 甲醛水溶液1∶1。

四、实验操作

1. 甲醛溶液的预处理

取市售甲醛(约40%)的上层清液(见后文注意事项)20mL置于100mL烧杯中，加蒸馏水20mL稀释，加入酚酞指示剂1～2滴，用0.1mol·L^{-1} NaOH标准溶液滴定至甲醛溶液刚好呈微红色时为止，备用。

2. 铵盐试样含氮量测定

差减法准确称取铵盐试样1.5～2.0g，置于小烧杯中，加蒸馏水约50mL溶解，试样完全溶解后，定量地转移至250mL容量瓶中，加水稀释至刻度线，盖紧瓶塞后，混匀试样溶液。然后用25mL移液管从容量瓶的试液中，吸出试样溶液25.00mL置于锥形瓶(250mL)，再分别取三份置于三个锥形瓶中。滴定前，于锥形瓶中加入20mL蒸馏水，加1～2滴甲基红指示剂，然后用已经标定过准确浓度的NaOH标准溶液(实验4－1已标定过)滴定，至溶液由红色突变为黄色(此时所消耗的NaOH标准溶液不必记录)。然后，再加入经过预先中和处理过的甲醛溶液(1∶1)5mL，加入酚酞指示剂1～2滴，充分摇匀，放置3min。最后用NaOH标准溶液滴定至溶液呈淡红色维持半分钟不褪，即为终点。

根据加入甲醛后，用NaOH标准溶液滴定所消耗的体积与标准溶液的准确浓度计算试样中的含氮量。平行测定三份试液，计算出三次平行测定结果的平均值及其相对平均偏差和标准偏差。

五、注意事项

1. 市售甲醛试剂，保存时间较长时，常有部分发生聚合形成白色沉淀物，称为多聚甲醛。分析中取上层清液使用，不影响分析工作。

2. 试样分析时，如试样中不含游离酸，则加入甲基红指示剂，溶液呈黄色。这时可以省去用NaOH中和游离酸的步骤，可接着加甲醛和酚酞指示剂开始滴定，测定氮的含量。

3. 试样溶液中的NH_4^+与甲醛的反应在室温下进行较慢，故甲醛加入后应静置3～5min，一般不必加热；如室温过低，可以温热40℃左右以加速反应，但不宜加热高于60℃，以免生成的六次甲基四胺发生分解。

六、思考题

1. 加入的甲醛溶液以酚酞为指示剂，用NaOH标准溶液滴定其中的游离酸时，如未到达滴定点或过量加入了NaOH溶液，对分析结果各有什么影响?

2. 铵盐试样中若含有 Fe^{3+} 离子，对测定会有什么影响？

3. 若铵盐中含有 NO_3^- 离子，用此法测定所得含氮量的结果，是否包含 NO_3^- 中的氮含量？

4. 预先用 NaOH 溶液中和除去试样中的游离酸时，能否采用酚酞作指示剂？

实验4－3 混合碱中NaOH和Na_2CO_3含量的测定

一、实验目的

1. 了解混合碱中NaOH和Na_2CO_3含量测定的原理和方法。

2. 掌握在同一份溶液中，用双指示剂法测定混合碱中NaOH和Na_2CO_3含量的操作技术。

3. 进一步训练移液管的操作技能。

二、基本原理

工业产品苛性碱(NaOH)，由于生产过程中吸收了CO_2或贮存期较长，往往含有Na_2CO_3，称为混合碱。采用两种不同的指示剂可用酸碱滴定法在同一份试液中分别测定NaOH和Na_2CO_3的含量，此种方法常称为“双指示剂法”。

测定时，混合碱中的NaOH和Na_2CO_3，均用HCl标准溶液滴定，其反应如下：

$$NaOH + HCl = NaCl + H_2O$$

$$Na_2CO_3 + HCl = NaHCO_3 + NaCl$$

$$NaHCO_3 + HCl = NaCl + CO_2 + H_2O$$

当用酚酞指示剂指示终点时，NaOH已全部被中和，而试液中的Na_2CO_3则只被滴定到$NaHCO_3$，即只中和了一半。在此溶液中再加甲基橙指示剂，继续滴定到终点时，则已形成的$NaHCO_3$进一步被中和为CO_2和H_2O。假设酚酞变色时，消耗HCl溶液的体积为V_1。然后，至甲基橙变色时又用去HCl溶液的体积为V_2。在NaOH和Na_2CO_3共存的试样溶液中，V_1必定大于V_2。根据$V_1–V_2$可计算出NaOH的含量，再根据$2V_2$计算Na_2CO_3的含量。

三、试剂

1. HCl标准溶液(实验4－1标定过准确浓度)。

2. 甲基橙指示剂，0.2%水溶液。

3. 酚酞指示剂，0.2%乙醇溶液。

四、实验操作

1. 用差减法从称量瓶中准确称取混合碱试样1.3～1.5g，置于250mL烧杯中，加少量新煮沸过的冷蒸馏水，搅拌使其完全溶解。然后定量转移至250mL容量瓶中，用新煮沸过的冷蒸馏水稀释至刻线，充分摇匀。

2. 用移液管吸取上述试液25.00mL三份，分别置于250mL锥形瓶中，加入 50mL 新煮沸过的冷蒸馏水，再加入 1 ~2 滴酚酞指示剂，用 HCl 标准溶液滴定至溶液由红色刚变为无色，即为第一终点，记下消耗 HCl 标准溶液的体积 V_1。然后，加入 1 ~2 滴甲基橙指示剂，此时溶液呈黄色。接着用 HCl 标准溶液滴定至溶液出现橙色，即为第二终点，记下 HCl 溶液的体积 V_2。

根据 V_1 和 V_2，计算出 NaOH 和 Na_2CO_3 的含量(%)。

五、注意事项

1. 固体苛性碱样品很易吸潮，称量样品时动作要迅速，尽快盖好称量瓶盖子。为考查学生实验结果的准确性，可事先混合 NaOH 和 Na_2CO_3(最好不同含量比例混合多份)，以混合碱的溶液作为试样溶液(未知样)给学生分析测定。

2. 滴定时，速度不宜过快，特别是近终点时应每加一滴 HCl 标准溶液后摇匀，至颜色稳定后再加第二滴，以免颜色变化较慢而造成过量。

六、思考题

1. 本实验中为什么要把试样溶解配制成 250mL 溶液，然后再吸取 25.00mL 进行滴定？为什么不直接称取 0.13 ~0.15g 试样进行测定？

2. 如果将混合碱试液在滴定前加热，在温热状态下进行滴定，分析结果有可能带来何影响？

3. 如果未知混合碱试样，经滴定后，发现只能记录出标准溶液消耗的 V_1，V_2 等于 0，则试样为何物质？如果 $V_1 < V_2$，试样又由何物质组成？

实验4-4　水的总硬度的测定

一、实验目的

1. 了解配位滴定法的特点，掌握EDTA溶液的配制及浓度的标定方法。
2. 熟悉铬黑T指示剂和干扰离子的掩蔽问题。
3. 进一步训练滴定法操作。

二、基本原理

水的硬度是指沉淀肥皂的程度。肥皂沉淀的原因主要是由于水中的钙、镁离子与肥皂中的脂肪酸根形成不溶性沉降物，此外铁、铝、锰、锶及锌等金属离子也有同样的作用，水的总硬度可将上述离子浓度相加进行计算。此法准确，但比较烦琐，而且在一般情况下Ca^{2+}，Mg^{2+}以外的其他金属离子浓度都很低。所以目前常用配位滴定法测定钙、镁离子总量，然后换算为硬度单位，作为总硬度。

Ca^{2+}，Mg^{2+}与EDTA形成稳定的1∶1配位化合物，在$pH \approx 10$的氨性缓冲溶液中，以铬黑T(EBT)为指示剂，用EDTA标准溶液直接滴定水样中的Ca^{2+}，Mg^{2+}，可以准确快速地测定水样中的总硬度。计量点前，Ca^{2+}，Mg^{2+}与EBT形成紫红色配位化合物，溶液呈紫红色；当用EDTA溶液滴定至计量点时，游离出指示剂，溶液呈纯蓝色。所以滴定至溶液由紫红色经蓝紫色最后转变为蓝色，即为终点。

由于EBT与Mg^{2+}显色反应的灵敏度高，与Ca^{2+}显色反应的灵敏度低，所以当水样中Mg^{2+}含量较低时，用EBT作指示剂往往得不到敏锐的终点。这时可在未标定的EDTA标准溶液中加入适量Mg^{2+}，或在缓冲溶液中加入一定量Mg-EDTA盐，利用置换滴定法原理改善终点。

滴定时，Fe^{3+}，Al^{3+}等干扰离子用三乙醇胺掩蔽；Cu^{2+}，Pb^{2+}，Zn^{2+}等重金属离子用KCN，Na_2S或巯基乙酸掩蔽。

本实验中选用$CaCO_3$作基准物质标定EDTA溶液的准确浓度。在配位滴定中选用何种基准物质标定EDTA，主要根据所测定的金属离子而定。基本原则是，测定物质的条件应和标定时的条件基本上一致，这样能减少因条件(主要指酸度条件)不同而引入的误差。

目前，各国表示水硬度的方法不同，我国的表示方法与美国相同，以每升水中$CaCO_3$的mg数表示。用EDTA配位滴定法测定时，水的总硬度按下式计算：

$$c = \frac{c_1 V_1}{V_2} \times M_{CaCO_3} \times 1000$$

式中：c——水样的总硬度，mg_{CaCO_3}/L_{H_2O}；

c_1——EDTA 标准溶液浓度，$mol \cdot L^{-1}$；

V_1——EDTA 标准溶液消耗量，mL；

V_2——水样体积，mL；

M_{CaCO_3}——无水碳酸钙的摩尔质量。

三、试剂

1. $0.02mol \cdot L^{-1}$ EDTA 标准溶液，称取______g 乙二胺四乙酸二钠盐（$Na_2H_2Y \cdot 2H_2O$）于 300mL 温热水中，溶解，稀释至 1000mL，盛于试剂瓶中，摇匀备用（供本实验与实验 4－5 用）。

2. $0.02mol \cdot L^{-1}$ $CaCO_3$ 标准溶液，准确称取经 120℃ 干燥过的 $CaCO_3$ ____g 于 250mL 烧杯中，用少量水润湿，盖上表面皿，慢慢滴加 1:1HCl 溶液 10mL，加热溶解，再加入少量水稀释，定量转入 250mL 容量瓶中，用水稀释至刻度，摇匀，计算其准确浓度。

3. 0.5% 铬黑 T 溶液（指示剂），称取 0.5g 铬黑 T，加 20mL 三乙醇胺，再加水稀释至 100mL。

4. pH≈10 氨性缓冲溶液，溶解 20g NH_4Cl 于少量蒸馏水中，加入 100mL 浓氨水，用蒸馏水稀释 1000mL。

5. 1:2 三乙醇胺水溶液。

6. 1:1 HCl 溶液。

7. Mg－EDTA 溶液，称取 0.25g $MgCl_2 \cdot 6H_2O$ 置于烧杯中，加入少量水溶解后转入 100mL 容量瓶中，稀释至刻度。然后用干燥洁净的移液管吸取 10mL 该溶液于锥形瓶中，加入 5mL pH≈10 的氨性缓冲溶液和 2 滴铬黑 T 指示剂，再用 $0.02mol \cdot L^{-1}$ 溶液滴定至溶液由紫红色变为蓝色，备用。

四、实验操作

1. EDTA 溶液标定

用移液管吸取 25.00mL $CaCO_3$ 标准溶液于锥形瓶中，加入 20mL 氨性缓冲溶液和 5mL Mg－EDTA 溶液，滴加 2～3 滴铬黑 T 指示剂，用 $0.02mol \cdot L^{-1}$ EDTA 溶液滴定至紫红色变为蓝色，即为终点，平行标定 3 次，计算溶液的准确浓度。

2. 水样分析

用移液管移取水样 50.00mL 于锥形瓶中，加氨性缓冲溶液 10mL，1:2 三乙醇胺溶液5mL，铬黑T指示剂3滴，再用EDTA标准溶液滴定至溶液由紫红色变为蓝色，即为终点，平行测定3次，计算水的总硬度。

五、注意事项

1. 水样中铁含量超过10mg·L^{-1}时，用三乙醇胺掩蔽有困难，需要用蒸馏水稀释到含Fe^{3+}不超过10mg·L^{-1}，含Fe^{2+}不超过7mg·L^{-1}。

2. 若水样中含锰超过1mg·L^{-1}，在碱性溶液中易氧化成高价，使指示剂变为灰白色或浑浊的玫瑰色，可在水样中加入0.5～2mL 1%的盐酸羟胺，还原高价锰，以消除干扰。

3. 若水样中存在微量铜时，使指示剂终点转变不清楚，为消除干扰，可在水样中加入2% Na_2S溶液1mL。

4. 滴定时，因反应速度较慢，在接近终点时，标准溶液应缓慢加入，并充分摇动；实际水样分析中，若$Ca(HCO_3)_2$含量高时，在氨性缓冲溶液条件下，有可能慢慢析出$CaCO_3$沉淀，使终点拖长，变色不敏锐。这时可于滴定前滴加1～2滴1:1 HCl溶液，使溶液酸化，并加热煮沸水样以除去CO_2，但HCl溶液不宜多加，否则将影响滴定时溶液的pH值。

5. 如果测定工业用水样，应针对水样情况进行适当前处理，如水呈酸性或碱性，应预先中和；水样如含有机物，颜色较深，须用2mL浓HCl及少许过硫酸铵加热脱色后再作测定；水样浑浊，需先过滤；水样含有较多的CO_3^{2-}，也需先加酸煮沸，驱除CO_2，再进行测定。

六、思考题

1. 配位滴定中为何要加入pH缓冲溶液？Ca^{2+}，Mg^{2+}离子的EDTA滴定控制在pH≈10左右，其理论依据何在？

2. 采用金属纯锌标定EDTA溶液时，能否在pH≈10左右用铬黑T指示剂进行滴定？如果可以，是否也应加入Mg－EDTA溶液？

3. 如果配制Mg－EDTA溶液时，EDTA溶液过量加入，对以后水样的测定有何影响？

实验4-5 铅、铋混合溶液中铅、铋的连续测定

一、实验目的

1. 熟悉EDTA滴定法中如何控制酸度来提高选择性。

2. 联系“林邦酸效应”曲线的学习，以实验验证通过控制酸度连续测定多种金属离子的方法。

3. 熟悉酸性条件下二甲酚橙指示剂的终点判断。

二、基本原理

混合离子的滴定，先根据副反应系数原理进行计算，论证它们能否分别滴定，再采用控制酸度、掩蔽等方法进行测定。

Pb^{2+}，Bi^{3+}均能与EDTA形成稳定的1∶1配位化合物，lg$K$值分别为18.04和27.94。由于两者的lg$K$值相差很大，故可利用酸效应，通过控制不同的酸度，进行分别滴定。通常在pH≈1时滴定Bi^{3+}，在pH≈5.5时滴定Pb^{2+}。

在Pb^{2+}－Bi^{3+}混合液中，首先调节溶液pH≈1，以二甲酚橙为指示剂，用EDTA标准溶液滴定Bi^{3+}。此时，Bi^{3+}与指示剂形成紫红色配合物，然后用EDTA标准溶液滴定至溶液变为亮黄色，即为测Bi^{3+}的终点。在滴定Bi^{3+}后的溶液中，加入六次甲基四胺，调节溶液pH值至5～6，此时Pb^{2+}与二甲酚橙形成紫红色配合物，溶液再次呈紫红色，然后用EDTA标准溶液滴定，至溶液由紫红色突变为亮黄色，即为滴定Pb^{2+}的终点。

三、试剂

1. 0.02mol·L^{-1}EDTA标准溶液(同实验4－4)。

2. 0.2%二甲酚橙水溶液(指示剂)。

3. 20%六次甲基四胺水溶液。

4. 0.1mol·$L^{-1}$$HNO_3$溶液。

5. 1∶1HCl溶液。

6. 0.02mol·$L^{-1}$$Zn^{2+}$标准溶液，准确称取纯金属锌(99.9%以上)______g，于100mL烧杯中，加入5～6mL 1∶1HCl溶液，盖上表面皿，温热溶解，待完全溶解后，再用水吹洗表面皿和烧杯壁，将溶液定量转入250mL容量瓶中，然后用蒸馏水稀释至刻度，摇匀。计算Zn^{2+}标准溶液的准确浓度。

四、实验操作

1. EDTA溶液的标定

用移液管吸取 Zn^{2+} 标准溶液 25.00mL，放入锥形瓶中，加入 1～2 滴二甲酚橙指示剂，滴加 20% 六次甲基四胺溶液至溶液呈稳定的紫红色后，再过量加入 5mL，用 EDTA 溶液滴定至溶液由紫红色恰好转变为亮黄色，即为终点，平行标定 3 次，计算 EDTA 的准确浓度。

2. $Pb^{2+}-Bi^{3+}$ 混合液分析

用移液管吸取试液 25.00mL，放入锥形瓶中，加入 0.1mol·L^{-1} HNO_3 溶液 10mL，1～2 滴二甲酚橙指示剂，用 EDTA 标准溶液滴定至溶液由紫红色变为亮黄色，即为终点，记下消耗 EDTA 的体积（V_1）。

在滴定 Bi^{3+} 以后的溶液中，补加二甲酚橙指示剂 1 滴，加入 20% 六次甲基四胺溶液至溶液呈稳定的紫红色，再过量加 5mL，此时溶液的 pH 值为 5～6，仍以 EDTA 溶液滴定，至溶液由紫红色转变为亮黄色，即为终点，记下消耗的 EDTA 体积（V_2）。

上述连续滴定操作，平行进行 3 次，根据 V_1 和 V_2 分别计算 Bi^{3+} 和 Pb^{2+} 的含量，以 mg · mL^{-1} 计。

五、注意事项

1. 标定 EDTA 溶液用的纯金属锌，若贮存过久，表面易生成氧化物，应先除去。处理方法为：先用 1∶1HCl 洗涤，再用水洗去 HCl。最后用丙酮或无水乙醇冲洗，于 110℃ 烘干。

2. 如果试样为 Pb－Bi 合金，溶样方法是：称 0.5～0.6g 合金试样于小烧杯中，加 1∶2 HNO_3 溶液 7mL，盖上表面皿，微沸溶解，然后用洗瓶吹洗表面皿与杯壁，将溶液定量转入 100mL 容量瓶中，用 0.1mol·L^{-1} HNO_3 溶液稀释至刻度，摇匀。

3. Bi^{3+} 与 EDTA 反应的速度较慢，滴定 Bi^{3+} 时速度不宜过快，且要剧烈摇动。

六、思考题

1. 用纯锌标定 EDTA 时，为什么要加入六次甲基四胺？

2. 本实验中，能否先在 pH 值为 5～6 条件下测 Pb^{2+}，Bi^{3+} 含量，然后再调整 pH 值至 1，测定 Bi^{3+} 的含量？

3. 如果滴定 Bi^{3+} 时，EDTA 标准溶液过量了，对 Bi^{3+}，Pb^{2+} 的测定结果有何影响？

4. 能否用 $HAc-Ac^-$ 缓冲溶液调节 pH 值为 5～6，然后滴定 Pb^{2+}？

5. 是否可在同一溶液中连续测定 Pb^{2+} 和 Zn^{2+}？

6. 若用本方法测定铅铋合金，而合金中含有铁、铅等杂质，能否用本方法进行 Pb^{2+}，Bi^{3+} 的连续滴定？

实验4－6 胃舒平药片中铝和镁的测定

一、实验目的

1. 学习药剂测定的前处理方法。
2. 学习EDTA滴定法测定实际样品(固体)的整个程序。
3. 掌握定量沉淀分离的操作方法。
4. 熟悉EDTA滴定法的返滴定操作。

二、基本原理

胃病患者常服用的胃舒平药片主要成分为氢氧化铝、三硅酸镁及少量中药颠茄浸膏，在制成片剂时还加了大量的糊精等赋形剂。药片中Al和Mg的含量可用EDTA配位滴定法测定。为此，先溶解样品，分离出水不溶物质，然后分取试液加入过量的EDTA溶液(准确量)，调节至pH值为4左右，煮沸使EDTA与Al配位完全，再以二甲酚橙为指示剂，用Zn标准溶液返滴定过量的EDTA，测出Al含量。

另取试液，同上调节pH值，将Al沉淀分离后，于pH＝10的条件下，以铬黑T为指示剂，用EDTA标准溶液滴定滤液中的Mg。

三、试剂

1. EDTA标准溶液0.02mol·L^{-1}(配制、标定同实验4－4和4－5)。
2. Zn标准溶液0.02mol·L^{-1}(同实验4－5)。
3. 二甲酚橙指示剂0.2%。
4. 六次甲基四胺溶液20%。
5. 氨水溶液，1∶1。
6. HCl溶液，1∶1。
7. 三乙醇胺溶液，1∶2。
8. 氨性缓冲溶液，pH＝10(配制同实验4－4)。
9. 甲基红指示剂，0.2%乙醇溶液。
10. 铬黑T指示剂(同实验4－4)。
11. NH_4Cl(固体，A.R.)。

四、实验操作

1. 样品处理

称取胃舒平药片10片，研细后，从中准确称取药粉2g左右，加入20mL

HCl 溶液(1∶1)，加蒸馏水 100mL，煮沸。冷却后过滤，并以蒸馏水洗涤沉淀，定量收集滤液及洗液于 250mL 容量瓶中，稀释至刻度线，摇匀。

2. 铝的测定

准确吸取上述试液 5.00mL，加水至 25mL 左右，滴加氨水溶液(1∶1)至刚出现浑浊，然后加 HCl 溶液(1∶1)至沉淀恰好溶解，准确加入 EDTA 标准溶液 25.00mL，煮沸 10min 并冷却后，再加入 20% 六次甲基四胺溶液 10mL，最后加入二甲基酚橙指示剂 2 ~ 3 滴，以 Zn 标准溶液滴定至溶液由黄色转变为红色，即为终点。根据 EDTA 加入量与返滴定中 Zn 标准溶液所用体积，计算每片药片中 $Al(OH)_3$ 的含量。

3. 镁的测定

首先吸取试液 25.00mL，滴加氨水溶液（1∶1）至刚出现沉淀，再加入 HCl 溶液（1∶1）至沉淀恰好溶解。然后加入固体 NH_4Cl 2g，滴加 20% 六次甲基四胺溶液至沉淀出现并过量 15mL，加热至 80℃，维持 10 ~ 15min，冷却后过滤，以少量蒸馏水洗涤沉淀数次。收集滤液与洗液于 250mL 锥形瓶中，加入三乙醇胺溶液(1∶2)10mL，氨缓冲溶液(pH = 10)10mL，再加甲基红指示剂 1 滴，铬黑 T 指示 1 ~ 2 滴，用 EDTA 标准溶液滴至试液由暗红色转变为蓝绿色，即为终点。计算每片药片中 Mg 的含量，以 MgO% 表示。

五、注意事项

1. 胃舒平药片试样中铝、镁含量可能不均匀，为使测定结果具有代表性，本实验取较多样品，研细后再取部分进行分析。

2. 本试验采用六次甲基四胺溶液调节 pH 以分离 $Al(OH)_3$，其结果比用氨水好，可以减少 $Al(OH)_3$ 沉淀对 Mg^{2+} 的吸附。

3. 测定镁时，加入甲基红指示剂 1 滴，其目的是使终点观察更为敏锐。

六、思考题

1. 在控制一定的条件下能否用 EDTA 标准溶液直接滴定铝？

2. 在分离 Al^{3+} 后的滤液中测定 Mg^{2+}，为什么还要加入三乙醇胺溶液？

3. 本实验中测定 Al^{3+} 采用 Zn^{2+} 标准溶液返滴定，能否用 Al^{3+} 的标准溶液来滴定过剩的 EDTA？

实验4-7 过氧化氢含量的测定

一、实验目的

1. 学习氧化还原滴定中的 $KMnO_4$ 法，掌握 $KMnO_4$ 滴定法的一些特点。

2. 掌握以 $Na_2C_2O_4$ 为基准物质标定 $KMnO_4$ 溶液浓度的方法原理和滴定条件。

二、基本原理

在稀硫酸溶液中，过氧化氢在室温条件下，能定量地被 $KMnO_4$ 氧化而生成氧气和水，其反应为：

$$5H_2O_2 + 2MnO_4^- + 6H^+ = 2Mn^{2+} + 8H_2O + 5O_2\uparrow$$

开始反应时速度较慢，滴入第一滴 $KMnO_4$ 溶液时溶液不容易褪色，待生成 Mn^{2+} 之后，由于 Mn^{2+} 的催化，加快了反应速度，故能一直顺利地滴定到终点。根据 $KMnO_4$ 标准溶液的用量，可计算试样中 H_2O_2 的含量。

$KMnO_4$ 法中要注意 $KMnO_4$ 标准溶液的配制和保存问题。市售的 $KMnO_4$ 常含有少量杂质，如硫酸盐、硝酸盐及氯化物等，所以不能用准确称量 $KMnO_4$ 来直接配制准确浓度的溶液。

$KMnO_4$ 的强氧化剂性质，易与水中的有机物、空气中的尘埃及氨等还原性物质作用，$KMnO_4$ 也能自行分解：

$$4KMnO_4 + 2H_2O = 4MnO_2 + 4KOH + 3O_2\uparrow$$

分解速度随溶液的 pH 值而变化。在中性溶液中分解很慢，但 Mn^{2+} 和 MnO_2 能加速 $KMnO_4$ 的分解，见光则分解更快。由此可知，$KMnO_4$ 溶液的浓度容易改变。

配制 $KMnO_4$ 溶液应呈中性，不含 MnO_2，这样才能使其浓度保持比较稳定。但如果长期放置太久，使用前仍应再标定。

常用 $Na_2C_2O_4$ 作为基准物质来标定 $KMnO_4$ 溶液，$Na_2C_2O_4$ 不含结晶水，容易精制。标定时反应如下：

$$2MnO_4^- + 5C_2O_4^{2-} + 16H^+ = 2Mn^{2+} + 10CO_2\uparrow + 8H_2O$$

$KMnO_4$ 法滴定终点可根据微过量的 MnO_4^- 红色来指示。

三、试剂

1. $0.02mol\cdot L^{-1}$ $KMnO_4$ 溶液，称取 1.7g $KMnO_4$ 固体，溶于约 300mL 蒸馏水中，盖上表面皿，加热至沸并保持微沸状态 1h。冷却后，用 3 号或 4 号微孔玻璃漏斗过滤，滤液贮存于清洁带塞的棕色瓶中，加蒸馏水稀释至总体积为500mL(最好将溶液于室温下静置2~3天后过滤备用)。

2. $Na_2C_2O_4$ 固体，A. R. 级，经100~105℃干燥2h。

3. H_2SO_4 溶液，1:5。

4. $MnSO_4$ 溶液，1mol·L^{-1}。

四、实验操作

1. $KMnO_4$ 溶液的标定

准确称取0.13~0.15g烘干过的 $Na_2C_2O_4$ 固体三份，分别置于三只250mL锥形瓶中，各加入40mL蒸馏水使之溶解，再加入10mLH_2SO_4 溶液(1:5)，加热至75~85℃(即开始冒气时的温度)，趁热用 $KMnO_4$ 溶液滴定。滴定时速度不能太快，应逐滴加入，并不断摇动。开始滴定时反应速度很慢，滴入的 $KMnO_4$ 红色不易褪去，待溶液中产生了 Mn^{2+} 之后，反应速度即加快，直至溶液呈现微红色并持续半分钟不褪去，即为终点。注意滴定终点时温度不应低于60℃。

根据每份滴定中 $Na_2C_2O_4$ 固体的重量和消耗 $KMnO_4$ 溶液的体积计算 $KMnO_4$ 溶液的准确浓度，平均相对偏差不大于±0.2%。

2. H_2O_2 样品的分析

用移液管吸取过氧化氢样品10.00mL，置于250mL容量瓶中，加蒸馏水稀释至标线，充分混合均匀。再吸取稀释液25.00mL，置于锥形瓶中，加蒸馏水25mL和 H_2SO_4 溶液(1:5)20mL和1mol·L^{-1} $MnSO_4$ 溶液2滴，摇匀。用 $KMnO_4$ 标准溶液滴定至溶液呈粉红色经30秒不褪色为终点。根据 $KMnO_4$ 标准溶液的用量和已标定的准确浓度，计算出过氧化氢未经稀释的样品中 H_2O_2 的含量。

五、注意事项

1. $KMnO_4$ 溶液颜色深，液面的弯月面不易看清，读数时应以液面的最高线为准，滴定起始与滴定后均以液面最高线为准。

2. 若滴定速度过快，部分 $KMnO_4$ 在热溶液中有可能按下式分解析出 MnO_2：

$$4KMnO_4 + 2H_2SO_4 = 4MnO_2 + 2K_2SO_4 + 2H_2O + 3O_2\uparrow$$

3. $KMnO_4$ 滴定终点不太稳定，这是由于空气中含有还原性气体及尘埃等杂质，能使 $KMnO_4$ 慢慢分解，而使微红色消失，所以经过半分钟不褪色即可认为已达终点。

4. 用 $KMnO_4$ 溶液滴定 H_2O_2 时，不能用 HNO_3 或HCl溶液来控制酸度。

六、思考题

1. 配制 $KMnO_4$ 溶液时为什么要把 $KMnO_4$ 水溶液煮沸？配制好的 $KMnO_4$ 溶液为什么要过滤才能保存？过滤时能不能用滤纸？

2. 用 $Na_2C_2O_4$ 标定 $KMnO_4$ 溶液浓度时，酸度过高或过低有无影响？溶液滴定时的温度过高或过低有什么影响？

3. 装 $KMnO_4$ 溶液的容器放置较久后，其器壁上常有棕色沉淀物粘附，不容易洗净。这种沉淀物为何物质？应怎样洗涤才能除净棕色沉淀物？

4. 如何依据本实验所消耗的 $KMnO_4$ 溶液的体积和浓度，计算出过氧化氢试样中含 H_2O_2 的体积百分浓度？

实验4-8 铜盐中铜的测定

一、实验目的

1. 加深碘量法滴定分析基本原理和方法特点的学习。
2. 掌握 $Na_2S_2O_3$ 标准溶液的配制与浓度的标定方法。
3. 熟悉滴定溶液中有沉淀存在时终点的判断方法。

二、基本原理

在以 HAc 或 H_2SO_4 为介质的微酸性溶液（pH = 3 ~ 4）中，Cu^{2+} 与过量 I^- 作用，生成 CuI 沉淀，同时定量析出 I_2，反应式为：

$$2Cu^{2+} + 4I^- = 2CuI\downarrow + I_2 \quad 或 \quad 2Cu^{2+} + 5I^- = 2CuI\downarrow + I_3^-$$

析出的 I_2 以淀粉为指示剂，用 $Na_2S_2O_3$ 标准溶液滴定：

$$I_2 + 2S_2O_3^{2-} = 2I^- + S_4O_6^{2-}$$

Cu^{2+} 与 I^- 之间的反应是可逆的，任何引起 Cu^{2+} 浓度减小（如形成配合物）或引起 CuI 溶解度增加的因素均会使反应不完全，加入过量的 KI，使 Cu^{2+} 的还原趋于完全。

由于 CuI 沉淀表面强烈吸附 I_3^-，使测定结果偏低，为此，可在大部分 I_2 被 $Na_2S_2O_3$ 溶液滴定后，加入 SCN^-，使 CuI（$K_{sp} = 1.1 \times 10^{-12}$）沉淀转化为更难溶且吸附 I_3^- 倾向较小的 CuSCN 沉淀（$K_{sp} = 4.8 \times 10^{-15}$），释放出被吸附的 I_3^-，使反应更趋于完全：

$$CuI + SCN^- = CuSCN\downarrow + I^-$$

但 SCN^- 只能在接近终点时加入，否则有可能直接还原 Cu^{2+}，使结果偏低：

$$6Cu^{2+} + 7SCN^- + 4H_2O = 6CuSCN\downarrow + SO_4^{2-} + CN^- + 8H^+$$

根据 $Na_2S_2O_3$ 标准溶液的浓度，所消耗体积和试样重量，即可计算铜盐样品中的 Cu%。$Na_2S_2O_3$ 标准溶液如 $KMnO_4$ 溶液一样，必须用基准物质标定出其准确浓度，本实验使用 $K_2Cr_2O_7$ 作为基准物质，标定反应为：

$$Cr_2O_7^{2-} + 6I^- + 14H^+ = 2Cr^{3+} + 3I_2 + 7H_2O$$

$$I_2 + 2S_2O_3^{2-} = S_4O_6^{2-} + 2I^-$$

上述标定方法称为间接碘量法。

三、试剂

1. $1mol \cdot L^{-1} H_2SO_4$ 溶液。

2. 20% KI 水溶液，当天配制。

3. 10% KSCN(或 NH_4SCN)溶液。

4. $6mol \cdot L^{-1}$ HCl 溶液。

5. 0.5% 淀粉溶液，称取 0.5g 可溶性淀粉，用少量蒸馏水搅匀后，再加入 100mL 沸水搅匀。

6. $0.02mol \cdot L^{-1}$ $K_2Cr_2O_7$ 标准溶液，准确称取 $K_2Cr_2O_7$ 1.4g 左右，加水溶解，于 250mL 容量瓶中定容。

7. $0.1mol \cdot L^{-1}$ $Na_2S_2O_3$ 溶液，称取 $Na_2S_2O_3 \cdot 5H_2O$ 试剂 13g 溶于 500mL 新煮沸过已冷却的蒸馏水中，再加入 0.1g Na_2CO_3 贮存于棕色瓶中，置于暗处，几天后再标定。

四、实验操作

1. $Na_2S_2O_3$ 溶液的标定(间接碘量法)

用移液管取 $0.02mol \cdot L^{-1} K_2Cr_2O_7$ 标准溶液 25.00mL 于碘量瓶中，加入 $6mol \cdot L^{-1}$ HCl 溶液 6mL 及 20% KI 溶液 10mL，盖上表面皿于暗处放置 5min。加蒸馏水稀释至 100mL。用待标定的 $Na_2S_2O_3$ 溶液滴定至浅黄绿色，加入 3mL 淀粉溶液继续滴定至亮绿色，即为终点，记录体积读数，平行标定 3 次，计算 $Na_2S_2O_3$ 溶液的准确浓度。

2. 铜盐中铜的测定

准确称取 $CuSO_4 \cdot 5H_2O$ 试样 0.5 ~ 0.6g 三份，分别置于三只碘量瓶中，加 $1mol \cdot L^{-1} H_2SO_4$ 溶液 5mL 和 100mL 蒸馏水使其溶解，加入 20% KI 溶液 10mL，立即用 $Na_2S_2O_3$ 标准溶液滴定至呈浅黄色，然后加入 3mL 淀粉溶液，继续滴定至呈浅蓝色，再加入 10% KSCN 溶液 10mL，摇匀，溶液的蓝色加深，再继续用 $Na_2S_2O_3$ 标准溶液滴定至蓝色刚好消失为止，此时，溶液为米色的 CuSCN 悬浊液。由实验结果计算硫酸铜中的铜含量(%)。

五、注意事项

1. 无论在标定 $Na_2S_2O_3$ 溶液或是测定含铜量时，都要在适当的酸度条件(pH 值为 3 ~ 4)下才能保证反应定量地进行，酸度过大或过小将发生副反应:

$$S_2O_3^{2-} + 4I_2 + 10OH^- = 2SO_4^{2-} + 8I^- + 5H_2O$$

$$I_2 + 2OH^- = IO^- + I^- + H_2O$$

$$3IO^- = 2I^- + IO^{3-}$$

在酸性溶液中，$S_2O_3^{2-}$ 易歧化，且 I^- 易被空气中的 O_2 氧化为 I_2，使结果偏高：

$$S_2O_3^{2-} + 2H^+ = SO_2 + S + H_2O$$

$$4I^- + 4H^+ + O_2 = 2I_2 + 2H_2O$$

若酸度太低，铜盐会发生水解，而且反应速度慢，终点拖长，因此反应在中性或弱酸性介质中进行为宜。

2. $Na_2S_2O_3$ 标准溶液配制时，应使用新煮沸过的冷蒸馏水，且一般放置几天后标定，原因是空气中的 CO_2 溶解于溶液中，可促使 $Na_2S_2O_3$ 分解：

$$Na_2S_2O_3 + H_2CO_3 = NaHCO_3 + NaHSO_3 + S\downarrow$$

这一分解作用一般在配制成溶液的最初几天内进行，若加入 Na_2CO_3，则 H_2CO_3 转化为 $NaHCO_3$，抑制 $Na_2S_2O_3$ 的分解。

3. 标定 $Na_2S_2O_3$ 溶液时，滴定不可超过终点，因过量的 $Na_2S_2O_3$ 在酸性溶液中会分解，析出单体硫。滴定结束后，放置 5min 以上，溶液又出现蓝色，这是由于空气中 O_2 氧化 I^- 所致，不影响分析结果。若滴定至终点后，很快又转变为蓝色，表示反应（$Cr_2O_7^{2-}$ 与 I^- 的反应）不完全，溶液稀释过早，遇此情况，实验失败，应重做。

4. 碘量法测铜，可用于铜合金中铜的测定，但试样中含铁时，Fe^{3+} 对测定有干扰。

$$2Fe^{3+} + 2I^- = 2Fe^{2+} + I_2$$

为此，可使用 NH_4HF_2 作掩蔽剂，将 Fe^{3+} 掩蔽为 FeF_6^{3-}，消除干扰。

5. 淀粉溶液必须在接近终点时加入，否则易引起淀粉凝聚，而且吸附在淀粉分子中的 I_2 不易析出，影响测定。

六、思考题

1. 已知 $E^\theta_{Cu^{2+}/Cu^+} = 0.159V$，$E^\theta_{I_3^-/I^-} = 0.545V$。为何本实验中 Cu^{2+} 却能使 I^- 离子氧化为 I_2？

2. 若此法测定铜合金试样中的铜，可否用 HNO_3 分解试样？采用何种分解方法较好？

3. 用 $K_2Cr_2O_7$ 标定 $Na_2S_2O_3$ 溶液时为什么要加入过量的 KI 和 HCl 溶液？

4. 本实验标定 $Na_2S_2O_3$ 溶液的主要误差来源是什么？在操作中应注意什么？

实验4-9 碘量法测定维生素C

一、实验目的

1. 熟悉碘量法测定常用维生素C药片的含量。
2. 学习用 As_2O_3 标定 I_2 溶液的方法。

二、基本原理

维生素C(又称抗坏血酸)，分子式为 $C_6H_8O_6$。分子中的烯二醇基具有还原性，能被 I_2 定量氧化成二酮基：

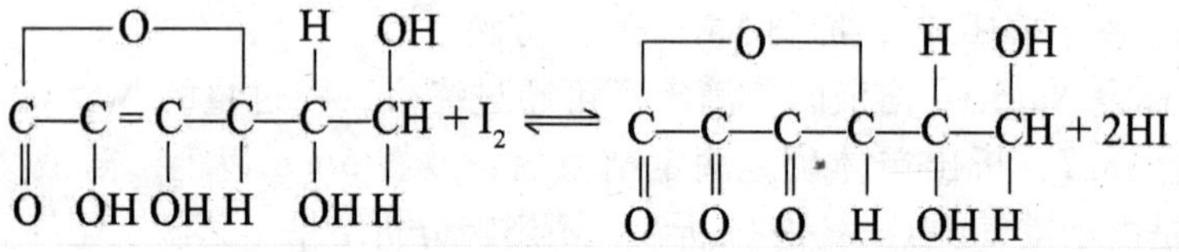

维生素C的半反应为：

$$C_6H_8O_6 = C_6H_6O_6 + 2H^+ + 2e \qquad E^\theta = 0.18V$$

由于维生素C的还原性很强，在空气中极易被氧化，尤其在碱性介质中更甚，测定时加入HAc使溶液呈弱酸性，能减少维生素C的副反应。

维生素C在医药和化学上应用非常广泛，在分析化学中常用在光度法和配位滴定中作为还原剂，如使 Fe^{3+} 还原为 Fe^{2+}，Cu^{2+} 还原为 Cu^+，硒(Ⅲ)还原为硒等。

三、试剂

1. 0.05mol·L^{-1} I_2 溶液，称取3.3g I_2 和5g KI，置于研钵中，在通风橱中操作，加入少量水研磨，待 I_2 全部溶解后，将溶液转入棕色试剂瓶中，加水稀释至250mL，充分摇匀，放暗处保存。
2. As_2O_3 基准物(105℃干燥2 h)。
3. $Na_2S_2O_3$ 标准溶液(同实验4-8)。
4. 0.5%淀粉溶液(同实验4-8)。
5. 2mol·L^{-1} HAc溶液。
6. 6mol·L^{-1} NaOH溶液。
7. $NaHCO_3$ 固体，分析纯。
8. 维生素C药片。

四、实验操作

1. As_2O_3 溶液的标定

（1）用 As_2O_3 标定

准确称取 As_2O_3 固体______g，置于100mL烧杯中，加 $6mol \cdot L^{-1}$ NaOH溶液10mL，温热溶解，加酚酞指示剂2滴，用 $6mol \cdot L^{-1}$ HCl溶液中和至溶液刚好无色为止，然后加入2～3g$NaHCO_3$ 固体搅拌使之溶解，将溶液定量转入250mL容量瓶中，加水稀释至刻度，摇匀。用移液管移取此溶液三份，每份25.00mL，分别置于三只250mL锥形瓶中，加水50mL，$NaHCO_3$ 固体5g，淀粉指示剂2mL，用 I_2 溶液滴定至呈蓝色并在半分钟内稳定，即为终点。计算 I_2 溶液的准确浓度，相对偏差 $\leq \pm 0.2\%$。

（2）用 $Na_2S_2O_3$ 标准溶液标定

吸取三份25.00mL $Na_2S_2O_3$ 标准溶液，分别置于250mL锥形瓶中，加水50mL，淀粉溶液2mL，用 I_2 溶液滴定至呈稳定的蓝色，半分钟内蓝色不褪，即为终点，计算 I_2 溶液的准确浓度，相对偏差 $\leq \pm 0.2\%$。

2. 维生素C含量的测定

准确称取维生素C药片0.2g，加新煮沸过的冷蒸馏水100mL，$1mol \cdot L^{-1}$ HAc溶液10mL，淀粉溶液2mL，立即用 I_2 溶液滴定至呈稳定的蓝色，即为终点。

平行测定三份，计算维生素C的百分含量，相对偏差 $\leq \pm 0.5\%$。

五、注意事项

1. 蒸馏水中含有溶解氧，一定要煮沸去除大部分溶解氧，因维生素C是强还原剂，极易被氧化，使结果偏低。

2. 维生素C标准电势 $E^{\theta} = 0.18V$，凡能被 I_2 直接氧化的物质均有干扰。因此，本实验平行测定的精密度不高。

六、思考题

1. 测定维生素C试样为何要在HAc介质中进行？

2. 溶解维生素C试样时，为何要加入新煮沸过的蒸馏水？

3. 用 As_2O_3 标定 I_2 溶液时，为何要加入 $NaHCO_3$ 固体？能否改用 Na_2CO_3 固体？为什么？

实验4-10 食盐中氯含量的测定

一、实验目的

1. 加深沉淀滴定法基本原理的理解。

2. 掌握莫尔法测定氯化物中氯的含量。

二、基本原理

利用沉淀滴定法测定氯化物中氯含量，有莫尔法、佛尔哈德法和法扬司法三种。本实验采用莫尔法测定食盐中的Cl%。

此方法是在中性或弱碱性溶液中，以K_2CrO_4为指示剂，用$AgNO_3$标准溶液进行滴定，由于AgCl沉淀的溶解度比Ag_2CrO_4小，因此溶液中最先析出AgCl沉淀。当AgCl沉淀后，过量的Ag^+与CrO_4^{2-}生成砖红色Ag_2CrO_4沉淀，指示终点到达，主要反应为：

$$Ag^+ + Cl^- = AgCl\downarrow \qquad K_{sp} = 1.8\times 10^{-10}$$

$$2Ag^+ + CrO_4^{2-} = Ag_2CrO_4\downarrow \qquad K_{sp} = 2.0\times 10^{-12}$$

滴定必须在中性或弱碱性溶液中进行，最适宜pH值范围为6.5~10.5。如有铵盐存在时，溶液pH值应控制在6.5~7.2之间，以避免生成$Ag(NH_3)_2^+$。

指示剂的用量对滴定有影响，一般以$5\times 10^{-3}mol\cdot L^{-1}$为宜。凡能与$Ag^+$生成难溶化合物或配合物的阴离子都有干扰，如$PO_4^{3-}$，$AsO_4^{3-}$，$AsO_3^{3-}$，$S^{2-}$，$CO_3^{2-}$，$C_2O_4^{2-}$等。其中$H_2S$可加热煮沸除去，将$SO_3^{2-}$氧化成$SO_4^{2-}$后不再干扰。凡能与$CrO_4^{2-}$生成难溶盐的金属离子也干扰测定，如$Ba^{2+}$，$Pb^{2+}$。$Ba^{2+}$的干扰可加入过量$Na_2SO_4$消除。大量$Cu^{2+}$，$Ni^{2+}$，$Co^{2+}$等有色离子影响终点观察。$Al^{3+}$，$Fe^{3+}$，$Bi^{3+}$，$Sn^{4+}$等高价金属离子在中性或弱碱性溶液中易水解产生沉淀，会干扰测定。

三、试剂

1. NaCl基准试剂，在500~600℃高温炉中灼烧半小时后，放置干燥器中冷却，备用。

2. $0.1mol\cdot L^{-1}$ $AgNO_3$溶液，溶解8.5g$AgNO_3$固体于500mL不含Cl^-的蒸馏水中，将溶液转入棕色瓶中，置暗处保存。

3. 5% K_2CrO_4水溶液（指示剂）。

四、实验操作

1. $AgNO_3$ 溶液的标定

准确称取______g 基准试剂 NaCl，于烧杯中用蒸馏水溶解后，定量转入100mL 容量瓶中，稀释至刻度，摇匀。用移液管准确移取三份 25.00mL NaCl 标准溶液，分别置于三个 250mL 锥形瓶中，各加入 25mL 蒸馏水和 1mL K_2CrO_4指示剂，在不断摇动下以 $AgNO_3$ 溶液滴定至呈现淡橙色即为终点。根据消耗的 $AgNO_3$ 溶液体积和 NaCl 标准溶液量，计算溶液的准确浓度。

2. 试样分析

准确称取 1.1g 食盐试样，置于烧杯中，加少量水溶解后，定量移入250mL 容量瓶中，用蒸馏水稀释至刻度，摇匀。准确移取三份 25.00mL 食盐试液，分别置于三只锥形瓶中，加 1mL K_2CrO_4 指示剂，各加入 25mL 蒸馏水，在不断摇动下，用 $0.1mol \cdot L^{-1}$ $AgNO_3$ 标准溶液滴定至淡橙色，即为终点。

根据试样重量、$AgNO_3$ 溶液的浓度和所耗体积，计算食盐中的氯含量(%)。

五、注意事项

1. 指示剂必须定量加入，有时要作指示剂的空白校正。方法：取 2mL K_2CrO_4 指示剂溶液，加 100mL 水，然后加无 Cl^- 的 $CaCO_3$ 固体(相当于滴定时 AgCl 的沉淀量)，制成相似于实际滴定的浑浊溶液；再逐滴加入 $AgNO_3$ 溶液，至与终点颜色相同为止。空白值一般约为 0.05mL。

2. 沉淀滴定中，为减少沉淀对被测离子的吸附，一般滴定的体积应较大些，故须加水稀释试液。

3. 实验完毕后，应将盛溶液的滴定管先用蒸馏水冲洗 2~3 次，再用自来水冲洗干净，以免产生 AgCl 沉淀留于滴定管内。

六、思考题

1. 指示剂 K_2CrO_4 的浓度太大或太小对测定有何影响？

2. 试设计一个莫尔法测 $BaCl_2$ 试样中氯含量的分析方案。

3. 莫尔法测 Cl^-时，为何溶液的 pH 值应控制在 6.5~10.5？

为对比莫尔法、佛尔哈德法和法扬司法这三种不同的终点判别方法，现将佛尔哈德法和法扬司法附后。

佛尔哈德(Volhard)法

一、基本原理

用铁铵矾($NH_4Fe(SO_4)_2$)作指示剂的银量法称为佛尔哈德法。食盐中氯含量可用佛尔哈德法测定。即在含Cl^-的酸性溶液中，加入定量过量的$AgNO_3$溶液沉淀试液中的Cl^-，然后以铁铵矾作指示剂，用NH_4SCN标准溶液滴定$AgNO_3$的过量部分。根据微过量的SCN^-与Fe^{3+}生成红色配合物指示终点。主要反应有：

$$Ag^+ + Cl^- = AgCl\downarrow \qquad K_{sp} = 1.8\times10^{-10}$$

$$Ag^+ + SCN^- = AgSCN\downarrow \qquad K_{sp} = 1.0\times10^{-12}$$

$$Fe^{3+} + SCN^- = Fe(SCN)^{2+} \qquad K_{sp} = 138$$

由于AgCl的溶解度比AgSCN大，因此过量的SCN^-可能将AgCl沉淀转化为溶解度更小的AgSCN。为避免这一转化反应的发生，可加入邻苯二甲酸二丁酯或硝基苯将AgCl沉淀表面覆盖起来，阻止沉淀与外部溶液接触，从而防止SCN^-与AgCl发生转化反应。

指示剂用量大小对滴定有影响，一般控制Fe^{3+}浓度为$0.015mol\cdot L^{-1}$为宜。滴定时，控制H^+浓度为$0.1\sim1mol\cdot L^{-1}$，且应激烈摇动溶液。测定时，能与SCN^-生成沉淀或配合物，或能氧化SCN^-的物质均有干扰。PO_4^{3-}，AsO_4^{3-}，CrO_4^{2-}等，由于酸效应不影响测定。

二、试剂

1. $0.1mol\cdot L^{-1}AgNO_3$溶液(配制、标定同莫尔法)。

2. $0.1mol\cdot L^{-1}NH_4SCN$溶液，称取3.8g NH_4SCN固体(分析纯)，用水溶解，稀释至500mL，转移至试剂瓶中保存。

3. 40%铁铵矾溶液(指示剂)，称20g $NH_4Fe(SO_4)_2\cdot12H_2O$溶于适量水中，然后用$1mol\cdot L^{-1}$，$HNO_3$稀至50mL。

4. $6mol\cdot L^{-1}HNO_3$溶液，若含有氮的氧化物而呈黄色时，应煮沸驱除去氮化合物。

5. 硝基苯或邻苯二甲酸二丁酯。

三、实验操作

1. NH_4SCN溶液的标定

准确移取 $AgNO_3$ 标准溶液 25.00mL 置于 250mL 锥形瓶中，加入 4mL $6mol \cdot L^{-1} HNO_3$，用 1mL 吸量管加入铁铵矾指示剂 1mL，用 NH_4SCN 溶液滴定。滴定时，激烈振摇，滴定至溶液颜色为淡红色稳定不变时，即为终点。平行标定三份，计算 NH_4SCN 溶液的准确浓度。

2. 试样分析

准确称取三份各 0.12 ~ 0.16g 食盐试样，分别置于三只锥形瓶中，加水 10mL 溶解，再加入 4mL $6mol \cdot L^{-1}$ HNO_3 溶液。在剧烈摇动下由滴定管加入 35.00mL $0.1mol \cdot L^{-1} AgNO_3$ 标准溶液，再加入 5mL 邻苯二甲酸二丁酯和 1mL 铁铵矾指示剂，剧烈摇动，使产生的 AgCl 沉淀凝聚于底部的邻苯二甲酸二丁酯中。然后在不断摇动下，用 $0.1mol \cdot L^{-1} NH_4SCN$ 标准溶液滴定，直至微红色不褪去为止。根据实际消耗的 $AgNO_3$ 标准溶液体积计算 Cl 含量(%)。

四、注意事项

1. Ag 是贵金属，不得随意抛弃实验废液，统一收集在废液桶内。

2. 此滴定反应宜在酸性介质中进行，因在中性或碱性介质中，Fe^{3+} 易水解而析出沉淀；且 Ag^+ 在碱性溶液中生成 Ag_2O 沉淀。滴定时 HNO_3 的浓度以 $0.2 \sim 0.5mol \cdot L^{-1}$ 为宜。

五、思考题

1. 本实验为何用 HNO_3 酸化？用 HCl 或 H_2SO_4 可以吗？

2. 如果用佛尔哈德法测定 Br^- 或 I^-，是否需要加入邻苯二甲酸二丁酯或硝基苯？

3. 试讨论酸度对佛尔哈德法测定卤素离子含量时的影响。

法扬司(Fajans)法

一、基本原理

法扬司法又称吸附指示剂法，可用来测定样品中的 Cl^-，Br^-，I^-，SCN^- 离子的含量。AgX($X = Cl^-$，Br^-，I^-，SCN^-)胶体沉淀具有强烈的吸附作用，能选择性地吸附溶液中的离子，首先吸附的是构晶离子。就 AgCl 沉淀而言，若溶液中 Cl^- 过量，则沉淀表面吸附 Cl^-，使胶粒带负电荷，吸附层中 Cl^- 的能疏松地吸附溶液中阳离子组成扩散层。当 Ag^+ 过量，则沉淀表面吸附 Ag^+，使胶粒带正电荷，而溶液中的阴离子则组成扩散层。

滴定终点用二氯荧光黄($pK_a = 4$)等有机染料来指示。当二氯荧光黄(以 HIn 表示,其离解的阴离子 In^- 为黄绿色)被吸附在胶体表面后，可能由于形成某种化合物而导致分子结构的变化，从而引起颜色的变化。滴定过程中，终点前后沉淀结构变化可用下述方程示意：

$$\underset{(黄色)}{AgCl \cdot Ag^+ : NO_3^-(固)} + HIn = \underset{(红色)}{AgCl \cdot Ag^+ : In^-} + H^+ + NO_3^-$$

滴定酸度的控制由指示剂的 pKa 值和 Ag^+ 的水解酸度决定。采用二氯荧光黄为指示剂时，虽然可在 pH 值为 4 ~ 10 范围内进行，但 pH 太高时指示剂阴离子 In^- 浓度较大，将导致等当点提前。

为了保持 AgCl 沉淀尽量成胶体状态，滴定时，可加入糊精或聚乙烯醇溶液。

二、试剂

1. NaCl 基准试剂(同莫尔法)。
2. 0.05mol·L^{-1} $AgNO_3$ 溶液(同莫尔法)。
3. 0.1% 二氯荧光黄的乙醇溶液，称 0.1g 二氯荧光黄溶于 100mL 70% 的乙醇溶液中。
4. 糊精(固体)或 1% 水溶液，称 1g 糊精，用少量水调成糊状后，将预先煮沸的 100mL 沸水加入其中，搅匀。

三、实验操作

1. $AgNO_3$ 溶液的标定

按莫尔法操作配制基准 NaCl 标准溶液后，准确移取 25.00mL NaCl 标准溶液于 250mL 锥形瓶中，加入 10 滴二氯荧光黄指示剂，0.1g 糊精(或 10mL

1%水溶液），摇匀。用 $AgNO_3$ 溶液滴定，不断摇动，仔细观察颜色由淡黄变到红色时，即为终点。平行标定 3 次，计算 $AgNO_3$ 溶液的准确浓度。

2. 试样分析

准确称取 1g NaCl 试样，用水溶解后，定量转入 250mL 容量瓶中，稀释至刻度，摇匀。准确移取三份 25.00mL 食盐试液，分别置于三只锥形瓶中，和标定 $AgNO_3$ 溶液的操作相同。记下滴定消耗的 $AgNO_3$ 溶液体积，计算食盐试样中 Cl 含量(%)。

四、注意事项

1. 应避免在阳光下滴定，以免 AgCl 中的 Ag^+ 被还原，当有指示剂存在时，Ag^+ 更易被光线还原。

2. 当试样酸性太强时，可加入固体 $CaCO_3$，直至有 $CaCO_3$ 沉淀析出为止。

五、思考题

1. 若用荧光黄为指示剂，本实验的滴定酸度范围如何？为什么？

2. 为什么本实验要尽量保持 AgCl 为胶体状态？如何保持？

实验4－11 氯化钡试样中钡含量的重量法测定

一、实验目的

1. 掌握用 $BaSO_4$ 形式测定可溶性钡盐中钡含量的重量法原理和方法特点。

2. 了解晶形沉淀的沉淀条件和沉淀方法。

3. 学习沉淀的过滤和沉淀定量转移以及灼烧恒重的操作技术。

二、基本原理

Ba^{2+} 能形成许多难溶性化合物，用重量法测定钡，以沉淀成为 $BaSO_4$ 最好，其溶解度小（$K_{sp}=1.1\times10^{-10}$），化学性质稳定，灼烧后其组成与化学式相符合。为了得到粗大的 $BaSO_4$ 晶形沉淀，便于过滤，沉淀时将钡盐溶液用稀 HCl 酸化，在加热和不断搅拌情况下，缓慢加入热的沉淀剂——稀 H_2SO_4 溶液。沉淀之后必须将沉淀陈化，使其中细小的沉淀颗粒转化为较粗大的晶形沉淀，然后过滤、洗涤、灼烧，最后称重，计算 Ba^{2+} 的含量。

为了使 Ba^{2+} 完全沉淀为 $BaSO_4$，H_2SO_4 溶液必须过量。由于 H_2SO_4 在高温下可挥发除去，沉淀带下的 H_2SO_4 不会引起误差，沉淀剂一般可过量 50%～100%。但是 NO_3^-，ClO_3^-，Cl^- 等阴离子和 K^+，Na^+，Ca^{2+}，Fe^{3+} 等阳离子均可引起共沉淀现象，故应严格掌握沉淀条件，减少共沉淀现象，以获得纯净的 $BaSO_4$ 晶形沉淀。

$PbSO_4$ 和 $SrSO_4$ 的溶解度均较小，对钡的测定有干扰。

$BaSO_4$ 重量法还广泛用于试样中 SO_4^{2-} 含量的测定，方法原理相同。但因这时是用 Ba^{2+} 为沉淀剂，它在高温下难以挥发除去，故要控制 Ba^{2+} 沉淀剂的过量程度。

三、试剂

1. $2mol\cdot L^{-1}$ HCl 溶液。

2. $1mol\cdot L^{-1}$ H_2SO_4 溶液。

3. $0.1mol\cdot L^{-1}$ $AgNO_3$ 溶液。

四、实验操作

1. 瓷坩埚的准备

洗净瓷坩埚(2 只，25mL)，晾干，然后在 800～850℃ 马弗炉中灼烧。第一次灼烧 30～45min，取出稍冷片刻后，转入干燥器中冷至室温后称重。然后再放入同样温度的马弗炉中，进行第二次灼烧15~20min，取出稍冷后，转入干燥器中冷至室温（冷却时间同前次），再称重。如此同样操作，直至恒重为止。

2. 试样分析

准确称取0.4~0.6g $BaCl_2 \cdot 2H_2O$ 试样两份，分别置于两只250mL烧杯中，各加蒸馏水100mL，使试样溶解，再各加入4mL 2mol·L^{-1} HCl溶液，在石棉网垫底的电炉或电热板上加热至近沸（注意：勿使试液沸腾，以防溅失）。

取4mL 1mol·L^{-1} H_2SO_4 溶液两份，分别置于另外两只小烧杯中，加蒸馏水30mL，也加热近沸。然后趁热以每秒钟2~3滴的速度滴入钡盐试液中，且不断搅拌，直至沉淀完毕。

沉淀作用完毕后，待 $BaSO_4$ 沉淀沉下，在上层清液中加1~2滴稀 H_2SO_4 溶液，仔细观察是否有白色浑浊物产生，如无，表示 Ba^{2+} 已沉淀完全；否则应补加数毫升稀 H_2SO_4 溶液。然后将玻璃棒靠在烧杯嘴边（切勿拿出杯外，以免带出沉淀而造成损失）放着，盖上表面皿，放置12 h，使其陈化。为了缩短陈化时间，可以将盛有沉淀的烧杯放置于水浴上加热30~60min，不断搅拌，然后再取下让其冷却至室温。

利用沉淀陈化时间，准备瓷坩埚。$BaSO_4$ 沉淀经陈化后，进行过滤。过滤前，取慢速定量滤纸两张，按漏斗角度的大小折好，使其与漏斗很好地贴合，以蒸馏水润湿，并使漏斗颈内留有水柱（可加快过滤速度）。将漏斗放置于漏斗架上，漏斗下面各放一只洁净的烧杯（一定要洁净，如 $BaSO_4$ 沉淀穿透滤纸，还要重新过滤）。先用倾析法将 $BaSO_4$ 沉淀上面的清液沿玻璃棒倾入漏斗中，再用倾析法洗涤沉淀3~4次，每次用洗涤液约10~15mL，洗涤液为200mL蒸馏水加3mL 1mol·L^{-1} H_2SO_4 溶液混合而成。然后小心地将沉淀定量地转移至滤纸上，并用一小片滤纸擦净烧杯壁，将该滤纸片也置于漏斗中的滤纸上。滤纸上的沉淀用洗瓶吹洗7~8次后，用一支洁净试管直接收集从漏斗管流下的洗液约1mL，滴加 $AgNO_3$ 溶液，检查是否有 Cl^- 离子存在，直至无 Cl^- 离子方停止洗涤。

沉淀洗净后，待洗涤液滤干，从漏斗上取下盛有沉淀的滤纸，折成小包放入已达恒重的瓷坩埚中，将坩埚放在电炉上将沉淀和滤纸烤干，并使滤纸炭化、灰化。注意：勿使滤纸着火，如不慎着火，应使用坩埚盖盖住，让滤纸自己熄灭，切不可用嘴吹，以防损失。灰化完毕后，将坩埚置于马弗炉中于800~850℃下灼烧，第一次烧30~45min，取出稍冷后，置于干燥器中冷至室温，称重。然后再放入同样温度的马弗炉中，第二次灼烧10~15min，同样取出冷却，称量。如此同样操作，直至恒重为止。

根据称得的 $BaSO_4$ 重量计算试样中 $BaCl_2 \cdot 2H_2O$ 中 Ba 的百分含量。

五、注意事项

1. 倾析法等重量分析操作参阅第一部分 1.2 基础知识与基本操作技术。

2. 灼烧 $BaSO_4$ 沉淀的温度不能超过 900℃，否则 $BaSO_4$ 将与碳作用而被还原，反应式为：

$$BaSO_4 + 4C = BaS + 4CO \uparrow$$

$$BaSO_4 + 4CO = BaS + 4CO_2 \uparrow$$

3. Cl^- 离子是混在 $BaSO_4$ 沉淀中的主要杂质，且易检验。当它被完全洗除后，也可认为其他杂质已被完全洗去。

六、思考题

1. 为什么要在稀 HCl 介质中沉淀 $BaSO_4$？HCl 加入太多有何影响？

2. 为什么沉淀 $BaSO_4$ 时要在热溶液中进行，而在冷却后进行过滤？沉淀后为什么要陈化？

3. 若试样称量过多，对测定有何影响？

4. 如何使洗涤沉淀效果较好？

5. 重量法中灼烧至恒重是什么意思？

第五部分　综合训练实验

实验 5-1　硫酸亚铁铵的制备

一、实验目的

1. 了解硫酸亚铁铵的制备方法。
2. 练习在水浴上加热、减压过滤等操作。
3. 了解目视比色法检验产品质量的方法。

二、实验原理

亚铁盐在空气中很容易被氧化，但形成复盐硫酸亚铁铵后却比较稳定，因此常制成复盐来贮存。硫酸亚铁铵又称摩尔盐，它在空气中不易被氧化，比硫酸亚铁稳定，所以是化学分析中基准物质之一，用来直接配制标准溶液或校准未知溶液浓度。它能溶于水，但难溶于乙醇。

本实验就是利用 $Fe(NH_4)_2(SO_4)_2 \cdot 6H_2O$ 的溶解度比组成它的简单盐 $FeSO_4 \cdot 7H_2O$ 和 $(NH_4)_2SO_4$ 的溶解度小这一特点，用相等物质的量的 $FeSO_4$ 和 $(NH_4)_2SO_4$ 在水溶液中相互作用而制得硫酸亚铁铵复盐晶体。

铁屑与稀硫酸作用，制得硫酸亚铁溶液：

$$Fe + H_2SO_4 = FeSO_4 + H_2 \uparrow$$

硫酸亚铁溶液与硫酸铵溶液作用，生成溶解度较小的硫酸亚铁铵复盐晶体：

$$FeSO_4 + (NH_4)_2SO_4 + 6H_2O = Fe(NH_4)_2(SO_4)_2 \cdot 6H_2O$$

目测比色法是确定杂质含量的一种常用方法，在确定杂质含量后便能定出产品的级别。将产品配成溶液，与各标准溶液进行比色，如果产品溶液的颜色比某一标准溶液的颜色浅，则说明产品中所含的杂质比这种标准溶液中所含的杂质少，即这种产品的纯度比这种标准溶液高。表 5-1 为每一纯度级

别所含 Fe^{3+} 的最高允许量，该三种级别的标准溶液由实验室提供。

表 5-1　硫酸亚铁铵的纯度级别

规格	Ⅰ级	Ⅱ级	Ⅲ级
含铁量($mg \cdot mL^{-1}$)	0.05	0.1	0.2

三、仪器与试剂

仪器：托盘天平，锥形瓶(150mL)，烧杯(150mL，500mL)，量筒，布氏漏斗，抽滤瓶，循环水式真空泵，蒸发皿，表面皿，比色管。

试剂：

酸：　$3.0mol \cdot L^{-1}$ H_2SO_4。

盐：　$1.0mol \cdot L^{-1}$ Na_2CO_3，$1.0mol \cdot L^{-1}$ KSCN。

其他：铁屑，$(NH_4)_2SO_4$固体，pH 试纸，滤纸，95% 乙醇，Fe^{3+} 的标准溶液三份。

四、实验内容

1. 铁屑的净化

称取铁屑 2g，放入 150mL 锥形瓶中，加入 20mL $1.0mol \cdot L^{-1}$ Na_2CO_3，小火加热约 10min，以除去铁屑表面的油污。倾析除去碱液，并用水将铁屑洗净。

2. 硫酸亚铁的制备

(1) 计算出与净化后铁屑反应所需 $3.0mol \cdot L^{-1}$ H_2SO_4 的量，倒入置有经净化处理的铁屑的容器中，然后在水浴上加热，使铁屑和硫酸充分反应(在通风柜中进行)。如剩铁屑太多，可适量补加 $3.0mol \cdot L^{-1}$ H_2SO_4 和蒸馏水，反应完成后再加入 1mL $3.0mol \cdot L^{-1}$ H_2SO_4(为什么?)。

(2) 趁热抽滤分离溶液和残渣，并用少量热水洗涤残渣两次，抽干，用滤纸吸干后，称其重量，再把滤液转移到蒸发皿中。

(3) 计算出参加反应的铁屑的重量，并根据反应式计算出应得的 $FeSO_4$ 的重量。

3. 硫酸亚铁铵的制备

按照反应中 $FeSO_4$ 与 $(NH_4)_2SO_4$ 的比例关系，根据所消耗的铁的重量，计算并称量出所需 $(NH_4)_2SO_4$ 的重量，加入到盛有 $FeSO_4$ 溶液的容器中，溶解，用 pH 试纸检验溶液的 pH 值是否在 1~2，若酸度不够，可用 $3.0mol \cdot L^{-1}$ H_2SO_4 调节。然后在水浴上加热浓缩，直至溶液表面出现晶体膜。静置，自然冷却至室温，便析出硫酸亚铁铵晶体(不要急速冷却,为什么?)。抽滤至干，再用5mL乙醇淋洗晶体，以除去晶体表面上附着的水分。继续抽干，取出晶体，在表面皿上晾干。母液应如何处理?

4. 产量计算

(1) 根据参加反应的铁屑重量，计算所得硫酸亚铁铵的理论产量。

(2) 称量制得的已干燥的硫酸亚铁铵晶体的重量。

(3) 查阅手册，列出 $FeSO_4 \cdot 7H_2O$，$(NH_4)_2SO_4$，$Fe(NH_4)_2(SO_4)_2 \cdot 6H_2O$ 在不同温度下的溶解度数据，计算出母液中产品的量。

(4) 计算产率。

5. Fe^{3+}的限量分析

本实验采用限量分析检查产品质量，即产品中 Fe^{3+} 含量不能超过国家规定的最高标准，如Ⅰ，Ⅱ，Ⅲ级的硫酸亚铁铵，其 Fe^{3+} 含量分别不能超过 $0.05mg \cdot mL^{-1}$，$0.1mg \cdot mL^{-1}$ 和 $0.2mg \cdot mL^{-1}$，具体做法如下。

在托盘天平上称取产品0.1g，置于25mL比色管中，用15mL不含氧的蒸馏水（可将蒸馏水煮沸5min，以除去溶解的氧，盖好，冷却后取用）溶解后，再加入1mL $3.0mol \cdot L^{-1}$ H_2SO_4 和1mL 25%的KSCN溶液，最后加入不含氧的蒸馏水至比色管的刻度线，摇匀，并与标准溶液进行比较，确定产品的纯度级别。结果记录在表5-2中。

表5-2 数据记录与处理

已作用的铁质量(g)	$(NH_4)_2SO_4$ 饱和浓度		$FeSO_4 \cdot (NH_4)_2SO_4 \cdot 6H_2O$			
	$(NH_4)_2SO_4$ 质量(g)	H_2O 体积(g)	理论产量(g)	实际产量(g)	产率(%)	级别

五、思考题:

1. 为什么硫酸亚铁溶液和硫酸亚铁铵溶液都要保持较强的酸性?
2. 制备硫酸亚铁铵时，为什么要用水浴浓缩?
3. 配置目视比色溶液时，为什么一定要用不含氧的蒸馏水?

附注:

Fe^{3+}标准溶液的配置(实验室配置)

在分析天平上准确称量 $NH_4Fe(SO_4)_2 \cdot 12H_2O$(硫酸高铁铵)1.7268g，用少量蒸馏水，并加入5mL $3.0mol \cdot L^{-1}$ H_2SO_4，全部转移至1L的容量瓶中，用

蒸馏水稀释至刻度，摇匀。此溶液每毫升含 Fe^{3+} 0.2mg，定量稀释此溶液，可得含 Fe^{3+} 量较低的溶液。溶解度数据见表 5－3。

表 5－3　几种盐的溶解度数据（g/100g H_2O）

温度（℃） 盐（相对分子量）	10	20	30	40
$(NH_4)_2SO_4$ (132.1)	73.0	75.4	78.0	81.0
$FeSO_4 \cdot 7H_2O$ (277.9)	37.0	48.0	60.0	73.3
$FeSO_4(NH_4)_2SO_4 \cdot 6H_2O$ (392.1)		36.5	45.0	53.0

实验 5-2 印刷电路废腐蚀液的回收和利用

一、实验目的

1. 应用已学过的沉淀、水解等方面的原理，学习从印刷电路废腐蚀液中回收金属铜及制取硫酸铜的方法。

2. 学习过滤、洗涤沉淀、蒸发结晶等基本操作。

二、实验原理

印刷电路一般是由某些氧化性试剂的溶液腐蚀铜板而成，常用的是三氯化铁和盐酸及过氧化氢的混合液，腐蚀反应如下：

$$Cu + 2FeCl_3 = 2FeCl_2 + CuCl_2$$

$$Cu + H_2O_2 + 2HCl = 2H_2O + CuCl_2$$

因此腐蚀后的废液中含有大量的铜化合物，将它分离回收是有实际意义的。简便的方法可用铁将铜置换出来，回收金属铜，溶液中的氯化亚铁可制成固体化合物回收，即将铜被置换后的溶液蒸发浓缩，使之结晶析出，亦可将其氧化成三氯化铁重新使用。

在过氧化氢和盐酸的腐蚀液中，除可用置换法回收金属铜以外，亦可将溶液蒸发、浓缩制成固体化合物。

本实验从三氯化铁腐蚀液中回收铜和 $FeCl_2 \cdot 4H_2O$ 晶体，铜可进一步制成五水合硫酸铜；$FeCl_2$ 易被氧化，可进一步制成三氯化铁。

五水合硫酸铜($CuSO_4 \cdot 5H_2O$)可由铜或氧化铜、硫酸等原料制得。若用铜与硫酸制备硫酸铜，则由于铜不能置换硫酸中的氢而生成硫酸铜，所以首先要将铜氧化，然后与硫酸作用。工业上采用高温煅烧，利用空气中的氧将铜氧化成氧化铜。实验室亦可用煅烧或用浓硫酸、硝酸使之氧化。使用硝酸作氧化剂时，虽会生成少量硝酸铜，但反应易于控制，速度较快，且硝酸铜的溶解度较硫酸铜大(见表 5-4)，故当硫酸铜结晶时，可使它留在母液中而被分离，但硝酸用量不宜过多。其反应式如下：

$$Cu + 2HNO_3 + H_2SO_4 = CuSO_4 + 2NO_2\uparrow + 2H_2O$$

实验证明，金属铜在约 $3mol \cdot L^{-1}$ H_2SO_4 中的溶解速度较快，硫酸铜在不同温度、酸度时结晶，得到不同的水合晶体，水合晶体又可以相互转变：

$$CuSO_4 \cdot 5H_2O \rightleftharpoons CuSO_4 \cdot 3H_2O \rightleftharpoons CuSO_4 \cdot H_2O \rightleftharpoons CuSO_4$$

表 5－4　几种铜盐在不同温度下的溶解度

物　质	温　度（℃）										
	0	10	20	30	40	50	60	70	80	90	100
$Cu(NO)_2 \cdot 6H_2O$	81.8	100.0	124.8	154.4							
$Cu(NO)_2 \cdot 3H_2O$					163.1	171.8	181.8	194.1	207.8	227.5	247.3
$CuSO_4 \cdot 5H_2O$	14.3	17.4	20.7	25.0	28.5	33.3	40.0	47.1	55.0	64.2	75.4

三氯化铁一般由铁与盐酸作用制成氯化亚铁后再氯化而成：

$$2FeCl_2 + Cl_2 = 2FeCl_3$$

在本实验中，Cu 板被 $FeCl_3$ 氧化腐蚀生成 $CuCl_2$。$FeCl_3$ 本身即被还原成 $FeCl_2$，回收 $FeCl_2$，经氯化即可得到三氯化铁产品，要求氯化亚铁被完全氧化，用 $K_3[Fe(CN)_6]$检验时基本无蓝色沉淀（见表 5－5）。

表 5－5　三氯化铁水溶液的密度（20℃）

质量百分浓度（%）	$FeCl_3$（$kg \cdot m^3$）	质量百分浓度（%）	$FeCl_3$（$kg \cdot m^3$）	质量百分浓度（%）	$FeCl_3$（$kg \cdot m^3$）
2	1.017	16	1.144	25	1.237
4	1.034	18	1.164	30	1.295
6	1.052	20	1.185	35	1.357
8	1.069	21	1.195	40	1.428
10	1.086	22	1.206	45	1.488
12	1.105	23	1.216		
14	1.125	24	1.226		

三、仪器与试剂

仪器：烧杯（250mL，100mL），蒸发皿，布氏漏斗，抽滤瓶，台秤，胶头滴管，量筒（100mL，10mL），滤纸，真空泵。

试剂：

酸：　$6mol \cdot L^{-1}$ HCl，浓 HCl，$6mol \cdot L^{-1}$ H_2SO_4，浓 HNO_3。

盐：　$0.1mol \cdot L^{-1}$ KSCN，$0.1mol \cdot L^{-1}$ $K_3[Fe(CN)_6]$。

其他：$KMnO_4$（固体），铁粉，铜片，废 $FeCl_3$ 腐蚀液。

四、实验内容

1. 铜和氯化亚铜的回收

（1）取三氯化铁废腐蚀液100mL于烧杯中，溶液颜色由绿至棕（常用三氯化铁废腐蚀液，三氯化铁浓度为2～2.5mol·L^{-1}，废液中氯化亚铁的浓度亦在2～2.5mol·L^{-1}，氯化铜浓度为1～1.3mol·L^{-1}），无浑浊，若有浑浊可滴加6mol·L^{-1} HCl溶液约1mL至溶液澄清。

（2）加铁粉5～6g于溶液中，不断搅拌，直至铜被全部置换及被还原为止，溶液呈透明清绿色。

（3）抽滤，滤渣（铜粉）移至烧杯中，加酸浸泡，以除去多余的铁粉，滤液移至蒸发皿中，加热蒸发，使其浓缩，直至液面出现少许晶膜为止，迅速趁热抽滤溶液，移入烧杯后用冷水冷却结晶，即得晶体$FeCl_2 \cdot 4H_2O$（注意溶液在蒸发过程中若出现浑浊变黄，则滴加6mol·L^{-1}HCl搅拌使之澄清）。

（4）若第二次抽滤液仍有铜粉，则与第一次的合并，回收铜，加酸浸泡铜粉除去多余的铁后（沉渣应无黑色，无气泡产生）抽滤，水洗并尽量吸干，称量（湿重）后盛于干净的试管中，留作制备$CuSO_4 \cdot 5H_2O$实验用。

（5）$FeCl_2 \cdot 4H_2O$结晶后，倾出母液后，晶体用一张滤纸吸干，称量后盛于干净的试管中密封，留作制备$FeCl_3$实验用（母液同时保留用于制备$FeCl_3$）。

（6）产品纯度检验（与市售试剂比较）

取等量自制产品与市售试剂（均为一小粒），用等量的热蒸馏水溶解后，比较两者的颜色，再各加0.1mol·L^{-1}KSCN一滴，观察两者颜色的区别，比较自制产品与市售试剂含Fe^{3+}量的大小。

数据与结果写入表5－6。

表5－6 产品纯度检验表

Cu粉（g）	$FeCl_2 \cdot 4H_2O$(s)	$FeCl_2$母液（mL）	$FeCl_2$纯度

2. 五水合硫酸铜的制备

（1）在托盘天平上称取上述实验中回收的铜粉5g，置于蒸发皿中。

（2）计算溶解所称量铜样品所需6mol·L^{-1} H_2SO_4及浓HNO_3（密度为1.4kg·m^3，65%～68%）的体积。

（3）取按计量增加10%的6mol·L^{-1} H_2SO_4、浓HNO_3及等量的水加入铜中，于通风口（或通风柜内）加热溶解，并不断搅拌，视蒸发及溶解情况，增加水和酸，以补充蒸发的损失。

（4）待铜全部溶解后，若有不溶杂质，则趁热过滤除去，滤液用干净烧杯盛接。

(5) 滤液倒回蒸发皿中，用小火加热蒸发至液面有微晶出现为止(控制溶液不沸腾)。

(6) 冷却，待结晶全部析出。

(7) 用倾析法除去母液，用一张滤纸吸干晶体，置真空干燥器中干燥后称量。

(8) 将已知质量的蒸发皿及硫酸铜晶体加热，使之全部失去结晶水(蓝色硫酸铜晶体全部变白)，再置于干燥器中冷却至室温后称重，计算硫酸铜晶体中结晶水的含量。回收测定后的无水硫酸铜。

3. 三氯化铁的制备

(1) 将上面实验制备的 $FeCl_2 \cdot 4H_2O$ 晶体与保留的母液一起加水至100mL，搅拌使之溶解，溶液盛于锥形瓶中。

(2) 待通风柜中的氯气发生器($KMnO_4$ + 浓 HCl)的氯气引出管插入 $FeCl_2$ 溶液的锥形瓶中，产生氯气并控制氯气发生的速度，使逸出的氯气速度每秒约为1~2个气泡，以使 $FeCl_2$ 溶液完全吸收。不断摇动溶液，直至溶液变棕色，氯气明显不吸收为止。

(3) 将制得的溶液用称量法测定其密度，计算溶液浓度。

(4) 取1mL所制溶液于试管中，加入 $K_3[Fe(CN)_6]$ 溶液2滴，检查 Fe^{2+} 的氧化是否完全。

五、思考题

1. 本实验是利用铜、铁单质和化合物的哪些性质回收铜与铁的化合物?

2. 要提高产品 $CuSO_4 \cdot 5H_2O$ 的纯度，实验中应注意什么问题?

3. 称量法测定溶液的密度是怎样进行的? 如何用所得数据计算溶液的浓度?

实验 5-3　无水四氯化锡的制备

一、实验目的

1. 通过无水四氯化锡的制备学习非水体系制备方法。
2. 掌握氯气的制备和净化方法。
3. 了解微型无机制备实验的特点。

二、实验原理

熔融的金属锡（熔点 231℃）在 300℃左右，能直接与氯作用生成无水四氯化锡：

$$Sn + 2Cl_2 \xrightarrow{537K} SnCl_2$$

纯无水四氯化锡是无色液体，但一般由于溶有 Cl_2 而略显黄绿色。它在空气中极易水解：

$$SnCl_4 + (x+1)H_2O \rightarrow SnO_2 \cdot xH_2O\downarrow + 4HCl\uparrow$$

生成的 HCl 在空气中与水结合发出浓浓的白色烟雾，是一种良好的发烟剂材料。正由于它极易水解的特点，在水溶液中难以制备。因此，制备无水四氯化锡要在无水体系中进行，容器要干燥，与大气相通部分必须连接干燥装置。我们设计了这个无水体系来制备。实验装置如图 5-1 所示。

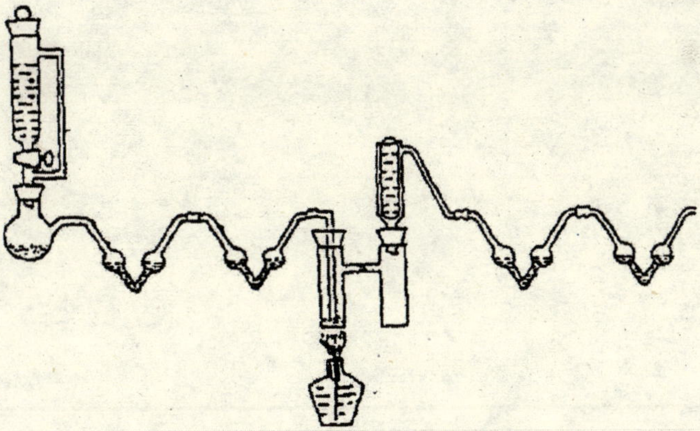

图 5-1　制备 $SnCl_4$ 的装备图

三、仪器与试剂

仪器：二颈瓶，支口管，恒压漏斗，接收管，酒精灯。

试剂：

酸：　浓 HCl。

碱：　NaOH 溶液。

盐：　$KMnO_4$ 固体。

其他：锡粒。

四、实验内容

1. 将干燥好的各部分仪器连接好，检查其气密性，在二颈瓶中装入 3g $KMnO_4$ 固体，恒压漏斗中放入 5mL 浓 HCl，支口管的一端装入 0.5g 锡粒，使氯气导管几乎接触到金属锡。

2. 让浓 HCl 慢慢滴入 $KMnO_4$ 中，均匀地产生氯气并充满整套装置以排除装置中的空气和少量水气。然后加热锡粒，使其熔化，熔融的锡与氯气反应而燃烧。逐滴加入浓 HCl，控制氯气的流速，气流不能太大。生成的 $SnCl_4$ 蒸汽经冷却后储存于接收管中。没有反应的氯气由尾端的 NaOH 溶液吸收。

3. 待锡反应完毕后，停止加热，取下接收管，迅速盖好塞子，称重并计算产率，同时停止加入浓 HCl，剩余的少量氯气用 NaOH 溶液吸收。

五、思考题

1. 制备易水解物质的方法有何特点？

2. 制备 $SnCl_4$ 时，反应前若不排尽装置中的空气和水，对反应有何影响？

实验 5-4 固体试样的分析

一、实验目的

1. 了解固体试样的分析原理、方法及步骤。

2. 练习根据试样的外形、溶解性、溶液的酸碱性和阴、阳离子的检出结果判断未知试样的组分。

3. 复习常见阴阳离子的有关性质。

二、实验内容

领取 0.3g 未知固体试样，用约 0.05g 试样配制阳离子分析溶液，再用 0.1g 配制阴离子分析溶液，剩余的供初步检验、复查用。分析按以下步骤进行。

1. 外形观察

首先观察固体外形，结晶形的固体一般为盐类，粉末状的固体一般为氧化物，再观察它们的颜色和气味，然后把少量固体放在干燥的试管中用小火加热，观察它是否会分解或升华。

2. 溶解性试验

（1）在试管中加少量试样和 1mL 蒸馏水，放在水浴中加热，如果看不出它有显著的溶解，可取出上层清液放在表面皿上，小火蒸干。若表面皿上没有明显的残渣，就可判断试样不溶于水。对可溶于水的试样，应检查溶液的酸碱性。

（2）试样中不溶于水的部分改用稀 HCl 溶液试验它的溶解性，如不溶，可依次再改用浓 HCl、稀 HNO_3、浓 HNO_3，甚至王水来试验（包括不加热和在水浴中加热两种情况），然后选择既能溶解试样又是稀的或是无氧化性的酸作溶剂。

3. 阳离子分析

将 0.05g 试样溶于 2mL 蒸馏水中（若溶液呈碱性，可用 HNO_3 酸化）：如果试样不溶于水而溶于酸，则取 0.05g 试样，用尽量少的酸溶解，然后稀释到 2.5mL。取少量试液，按各组的沉淀条件顺序用 $6mol \cdot L^{-1}$ HCl 等 4 种试剂检验试液中含有哪几组离子。用剩下的试液按阳离子系统分析的步骤检出各种离子。

4. 阴离子分析

取 0.1g 研细的试样，放在烧杯中，加 2.5mL $2mol \cdot L^{-1}$ Na_2CO_3 溶液，搅拌，加热至沸，保持微沸 5min，并应随时加水补充蒸发掉的水分。如果有

NH_3 放出，继续煮沸至 NH_3 放完为止。然后把烧杯内的溶液和残渣全都转移到离心管中，离心分离，把清液移到另一支试管中，按照阴离子分析步骤检出各种阴离子，保留残渣。

如果在以上清夜中没有检查出 PO_4^{3-}，S^{2-}，Cl^-，Br^-，I^-，则需要按以下步骤在残渣中检验这些阴离子。

（1）取一部分残渣，放在离心管内，用几滴 $6mol \cdot L^{-1}$ HNO_3 加热处理，离心分离，把清液移到另一支试管中，再加过量 $(NH_4)_2MoO_4$ 溶液检查 PO_4^{3-}。

（2）取一些残渣放在离心管中用蒸馏水洗净后，加少量锌粉、4 滴蒸馏水、4 滴 $2mol \cdot L^{-1}H_2SO_4$，搅拌，再用湿的 $Pb(Ac)_2$ 试纸放在管口检查 H_2S。离心分离，弃去残渣，清液按 Cl^-，Br^-，I^- 混合溶液的分离和检出方法检验。

由于在制备阴离子试液时加入了大量的 CO_3^{2-}，所以在用 $BaCl_2$ 检出钡组阴离子时，应按以下步骤进行：取 3 滴试液，加 $6mol \cdot L^{-1}$ HCl 酸化，并加热以除去 CO_2，然后加入 $6mol \cdot L^{-1}NH_3 \cdot H_2O$ 至溶液刚好呈碱性。如果酸化时溶液不清（有 $S_2O_3^{2-}$，则酸化时会析出 S），应离心分离。清液按有关步骤检出 SO_4^{2-}，SO_3^{2-}，$S_2O_3^{2-}$。

另外，由于制备溶液中引入了大量 CO_3^{2-}，所以检出 CO_3^{2-} 时要用原试样。

5. 分析结果的判断

根据已检出的阴、阳离子，结合试样的初步检验，判断固体试样中含有哪些组分。

三、思考题

1. 某一固体试样可溶于水，在阳离子分析中检出了 Ag^+，则哪些阴离子不可能存在?

2. 某一白色固体试样，不溶于水，但溶于 $2mol \cdot L^{-1}$ HCl，并产生大量 H_2S 气体，则哪些阳离子不可能存在?

3. 某一未知溶液，无色无臭，呈强碱性，则可能存在哪些阳离子? 与这几种阳离子共存的阴离子可能有哪几种?

4. 向某一酸性未知液体中滴加 $KMnO_4$ 溶液，紫红色不退，该溶液中哪些阴、阳离子不存在?

5. 已知某一酸性未知液中含有 I^-，则有哪些离子不可能存在?

6. 分别用简便方法鉴别 3 瓶红色粉末：HgS，HgI_2，Fe_2O_3 和 3 瓶白色粉末：AgCl，$PbCl_2$，$ZnCl_2$。

实验 5-5 纸上色层分析

一、实验目的

1. 初步了解、学习纸上色层分析的原理及方法。
2. 用纸上色层分析法鉴定未知液中的阳离子组分。

二、实验原理

利用物质的迁移速度不同来鉴定物质的分析方法叫色层分析。本实验利用纸上色层分析法来分离、鉴定某些阳离子。将少量含有一种或几种阳离子的溶液蘸浸到滤纸上，让滤纸的一个边接触展开液，当展开液(一般为含水的有机溶剂)利用滤纸的毛细现象在纸上渗透时，由于不同离子在有机相和水相中的溶解度不同，它们以不同的速度在纸上迁移（如图 5-2 所示），从而达到分离的目的。将此滤纸再用化学试剂处理，纸上的离子就呈现出不同的颜色斑点，根据不同的颜色和不同的迁移速度(用 R_f表示)可鉴定具体的离子。

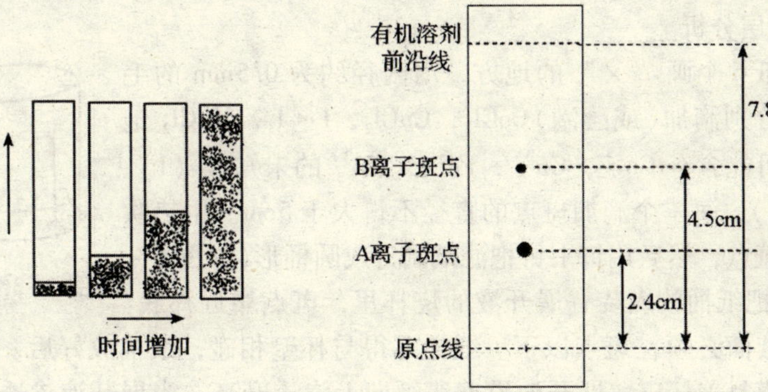

(a) (b)

图 5-2 不同物质在滤纸上的迁移示意图

R_f为离子迁移的距离与有机溶剂迁移的距离的比值，对于同一给定的离子，在操作条件完全相同时，R_f值是常数(由于 R_f值的重复性较差,所以多数情况下是通过与已知物对比的方法进行未知物的鉴定)。

$$R_f=\frac{\text{离子斑点至原点的最远距离}}{\text{有机溶剂前沿线至原点线的距离}}$$

离子 A，B 的 R_f值分别为：

$$R_{fA}=\frac{2.4}{7.8}=0.31, \quad R_{fB}=\frac{4.5}{7.8}=0.58$$

三、仪器和试剂

仪器：烧杯（500mL）塑料薄膜，橡皮筋，滤纸，铅笔，毛细玻璃管（内径约为0.5mm），吹风机，钉书钉，蒸发皿。

试剂：HCl（$7.0mol \cdot L^{-1}$），丁酮，$CoCl_2$ 饱和溶液，$CuCl_2$ 饱和溶液，$FeCl_3$ 饱和溶液，$MnCl_2$ 饱和溶液，未知液（1），未知液（2），浓氨水。

四、实验内容

1. 制备展开液

用10mL $7.0mol \cdot L^{-1}$ HCl和35mL丁酮在一干净的500mL烧杯底部混匀，制得展开液，用塑料薄膜封盖杯口，并用橡皮筋扣紧，放置备用。

2. 色层分析用纸的制作

取一张11cm×16.5cm的滤纸，用铅笔在离底边2cm处画与底边的平行线，这就是原点线，在线上画6个小"×"，作为原点的标记（从纸的侧边2cm处开始，每隔2.5cm画一个）。

3. 色层分析

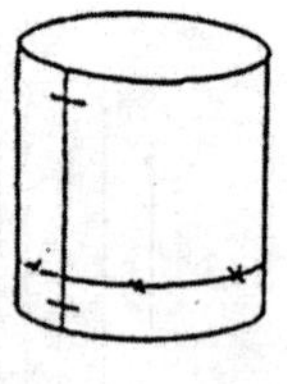

图5-3 纸桶

在滤纸6个画"×"的地方，用内径约为0.5mm的毛细玻璃管分别滴加（或蘸滴）$CoCl_2$，$CuCl_2$，$FeCl_3$，$MnCl_2$ 饱和溶液和可能含有 Co^{2+}，Cu^{2+}，Fe^{3+}，Mn^{2+} 的未知液（1）、未知液（2）。每一个滴加斑点的直径不得大于5cm。用热吹风机吹干斑点，然后用钉书钉把滤纸制订成圆桶形（如图5-3所示），把纸桶放入装有展开液的烧杯里，斑点靠近杯底，但展开液液面必须在斑点以下。纸桶不得与杯壁相碰，纸桶放好后，立即再用塑料薄膜封盖杯口。展开液沿着滤纸向上渗透升高，当展开液渗透到离纸的顶边近1cm时，把滤纸从烧杯中取出，并在展开液完全挥发之前快速地用铅笔在展开液的渗透前沿地方画出记号，用热风机吹干圆桶滤纸。

4. 显色

向一个1000mL干烧杯中加入80mL浓氨水，并往烧杯中放入一个蒸发皿，氨水不得进入蒸发皿，然后把桶形滤纸竖放在蒸发皿中，立即用塑料薄膜封盖杯口，10min后取出滤纸。

5. 鉴定

根据滤纸上离子斑点的颜色情况，参考图5-3，算出每种离子的 R_f 值，并通过与已知离子斑点的颜色和 R_f 的比较，报告未知液中的阳离子组分。

五、思考题

1. 当把滴有离子溶液的桶形滤纸下底边浸入展开液时，如整个下底边不是同时浸入而是有先有后，这对分析结果有何影响？

2. 实验中，装有展开液和装有浓氨水的烧杯，为什么都要用塑料薄膜封盖杯口？

3. 当把桶形滤纸置于氨气中后，滤纸上原有的离子斑点为什么会变色？

实验5－6 三磷酸钠的制备

一、实验目的

1. 了解无机固相合成三磷酸钠的原理与方法。
2. 学习高温炉及铂坩埚的使用方法。

二、实验原理

$$NaH_2PO_4 \cdot H_2O + 2Na_2HPO_4 \cdot 12H_2O \rightarrow Na_5P_3O_{10} + 15H_2O$$

$$5Na^+ + P_5O_{10}^{5-} + 5H^+ \rightarrow H_5P_3O_{10} + 5Na^+ \text{（树脂）}$$

三、仪器与试剂

仪器：10mL 铂坩埚，马弗炉，pH 酸度计，磁力搅拌器及搅拌棒

试剂：

酸：$1mol \cdot L^{-1}$ HCl。

碱：标定过的 $0.1mol \cdot L^{-1}$ NaOH。

盐：$NaH_2PO_4 \cdot H_2O$，$Na_2HPO_4 \cdot 12H_2O$ 或 $Na_2HPO_4 \cdot 7H_2O$。

其他：阳离子交换树脂(20～50 目)，标准缓冲溶液(pH 为 4 或 7)。

四、实验内容

1. $Na_5P_3O_{10}$的合成

将1.5g $NaH_2PO_4 \cdot H_2O$ 和 7.8g $Na_2HPO_4 \cdot 12H_2O$(或 5.8g $Na_2HPO_4 \cdot 7H_2O$)磷酸盐的均匀混合物放入一个铂坩埚中(如果所用的这些盐的水合物与前述不同,则调节 NaH_2PO_4 与 Na_2HPO_4 的摩尔比,保持 1∶2 的比例)加热混合物到540～580℃2h，然后在空气中冷却。用一金属物轻轻敲打倒扣坩埚的底，将产物从坩埚内敲出来。用研钵和研杵将产物研成很细的粉末。

2. 鉴定

将三磷酸钠转化为三磷酸，通过滴定它的“强”和“弱”的酸性氢来鉴定三磷酸。将盐的溶液通过氢形离子交换树脂完成定量转化成酸。先将阳离子交换树脂洗入底部塞有玻璃棉的 50mL 滴定管中。液面绝不能低于树脂床的顶部。让约 500mL $1mol \cdot L^{-1}$ HCl 渗透通过树脂使它转化为氢型。用蒸馏水洗涤树脂除去 HCl，直至洗出液用 Ag^+ 检验无 Cl^- 为止。称取约 0.25g 三磷酸钠溶解在 20mL 水中(溶解是缓慢的)，将此溶液及 150mL $1mol \cdot L^{-1}$ HCl 先后缓慢渗透通过交换柱并收集到 400mL 烧杯中。校准 pH 酸度计，将淋洗过的电极浸入三磷酸钠溶液中，在搅拌下用标定过的 $0.1mol \cdot L^{-1}$ NaOH 溶液滴定。

每加入 1mL 碱记录溶液的 pH 值(在终点附近要记录得更频繁)。以 pH 值对加入碱的体积作图，从终点估算出酸的平均链长。

磷 -31 核磁共振是测定磷酸盐样品中“末端基团”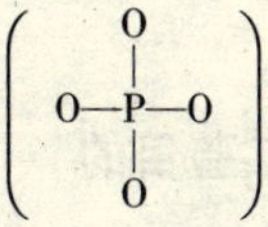和“中间基团”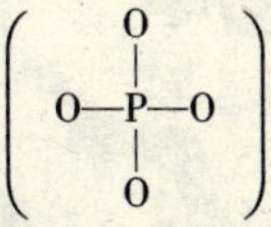相对数目的另一种方法。从 85% H_3PO_4 中末端基团和中间基团给出大约分别是 +5ppm 和 +19ppm 的不同共振。经典化学分析方法也可以用来定量分析磷酸盐、二磷酸盐和三磷酸盐。

在高温合成中用较高的 $H_2PO_4^-$: HPO_4^{2-} 比可以制备高聚磷酸盐(四磷酸盐、五磷酸盐等)。这些多聚磷酸盐在分析规模下可以用离子交换法分离，甚至可离析常量的样品。

实验 5－7　四氧化三铁和铁酸锌的制备

一、实验目的

1. 了解四氧化三铁和铁酸锌制备及定性鉴定的原理与方法。
2. 学习马弗炉及管式炉等高温炉的使用。

二、实验原理

在水溶液中通过以下反应制备 Fe_3O_4 粉末：

$$12Fe^{2+} + 23OH^- + NO_3^- = 4Fe_3O_4 + NH_3\uparrow + 10H_2O$$

从所合成的粉末产物出发，在管式炉中通过高温传输过程来制备 Fe_3O_4 晶体：

$$Fe_3O_{4(固)} + 8HCl_{(气)} \rightleftharpoons FeCl_{2(气)} + 2FeCl_{3(气)} + 4H_2O_{(气)}$$

在水溶液中通过以下反应制备 $ZnFe_2O_4$ 粉末：

$$Zn^{2+} + 2Fe^{2+} + 3C_2O_4^{2-} = ZnFe_2(C_2O_4)_3$$

$$ZnFe_2(C_2O_4)_3 = ZnFe_2O_4 + 2CO_2 + 4CO$$

三、仪器与试剂

仪器：抽滤装置，细孔熔砂玻璃漏斗，离心机。

试剂：

酸：$1mol\cdot L^{-1}$ H_2SO_4，$6mol\cdot L^{-1}$ HCl。

碱：85% KOH。

盐：KNO_3 或 $NaNO_3$，$FeSO_4\cdot 7H_2O$，$(NH_4)_2C_2O_4\cdot H_2O$，$ZnSO_4\cdot 7H_2O$。

四、实验内容

1. Fe_3O_4 的制备

将 4.63g $FeSO_4\cdot 7H_2O$ 溶解于 30mL 水中，将 0.14g KNO_3 和 1.79g KOH 溶解在 50mL 水中。每种溶液加热到 75℃左右，在强烈搅拌下将这两种溶液混合，形成绿色的黏稠凝胶沉淀在 90～100℃下搅拌 10min 以后，沉淀转变为细的稠密的黑色物质。将混合物冷却到室温，并用少量 $6mol\cdot L^{-1}$ HCl 使其呈酸性。将沉淀离心分离或在中孔或细孔熔砂玻璃漏斗上过滤，用水洗涤，直至洗涤水用 $BaCl_2$ 检验无 SO_4^{2-} 时为止。产物在 110℃下干燥 1～2h，得到 Fe_3O_4的产品右，称重，计算产率。

2. $ZnFe_2O_4$ 制备

将 2.8g $ZnSO_4$，5.4g $FeSO_4$ 和 10mL $1mol\cdot L^{-1}$ H_2SO_4 溶解在 50mL 水中，

将 4.15g $(NH_4)_2C_2O_4$ 溶解在 50mL 温水中，把这两种溶液各加热到 75℃ 左右。在强烈搅拌下将草酸盐溶液加到金属硫酸盐溶液中去，边搅拌混合物边保持温度 90 ~ 95℃ 5min 左右。在熔砂玻璃漏斗上过滤出黄色混合草酸盐沉淀，用水洗涤直到洗涤水中不再检出 SO_4^{2-} 时止，将草酸盐沉淀在 110℃ 干燥 2h。

将混合草酸盐转移到带盖的 50mL 坩埚里，盖上坩埚盖后放在马弗炉里，加热到 600 ~ 800℃，在此温度下保持 3h，让其冷却到室温，得 $ZnFe_2O_4$ 产品，称量，计算产率。

3. 鉴定

可以把小部分样品(约 50mg)喷洒在一张纸上，并在纸下移动磁铁从而比较氧化物的磁性。每种化合物的 X－射线粉末图的索引卡都能查到(此氧化物是立方晶体，可容易地测定出晶格类型和晶格参数)。比较大的 Fe_3O_4 单晶(八面体，几个毫米大)可以利用下列可逆反应：

$$Fe_3O_{4(固)} + 8HCl_{(气)} \rightleftharpoons FeCl_{2(气)} + 2FeCl_{3(气)} + 4H_2O_{(气)}$$

从所合成的粉末产物出发，在管式炉中，通过高温传输过程来制备。

实验 5－8 $KAl(SO_4)_2 \cdot 12H_2O$，$NaClO_3$ 和 $NaNO_3$ 大单晶的制备

一、实验目的

1. 了解大单晶制备的原理。
2. 学习大单晶制备的方法。

二、实验原理

预习从水溶液中生长晶体有关方面的知识。

从水溶液中生长大颗粒单晶有两种普遍方法：在第一种方法中，当一种饱和溶液被逐渐冷却到某一温度时，此时该溶液已明显的过饱和，晶体生长；第二种方法是晶体生长发生在恒定温度下逐渐蒸发一饱和溶液。在这两种方法中，首先需要制备出某温度下的一种饱和溶液，在这种温度(通常接近于室温)下，使之发生晶体生长。同时也需制备出一些“籽晶”，并用细丝把一粒籽晶悬挂在饱和溶液中。

三、仪器与试剂

仪器：偏振片 2 片(检定 $NaClO_3$ 和 $NaNO_3$)，带木盖的烧杯，通过蒸发使晶体生长用的吊架型支架和布，20cm 长的细单股丝线。

试剂：$KAl(SO_4)_2 \cdot 12H_2O$，$KCr(SO_4)_2 \cdot 12H_2O$，$NaClO_3$(固体)，$Na_2B_4O_7 \cdot 10H_2O$，$NaNO_3$(固体)。

四、实验内容

1. 单晶的生长

按从水溶液中生长大颗粒单晶普通方法所描述的一般操作手续制备 $KAl(SO_4)_2 \cdot 12H_2O$，$NaClO_3$ 或 $NaNO_3$ 的饱和溶液约 500mL。表 5－7 给出了这些盐在 20℃、25℃和 30℃时的溶解度。从这些数据中，可以计算出在特定的生长温度配制饱有溶液所需要盐的量。

表 5-7 每 100g 水中盐的溶解量

T(℃)	$KAl(SO_4)_2 \cdot 12H_2O$	$NaClO_3$	$NaNO_3$
20	11.40	101	88
25	14.14	106	92
30	16.58	113	96

配制泡和溶液时，最好取用比在生长温度能溶解的量多 20% 左右的盐。在配制饱和溶液时要用一些晶体作为籽晶，可以用蒸发溶液或冷却的方法生长出大晶体。在后一种方法中，加入饱和溶液中盐的量如下：

$KAl(SO_4)_2 \cdot 12H_2O$	4g/100g 水
$NaClO_3$	4g/100g 水
$NaNO_3$	3g/100g 水

在 24℃左右的生长温度下，这些盐的量是足够的。如果平均生长温度与这数字有显著的差别，盐的加入量也必须不同。

2. 鉴定

钾明矾形成立方晶系的晶体，形状像八面体。将铬矾 $KCr(SO_4)_2 \cdot 12H_2O$ 的饱和溶液加到铝矾的生长溶液中，可以使它生长出紫色的盐的均相混合物。如果铬矾在以 $KAl(SO_4)_2 \cdot 12H_2O$ 为基质所组成的固溶体中是足够稀的话，那么从晶体中可以得到锐形电子自旋共振波谱。

$NaClO_3$ 形成立方晶系的晶体，一般形状像立方体；然而在每 100g $NaClO_3$ 的生长溶液中加入 6g 硼砂，晶体则为四面体。$NaClO_3$ 单晶有旋光性。如果晶体放在光源前面的正交的偏振片之间，必须旋转偏振片使晶体消光，一些晶体使光向左旋转，其余晶体使光旋转向右。校准偏振片，可以证实旋转的度数与晶体厚度成正比。

$NaNO_3$ 形成六方晶系的晶体，形状像菱形多面体。晶体可以用刀片沿着平行于菱形面割开。用一把薄的小刀对着 $NaNO_3$ 晶体的边割，可以观察到在钝角内的面有滑移。$NaNO_3$ 晶体显示出双折射。因此，如果通过 $NaNO_3$ 晶体在一张纸上观察一个点，那么就能看到这个点的两个镜像，可以用偏振片看见 $NaNO_3$ 将光分解为两束互相垂直的偏振光。

实验 5-9 水泥熟料中 SiO_2，Fe_2O_3，Al_2O_3，CaO 和 MgO 含量的测定

一、实验目的

1. 掌握用重量法测定水泥熟料中 SiO_2 含量的方法和原理。

2. 进一步掌握配位滴定法中，通过控制试液的酸度、温度及选择适当的掩蔽剂和指示剂等，在铁、铝、钙、镁共存时分别测定它们的方法。

3. 进一步掌握沉淀、灰化，灼烧等重量分析的基本操作。

二、实验原理

水泥熟料的主要化学成分和含量大致为：SiO_2 18%~24%，Fe_2O_3 2.0%~5.5%，Al_2O_3 4.0%~9.5%，CaO 60%~67%，MgO 4.55% 以下。

水泥熟料试样用 HCl 分解后，即可析出无定形硅酸沉淀，但沉淀不完全，而且吸附严重。因此，可将试样用 7~8 倍量固体 NH_4Cl 混匀后，再用 HCl 分解。由于是在大量电解质存在下析出硅酸，有利于硅酸的凝聚，沉淀也较完全。这样析出的硅酸含水量少，结构紧密，吸附现象也有所减少。

本实验用重量法测定 SiO_2 的含量。试样分解完全后，加适量的水溶解可溶性盐类，再将沉淀过滤、洗涤和烘干后，在 950~1000℃下灼烧，冷却后称量，即可测得 SiO_2 的含量。

水泥熟料中铁、铝、钙、镁等组分以离子形式存在于滤去 SiO_2 沉淀后的滤液中。它们都能与 EDTA 形成稳定的螯合物，但各自的稳定性有较明显的差别。因此，控制适当的酸度就可用 EDTA 分别滴定它们。调节溶液的 pH 值为 1.5~2.2，以磺基水杨酸作指示剂，用 EDTA 滴定 Fe^{3+}，然后调节溶液的 pH=3，加入一定过量的 EDTA 溶液，煮沸，待 Al^{3+} 与 EDTA 完全螯合后，再调节溶液的 pH 值至 4~6，以 PNA 作指示剂，用 $CuSO_4$ 标准溶液回滴过量的 EDTA，从而分别测得 Fe_2O_3 和 Al_2O_3 的含量。测定滤液中的 Ca^{2+} 和 Mg^{2+} 时，先用三乙醇胺掩蔽 Fe^{3+}，Al^{3+}，然后调节溶液的 pH=10，以铬黑 T 作指示剂（或用 K-B 混合指示剂），用 EDTA 滴定，测得钙和镁的总量；另取一份滤液，在 pH>12 时，以钙指示剂作指示剂，用 EDTA 滴定钙的含量，然后计算试样中 CaO 和 MgO 的含量。

三、仪器与试剂

1. $6mol \cdot L^{-1}HCl$ 溶液。

2. 浓 HCl。

3. 浓 HNO_3。

4. 1∶1$NH_3 \cdot H_2O$ 溶液。

5. NH_4Cl(固体，分析纯)。

6. $6moL \cdot L^{-1}NaOH$ 溶液。

7. 1∶1 H_2SO_4 溶液。

8. $0.1mol \cdot L^{-1}AgNO_3$ 溶液。

9. HAc－NaAc 缓冲溶液(pH≈4.2)，称取 64g $NaAc \cdot 3H_2O$，溶于水中，加入冰 HAc 48mL，转于试剂瓶中，用水稀释至 1 L，摇匀。

10. NH_3-NH_4Cl 缓冲溶液(pH≈10)，称取 20g NH_4Cl 溶于少量蒸馏水中，加入 100mL 浓氨水，用蒸馏水稀释至 IL。

11. 5%酒石酸钾钠水溶液。

12. 25%三乙醇胺水溶液。

13. 钙指示剂，将 lg 钙指示剂与 100g NaCl 研细混匀，贮于磨口试剂瓶中，置于干燥器内保存。

14. 10%磺基水杨酸溶液。

15. PAN 指示剂 0.3%乙醇溶液。

16. 酸性铬蓝 K－萘酚绿 B 混合指示剂(K－8 指示剂)，称取 1g 酸性铬蓝 K、2g 萘酚绿 B、70gKNO_3 置于研钵中，混合研细，贮于磨口试剂瓶中，干燥存放。

17. 铬黑 T 指示剂，将 1g 铬黑 T 与 100g NaCl 研细混匀，贮于磨口试剂瓶中，置于干燥器内保存。

18. $0.01mol \cdot L^{-1}$ EDTA 标准溶液(配制及标定方法见实验 4－4)。

19. $0.01mol \cdot L^{-1}CuSO_4$ 标准溶液，称取 2.5g$CuSO_4 \cdot 5H_2O$ 溶于水中，加浓 $H_2SO_4$3～5 滴酸化后转于试剂瓶中，用水稀释至 1 L，摇匀。

四、实验步骤

1. $CuSO_4$ 标准溶液的标定

准确吸取 25.00mL EDTA 标准溶液，置于 250mL 锥形瓶中，加 10mL HAc－NaAc 缓冲溶液，加热至80～90℃，再加入 PAN 指示剂 4～6 滴，用 $CuSO_4$ 标准溶液滴定至紫红色或蓝色即为终点。根据 $CuSO_4 = c_{EDTA} \times V_{EDTA}/V_{CuSO_4}$ 计算

出 $CuSO_4$ 溶液的准确浓度。

2. SiO_2 测定

准确称取 0.2～0.3g 水泥熟料试样，置于干燥的 100mL 烧杯中，加入 1.5～2g 固体 NH_4Cl，用玻璃棒混匀，盖上表面皿，沿烧杯嘴滴加 3mL 浓 HCl 和 1～2 滴浓 HNO_3，仔细搅匀，使试样充分分解。将烧杯置于沸水浴上，加热 10min。加热水约 40mL，搅拌使可溶性盐溶解。以中速定量滤纸过滤，用热水洗涤烧杯和滤纸中的沉淀，直至洗涤液中不含 Cl^- 为止（用 $AgNO_3$ 溶液检验）。用 250mL 容量瓶盛接滤液及洗涤液，并稀释至刻度，摇匀备用。

将沉淀连同滤纸放入已称量的瓷坩埚中，低温炭化并灰化后，于 950～1000℃的高温炉中灼烧 45min。取下置于干燥器中冷却至室温（约需 20～30min），称置。如此反复灼烧、称量直至恒重，计算试样中SiO_2的含量。

3. 铁的测定

准确吸取分离 SiO_2 后的滤液 50.00mL 置于 250mL 锥形瓶中，加 10 滴磺基水杨酸，用 1∶1 氨水和 $6mol \cdot L^{-1}$ HCl 调节溶液呈紫红色（pH＝2），加热至 60～70℃，以 EDTA 标准溶液滴定至溶液由紫红色变成淡黄色。根据 EDTA 用量，计算试样中 Fe_2O_3 的含量。

4. 铝的测定

在滴定 Fe^{3+} 的溶液中，准确加入 20.0mL EDTA 标准溶液和 10mL HAc－NaAc 缓冲溶液，煮沸 1min，取下稍冷，加入 6～8 滴 PAN 指示剂，用 $CuSO_4$ 标准溶液滴定溶液呈紫色，即为终点。根据标准溶液的用量，计算试样中 Al_2O_3的含量。

5. 钙的测定

准确吸取分离 SiO_2 后的滤液 25.00mL 置于 250mL 锥形瓶中，加水 50mL，三乙醇胺 5mL，摇匀，加 $6mol \cdot L^{-1}$ NaOH 溶液 8mL，再加钙指示剂少许，用 EDTA 标准溶液滴定至溶液由红色变成蓝色，即为终点。根据 EDTA 用量，计算试样中 CaO 的含量。

6. 镁的测定

准确吸取分离 SiO_2 后的溶液 25.00mL 置于 250mL 锥形瓶中，加酒石酸钾钠和三乙醇胺各 5mL，摇匀。然后加入 pH＝10 的氨缓冲溶液 10mL，再加入 K－8指示剂或铬黑 T 指示剂少许，以 EDTA 标准溶液滴定至溶液呈蓝色，即为终点。根据 EDTA 用量，计算钙、镁的总量，然后用差减法计算试样中 MgO 的含量。

五、注意事项

1. 水泥熟料试样分解时，加入 1～2 滴浓 HNO_3 的目的是使铁全部以正三价离子状态存在。

2. 分离 SiO_2 后的滤液要节约使用，尽可能多保留一些溶液，以便必要时用以进行重复测定。

3. Fe^{3+} 与 EDTA 反应进行较慢，需加热以提高反应速度。但应注意防止剧沸，否则 Fe^{3+} 会水解形成氢氧化铁，导致实验失败。

4. Al^{3+} 在 pH = 4.2 的溶液中会产生沉淀，因此必须先加 EDTA 标准溶液，然后再加 HAc－NaAc 缓冲溶液，并加热。这样可在溶液的 pH 值达 4.2 之前，使部分 Al^{3+} 已与 EDTA 生成 AlY－螯合物，从而降低 Al^{3+} 的浓度，以免 Al^{3+} 水解而形成沉淀。

5. 终点时，Cu^{2+} 与 PAN 生成深红色的 Cu－PAN，由于蓝色的 CuY^{2+} 存在，故终点时的深红色变为紫色。

六、思考题

1. 在 Fe^{3+}，Al^{3+}，Ca^{2+}，Mg^{2+} 等离子共存的溶液中，以 EDTA 标准溶液分别滴定 Fe^{3+}，Al^{3+}，Ca^{2+} 等离子以及 Ca^{2+}，Mg^{2+} 的含量时，是怎样消除其他共存离子的干扰的？

2. 在滴定上述各种离子时，溶液酸度应分别控制在什么范围？怎样控制？

3. 滴定 Fe^{3+}，Al^{3+} 时，各应控制在怎样的温度范围？为什么？

4. 在钙含量的测定中，为什么要先加三乙醇胺而后加 NaOH 溶液？

实验5－10 三氯化六氨合钴(Ⅲ)的制备、组成及分裂能测定

一、实验目的

1. 合成三氯化六氨合钴（Ⅲ）并测定其组成。
2. 加深关于配合物的形成对三价钴稳定性的影响的理解。
3. 学习配合物分裂能的测定方法。

二、实验原理

根据有关电对的电极电势可以知道，在通常情况下，二价钴盐较三价钴盐要稳定得多，而在它们的络合状态下却正相反，三价钴反而比二价钴稳定。因此，通常采用空气或过氧化氢氧化二价钴的方法，来制备三价钴的配合物。

氯化钴(Ⅲ)的氨合物有许多种，主要有三氯化六氨合钴(Ⅲ)$[Co(NH_3)_6]Cl_3$(橙黄色晶体)，三氯化一水·五氨合钴(Ⅲ)$[Co(NH_3)_5(H_2O)]Cl_3$(砖红色晶体)，二氯化一氯·五氨合钴(Ⅲ)$[Co(NH_3)_5Cl]Cl_2$(紫红色晶体)等，它们的制备条件各不相同，在没有活性炭存在下制得的是二氯化一氯·五氨合钴(Ⅲ)，有活性炭存在下制得的主要是三氯化六氨合钴(Ⅲ)。本实验就是利用活性炭作催化剂，有过量氨及氯化铵存在下，用过氧化氢氧化氯化亚钴溶液，来制备三氯化六氨合钴(Ⅲ)的。其总反应如下：

$$2CoCl_2 + 2NH_4Cl + 10NH_3 + H_2O_2 = 2[Co(NH_3)_6]Cl_3 + 2H_2O$$

得到的固体产品中混有大量活性炭，可以将其溶解在酸性溶液中，达到与活性炭分离，随后在高的盐酸浓度下令其结晶出来。

三氯化六氨合钴(Ⅲ)为橙黄色单斜晶体，20℃时在水中的溶解度为0.26 $mol \cdot L^{-1}$。在$[Co(NH_3)_6]^{3+}$溶液中存在如下的平衡：

$$[Co(NH_3)_6]^{3+} \rightleftharpoons Co^{3+} + 6NH_3 \qquad K_d^\theta = 2.2 \times 10^{-34}$$

$$[Co(NH_3)_6]^{3+} + H_2O \rightleftharpoons [Co(NH_3)_5H_2O]^{3+} + NH_3$$

$$[Co(NH_3)_5H_2O]^{3+} \rightleftharpoons [Co(NH_3)_5OH]^{2+} + H^+$$

从配合物的解离常数K_d^θ值可以看出$[Co(NH_3)_6]^{3+}$离子是较稳定的。因此在强碱(冷时)或强酸的作用下基本不被分解。只有加入强碱后，在沸腾的条件下才能分解：

$$2[Co(NH_3)_6]Cl_3 + 6NaOH \xlongequal{沸腾} 2Co(OH)_3\downarrow + 12NH_3\uparrow + 6NaCl$$

在215℃时，$[Co(NH_3)_6]Cl_3$即转为$[Co(NH_3)_5Cl]Cl_2$。若进一步加热超

过250℃，则被还原为$CoCl_2$。

本实验内容主要包括：制备钴的配合物，测定配合物中氨的含量，测定配合物中钴的含量，测定配合物中氯的含量。

在由NH_3所形成的八面体中，配离子$[Co(NH_3)_6]^{3+}$的中心离子Co^{3+}的5个原本兼并的3d轨道分裂成两组。配离子$[Co(NH_3)_6]^{3+}$的中心离子Co^{3+}的4个3d电子，当处于能量较低的t_{2g}轨道的电子吸收一定波长的可见光的能量时，就会在分裂的d轨道之间跃迁（称之为d－d跃迁），即由t_{2g}轨道跃迁到e_g轨道。

3d电子所吸收光电子的能量应等于e_g轨道和t_{2g}轨道之间的能量差$(E_{e_g}-E_{t_{2g}})$，即和$[CO(NH_3)_6]^{3+}$的分离能Δ_o相等：

$$E_{光}=hv=E_{e_g}-E_{t_{2g}}=\Delta_o$$

因为，
$$\Delta_o=hv=\frac{hc}{\lambda}=hc\sigma（\sigma 称为波数）$$

所以，
$$\sigma=\frac{\Delta_o}{hc}$$

而，
$$\begin{aligned}hc&=6.626\times10^{-34}(J\cdot S)\times3\times10^{10}(cm\cdot S^{-1})\\&=6.626\times10^{-34}\times3\times10^{10}(J\cdot cm)（因为 1J=5.034\times10^{22}cm）\\&=6.626\times10^{-34}\times3\times10^{10}\times5.034\times10^{22}\ (cm)\\&=1\ (cm)\end{aligned}$$

所以，
$$\sigma=\Delta_o$$

$$\Delta_o=\sigma=\frac{1}{\lambda}\ (nm^{-1})\ =\frac{1}{\lambda}\times10^7\ (cm^{-1})$$

λ值可以通过吸收光谱求得：选取一定浓度的$[Co(NH_3)_6]^{3+}$溶液，用分光光度计测出不同波长λ下的吸光度A，以A为纵坐标、λ为横坐标作图可得吸收曲线。找到紫外吸光曲线中对应的d－d跃迁吸收峰，该吸收峰的最大吸收波长λ_{max}为$[Co(NH_3)_6]^{3+}$的最大吸收波长，即

$$\Delta_o=\frac{1}{\lambda_{max}}\times10^7\ (cm^{-1})\quad（\lambda_{max}单位为 nm）$$

三、仪器与试剂

仪器：紫外分光光度计，电子天平（0.1g，0.1mg），循环水式真空泵，鼓风干燥箱，电热套，恒温水浴锅，移液管（25mL，10mL各1根），移液管架

(1 个)，量筒(50mL，10mL 各 2 个)，广泛 pH 试纸，冰块。

试剂：

酸： 浓 HCl，6.0mol·L^{-1}HCl。

碱： 浓氨水，20% NaOH。

其他：5% K_2CrO_4，6% H_2O_2，0.1% 甲基红，95% 以上乙醇，NH_4Cl 固体，KI 固体，活性炭，$CoCl_2·6H_2O$ 固体，0.5% 淀粉溶液，0.05mol·L^{-1} $Na_2S_2O_3$ 标准溶液，0.1mol·L^{-1} $AgNO_3$ 标准溶液，0.5mol·L^{-1} HCl 标准溶液，0.5mol·L^{-1}NaOH 标准溶液。

四、实验内容

1. 制备三氯化六氨合钴(Ⅲ)

在 100mL 锥形瓶内加入 4.5g 研细的 $CoCl_2·6H_2O$，6g NH_4Cl 和 5mL 水，加热溶解后再加入 0.25g 活性炭，冷却，再加入 15mL 浓氨水，进一步冷至 10℃以下。

缓缓加入 10mL 6% H_2O_2，在水浴上加热至 60℃，恒温 20min。用自来水流冷却后再以冰水冷却。再用布氏漏斗抽滤，将沉淀溶于含有 3.0mL 浓 HCl 的 40mL 沸水中，趁热过滤，慢慢加入 5mL 浓 HCl 于溶液中，以冰水冷却，即有晶体析出，过滤，用少量乙醚洗涤(约 5mL)抽干，在 105℃以下烘干之，称重。

2. 三氯化六氨合钴(Ⅲ)的组成测定

(1) 氨的测定

三氯化六氨合钴在碱作用下沸腾时，即分解出 NH_3。在加热的条件下，NH_3 即挥发逸出，逸出的 NH_3 在冰水情况下用标准 HCl 吸收，过量的酸用标准碱回滴。基本反应为：

$$2[Co(NH_3)_6]Cl_3 + 6NaOH \xlongequal{\text{沸腾}} 2Co(OH)_3\downarrow + 12NH_3\uparrow + 6NaCl$$

测 NH_3 时，在分析上用返滴法进行。这时 NH_3 物质的量为：

$$n_{NH_3} = c_{HCl}\cdot V_{HCl} - c_{NaOH}\cdot V_{NaOH}$$

$$NH_3\% = \frac{(c_{HCl}\cdot V_{HCl} - c_{NaOH}\cdot V_{NaOH})\cdot M_{NH_3}}{m\times 1000}$$

m 为滴定分析所取产品的质量(单位 g)。

测定步骤：准确称取所制产品 0.2000g，倾入 100mL 圆底烧瓶中，加 20mL 蒸馏水溶解，然后再加 10mL 10% NaOH 溶液，在另一磨口锥形瓶中用移液管准确加入 35.00mL 0.5000mol·L^{-1}标准 HCl 溶液，并放入冰水浴中冷却。

按图 5-4 搭建实验装置，各个接口处密封结合后，将电热套温度调至

130～140℃，保持微微沸腾状态蒸馏 1h 左右，即可将溶液中的氨全部蒸出。蒸馏完毕，再用蒸馏水冲洗冷凝管和尾接管内外，洗涤液流入氨吸收瓶中。取下吸收瓶，以 0.1% 甲基红溶液为指示剂，用 $0.5000mol\cdot L^{-1}$ 标准 NaOH 溶液滴定至颜色由红变为橙色时即为终点。

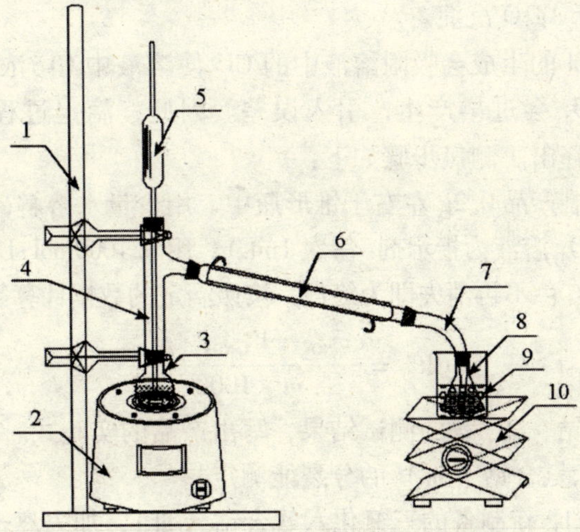

1. 铁架台 2. 电热套 3. 圆底烧瓶 4. 蒸馏头 5. 移液管
6. 冷凝管 7. 真空尾接管 8. 锥形瓶 9. 冰水浴 10. 升降台

图 5－4 测氨装置图

(2) 钴的测定

将蒸出 NH_3 之后的样品溶液冷却，取下蒸馏头，将溅出的液珠全部用蒸馏水淋洗到样品溶液中，加入 1g 固体 KI 使之溶解，再加入 12mL 左右 $6mol\cdot L^{-1}$ HCl 溶液，于暗处放置约 10min。再加入 60～70mL 蒸馏水，用 $0.0500mol\cdot L^{-1}$ 标准 $Na_2S_2O_3$ 溶液滴至浅黄色时，加入 3mL 1% 淀粉溶液，继续滴定至溶液呈粉红色即为终点，计算钴的质量百分含量。

$$Co(\%)=\frac{N_{Na_2S_2O_3}\cdot V_{Na_2S_2O_3}\cdot M_{Co}}{m\times 1000}$$

(3) 氯的测定

以 K_2CrO_4 作指示剂，用银量法测定，其简单原理如下：

在中性 Cl^- 离子溶液中，以 K_2CrO_4 为指示剂，用 $AgNO_3$ 标准溶液进行滴定时，AgCl 首先沉淀出来，待接近终点时，由于 Ag^+ 浓度迅速增加，达到了 Ag_2CrO_4 的溶度积，此时形成砖红色 Ag_2CrO_4 沉淀，即指示出终点。

注意事项：

① 该法只能在中性或弱碱性（pH 值为 6.5 ~ 10.5）溶液中进行，若溶液为酸性时，则 CrO_4^{2-} 可与 H^+ 发生如下反应：

$$2H^+ + 2CrO_4^{2-} = Cr_2O_7^{2-} + H_2O$$

因而降低了 CrO_4^{2-} 离子浓度，影响 Ag_2CrO_4 沉淀与生成。若溶液为强碱性时则 $AgNO_3$ 会生成 Ag_2O 沉淀。

② 由于 AgCl 的生成会吸附溶液中的 Cl^- 使溶液中 Cl^- 浓度偏低，以致未到终点时 Ag_2CrO_4 会过早产生，引入误差。因此，滴定过程中应剧烈摇动，使被吸附的 Cl^- 释出。测氯步骤如下：

精确称取所制产品 0.2g 左右于锥形瓶中，用少量水溶解，调节 pH 值至合适，以 5% K_2CrO_4 溶液为指示剂（每次 1mL），用 0.1000mol·L^{-1} $AgNO_3$ 标准溶液滴定，出现淡红色不再消失即为终点。按照滴定的数据计算氯的百分含量。

$$Cl\% = \frac{c_{AgNO_3} \cdot V_{AgNO_3} \cdot M_{Cl}}{m \times 1000}$$

由以上分析钴、氯、氨的测试结果，写出产品的实验式。

3. 三氯化六氨合钴（Ⅲ）的分裂能测定

（1）称取 0.1g 新制备的三氯化六氨合钴（Ⅲ），加去离子水配制成 20mL 溶液。

（2）吸光度曲线的测定：以去离子水为参比液，用带电脑采集的紫外 - 可见分光光度计在 300 ~ 750nm 的紫外 - 可见工作波长范围内，间隔 1nm，扫描 $[Co(NH_3)_6]^{3+}$ 的吸光度曲线。在吸收曲线上找到 d - d 跃迁吸收峰的最大吸收波长 λ_{max}，计算 $[Co(NH_3)_6]^{3+}$ 的分裂能 Δ_o。

五、思考题

1. 制备钴的氨配合物实验中，有这样一段话：“用布氏漏斗抽滤，将沉淀溶于含有 3.0mL 浓盐酸的 80mL 沸水中，趁热过滤，慢慢加入 10mL 浓盐酸于溶液中，以冰水冷却。”请问前后加入的“浓盐酸”各起什么作用？

2. 配合物中氯的测定时，溶液应在什么条件？为什么？

3. 通常情况下，配合物的紫外 - 可见吸收光谱曲线图中，会有哪些类型的吸收峰？形成各吸收峰的原因是什么？Δ_o的单位通常是什么？

实验 5 - 11 三草酸合铁(Ⅲ)酸钾的制备及组成分析

一、实验目的

1. 了解三草酸合铁(Ⅲ)酸钾的制备方法。

2. 掌握测定三草酸合铁(Ⅲ)酸钾中 $C_2O_4^{2-}$，Fe^{3+} 的含量，以及两种离子配比的原理和方法。

3. 巩固无机合成和滴定分析的基本操作。

二、实验原理

$K_3[Fe(C_2O_4)_3]\cdot 3H_2O$ 为绿色单斜晶体，密度为 $2.138g\cdot cm^{-3}$，加热至100℃时失去全部结晶水，230 ℃时分解；其溶于水，但难溶于乙醇，对光敏感。它是制备负载型活性铁催化剂的主要原料，也是一些有机反应的良好催化剂，具有工业应用价值。合成$K_3[Fe(C_2O_4)_3]\cdot 3H_2O$的工艺路线有多种。本实验以莫尔盐和草酸形成草酸亚铁后经氧化、配位、结晶得到$K_3[Fe(C_2O_4)_3]\cdot 3H_2O$。

配阴离子可用化学分析方法进行测定，用稀 H_2SO_4 溶解试样，在酸性介质中用 $KMnO_4$ 标准溶液滴定待测液中的 $C_2O_4^{2-}$；在滴定 $C_2O_4^{2-}$ 离子后的溶液中，用 Zn 粉还原 Fe^{3+} 为 Fe^{2+}，再用 $KMnO_4$ 标准溶液滴定 Fe^{2+}；通过消耗 $KMnO_4$ 标准溶液的量来计算 $C_2O_4^{2-}$ 和 Fe^{3+}的含量，以及 $C_2O_4^{2-}$ 离子和 Fe^{3+} 离子的配比。

三、试剂

$(NH_4)_2Fe(SO_4)_2\cdot 6H_2O$，$1mol\cdot L^{-1}H_2SO_4$，饱和 $H_2C_2O_4$ 溶液，饱和 $K_2C_2O_4$ 溶液，H_2O_2（$w=5\%$），$3mol\cdot L^{-1}H_2SO_4$，$KMnO_4$ 标准溶液，乙醇 - 丙酮1∶1，无水乙醇，Zn 粉（A. R），去离子水。

四、实验内容

1. 三草酸合铁（Ⅲ）酸钾制备

（1）草酸亚铁的制备

称取 5.0g $(NH_4)_2Fe(SO_4)_2\cdot 6H_2O$ 放入 100mL 洁净烧杯中，加入 1mL $1\ mol\cdot L^{-1}H_2SO_4$ 和 15mL 去离子水，在电炉上用小火加热溶解，再加入 25mL $H_2C_2O_4$ 饱和溶液，搅拌并加热煮沸，停止加热，静置，待析出的黄色 $FeC_2O_4\cdot 2H_2O$ 晶体完全沉降后，倾去上层清液。用倾析法洗涤该沉淀 3 次，每次用20mL温热的去离子水，得到较纯净$FeC_2O_4 \cdot 2H_2O$晶体待用。

（2）Fe(Ⅱ)氧化成Fe(Ⅲ)

在$FeC_2O_4 \cdot 2H_2O$晶体中加入10mL饱和的$K_2C_2O_4$溶液，在磁力加热搅拌器上加热至40℃，用滴管缓慢滴加20mL 5% H_2O_2，不断搅拌并维持温度在40℃左右，使Fe(Ⅱ)充分地氧化成Fe(Ⅲ)；溶液转变为棕红色并有棕红色沉淀产生。H_2O_2加完后，取出磁子，再将溶液转移到电炉上直接加热至沸除去过量的H_2O_2（加热时间不宜太长，煮沸即可认为H_2O_2分解基本完全，停止加热）。

（3）酸溶、配位反应

取大约8mL饱和$H_2C_2O_4$溶液，在快速搅拌下用滴管滴加$H_2C_2O_4$溶液，使沉淀溶解变为亮绿色透明溶液(反应较慢)，溶液的pH控制在3.0~4.0范围；如果溶液中有混浊不溶物质存在，趁热过滤(溶液是透明的，则不需过滤)；冷却至室温后在溶液中加入15mL无水乙醇，将溶液在冰水中冷却约20min，待结晶完全后，抽滤，并用少量乙醇-丙酮(1∶1)洗涤晶体。取下晶体，用滤纸吸干，转入称量瓶中称重，记录下相关称量数据。

2. 组成分析

（1）称样

准确称取约1g合成的$K_3[Fe(C_2O_4)_3] \cdot 3H_2O$于烧杯中，加入25mL $3mol \cdot L^{-1}$ H_2SO_4溶液使之溶解，再转移至250mL容量瓶中，稀释至刻度，摇匀，静置。

（2）$C_2O_4^{2-}$的测定

确移取25.00mL上述试液于锥形瓶中，加入20mL$3mol \cdot L^{-1}$ H_2SO_4溶液，在75~85 ℃范围加热10min，用$KMnO_4$标准溶液滴定溶液呈浅粉色，30s不褪色即为终点。平行滴定3次，记录读数。

（3）Fe^{3+}的测定

往滴定完草酸根的锥形瓶中加入约1g Zn和5mL $3mol \cdot L^{-1}$ H_2SO_4溶液，摇动10min后，过滤除去过量的Zn粉，滤液用另一锥形瓶承接。再用约40mL $0.2mol \cdot L^{-1}$ H_2SO_4（用$3mol \cdot L^{-1}$ H_2SO_4配制）溶液分3~4次洗涤原锥形瓶和沉淀，然后用$KMnO_4$标准溶液滴定溶液呈浅粉色，30 s不褪色即为终点。平行滴定3次，记录读数。

五、注意事项

用H_2O_2将Fe(Ⅱ)氧化成Fe(Ⅲ)后，将溶液加热至沸除去过量的H_2O_2时，加热时间不宜太长，煮沸即可认为H_2O_2分解基本完全，停止加热。

六、思考与讨论

1. 根据实验结果，写出产品中配阴离子的化学式。
2. $KMnO_4$ 滴定 $C_2O_4^{2-}$ 应注意哪些实验条件？为什么要在此温度下进行？

实验5－12 蛋氨酸锌的制备与组成的测定

一、实验目的

1. 了解蛋氨酸锌的制备方法。
2. 掌握蛋氨酸锌中锌含量测定的原理和方法。
3. 巩固无机合成和滴定分析的基本操作。

二、实验原理

蛋氨酸锌是一种微量元素营养添加剂，可提高锌在生物体内的吸收率。本实验由蛋氨酸（固体）和硫酸锌（溶液）合成、分离、干燥，得到蛋氨酸锌配合物。合成工艺条件为pH值为6～7，温度为70～80℃。合成方法是：在不断搅拌下，向热蛋氨酸溶液中逐渐加入新制的$Zn(OH)_2$悬浊液，搅拌1h。其反应为：

$$Zn(OH)_2 + 2C_5H_{11}NO_2S = Zn(C_5H_{10}NO_2S)_2 + 2H_2O$$

配合物中锌含量的测定采用EDTA滴定法。

三、试剂

酸：1∶1HCl溶液（$6mol \cdot L^{-1}$）。

碱：20% NaOH溶液。

其他：24% $ZnSO_4$溶液，20%六次甲基四胺溶液，20g/L抗坏血酸，0.2%二甲酚橙水溶液，200g/L氟化铵溶液，100g/L硫脲溶液，乙酸－乙酸钠缓冲溶液：（pH＝5.5），蛋氨酸固体，无水乙醇，乙二胺四乙酸二钠固体，去离子水，ZnO基准物固体。

四、实验内容

1. 配合物的合成

（1）$Zn(OH)_2$沉淀的制备

量取30mL $ZnSO_4$溶液，置于100mL烧杯中，边搅拌边加入约7～8mL 20% NaOH溶液，至pH值为8，得$Zn(OH)_2$悬浊液备用。

（2）蛋氨酸锌的制备

称取7.5g蛋氨酸，置于400mL烧杯中，加水约150mL，搅拌，升温至70～80℃，待蛋氨酸完全溶解后，保持此温度。在不断搅拌下缓慢加入$Zn(OH)_2$悬浊液，搅拌反应60min，冷却，静置约10min，使产物完全析出。用布氏漏斗抽滤，在抽滤过程中，用少量水和无水乙醇分别洗涤沉淀3次，抽干。将产品转移至表面皿上，置入烘箱，于114℃干燥1h，得白色蛋氨酸锌配合物，称重。

2. 配合物的组成测定

(1) EDTA溶液的配制及标定

① 0.05mol·L^{-1} EDTA溶液的配制　在500mL烧杯中称取____ g(自行计算)乙二胺四乙酸二钠，加入250mL水，搅拌使其溶解完全，必要时可微热，冷却后转入试剂瓶中，稀释至1000mL，充分摇匀，备用。

② EDTA溶液的标定　准确称取基准物氧化锌1g(称准至0.0001g)于150mL烧杯中，用少量水润湿后，盖上表面皿，沿杯壁滴加1∶1盐酸溶液(约6mL)，待氧化锌完全溶解后，用少量水淋洗表面皿和烧杯内壁，定量转移至250mL容量瓶中，以水定容。

移取上述待标定的Zn^{2+}标准溶液25.00mL于250mL锥形瓶中，加20mL水和2滴二甲酚橙指示剂后，滴加六次甲基四胺溶液至呈现稳定的紫红色，再多加3mL，用EDTA溶液滴定至溶液由紫红色刚变为亮黄色即达终点。计算EDTA溶液的准确浓度。

(2) 锌含量的测定

准确称取蛋氨酸锌试样0.5g(称准至0.0001g)，置于250mL锥形瓶中，用少量水润湿。滴加2mL 1∶1盐酸溶液使试样完全溶解，加50mL水、10mL氟化铵溶液、5mL硫脲溶液和10mL抗坏血酸溶液，摇匀。然后加入15mL乙酸-乙酸钠缓冲溶液和3滴二甲酚橙指示剂，用已标定的EDTA标准溶液滴定至溶液由紫红色变为亮黄色即为终点。

五、思考与讨论

1. EDTA溶液标定时，加入的“六次甲基四胺溶液”起什么作用?
2. 写出EDTA溶液标定时涉及的主要反应。
3. 配合物中锌含量测定时，加入的“氟化铵溶液、硫脲溶液和抗坏血酸溶液”各起何作用?
4. 采用二甲酚橙为指示剂时，溶液应为什么条件？为什么?

第六部分　附　录

附录 1　不同温度下水的饱和蒸汽压

（由熔点 0℃ 至临界温度 370℃）

t/℃	0	1	2	3	4	5	6	7	8	9
0	0.611 29	0.657 16	0.706 05	0.758 13	0.813 59	0.872 60	0.935 37	1.0021	1.073 0	1.148 2
10	1.228 1	1.312 9	1.4027	1.4979	1.598 8	1.705 6	1.818 5	1.938 0	2.064 4	2.197 8
20	2.338 8	2.487 7	2.6447	2.810 4	2.985 0	3.169 0	3.362 9	3.567 0	3.781 8	4.007 8
30	4.245 5	4.495 3	4.7578	5.033 5	5.322 9	5.626 7	5.945 3	6.279 5	6.629 8	6.996 9
40	7.381 4	7.784 0	8.205 4	8.646 3	9.107 5	9.589 8	10.094	10.620	11.171	11.745
50	12.344	12.970	13.623	14.303	15.012	15.752	16.522	17.324	18.159	19.028
60	19.932	20.873	21.851	22.868	23.925	25.022	26.163	27.347	28.576	29.852
70	31.176	32.549	33.972	35.448	36.978	38.563	40.205	41.905	43.665	45.487
80	47.373	49.324	51.342	53.428	55.585	57.815	60.119	62.499	64.958	67.496
90	70.117	72.823	75.614	78.494	81.465	84.529	87.688	90.945	94.301	97.759
100	101.32	104.99	108.77	112.66	116.67	120.79	125.03	129.39	133.88	138.50
110	143.24	148.12	153.13	158.29	163.58	169.02	174.61	180.34	186.23	192.28
120	198.48	204.85	211.38	218.09	224.96	232.01	239.24	246.66	254.25	262.04
130	270.02	278.20	286.57	295.15	303.93	321.93	322.14	331.57	341.22	351.09
140	361.19	371.53	382.11	392.92	403.98	415.29	426.85	438.67	450.75	463.10

（续表）

t/℃	0	1	2	3	4	5	6	7	8	9
150	475.72	488.61	501.78	515.23	528.96	542.99	557.32	571.94	586.87	602.11
160	617.66	633.53	649.73	666.25	683.10	700.29	717.84	735.70	753.94	772.52
170	791.47	810.78	830.47	850.53	870.98	891.80	913.03	934.64	956.66	979.09
180	1 001.9	1 025.2	1 048.9	1 073.0	1 097.5	1 122.5	1 147.9	1 173.8	1 200.1	1 226.9
190	1 254.2	1 281.9	1 310.1	1 338.8	1 368.0	1 397.6	1 427.8	1 458.5	1 489.7	1 521.4
200	1553.6	1 586.4	1 619.7	1 653.6	1 688.0	1 722.9	1 758.4	1 794.5	1 831.1	1 868.4
210	1 906.2	1 944.6	1 983.6	2 023.2	2 063.4	2104.2	2 145.7	2 187.8	2 230.5	2 273.8
220	2 317.8	2 362.5	2 407.8	2 453.8	2 500.5	2 547.9	2 595.9	2 644.6	2 694.1	2 744.2
230	2 795.1	2 846.7	2 899.0	2 952.1	3 005.9	3 060.4	3 115.7	3 171.8	3 228.6	3 286.3
240	3 344.7	3 403.9	3 463.9	3 524.1	3 586.3	3 648.8	3 712.1	3 776.2	3 841.2	3 907.0
250	3 973.6	4 041.2	4 109.6	4 178.9	4 249.1	4 320.2	4 392.2	4 465.1	4 539.0	4 613.7
260	4 689.4	4 766.1	4 843.7	4 922.3	5 001.8	5 082.3	5 163.8	5 246.3	5 329.8	5 414.3
270	5 499.9	5 586.4	5 674.0	5 762.7	5 852.4	5 943.1	6035.0	6 127.9	6 221.9	6 317.0
280	6 413.2	6 510.5	6 608.9	6 708.5	6 809.2	6 911.1	7 014.1	7 118.3	7 223.7	7 330.2
290	7 438.0	7 547.0	7 657.2	7 768.6	7 881.3	7 995.2	8 110.3	8 226.8	8 344.5	8 463.5
300	8 583.8	8 705.4	8 828.3	8 952.6	9 078.2	9 205.1	9 333.4	9 463.1	9 594.2	9 726.7
310	9 860.5	9 995.8	10 133	10 271	10 410	10 551	10 694	10 838	10 984	11 131
320	11 279	11 429	11 581	11 734	11 889	12 046	12 204	12 364	12 525	12 688
330	12 852	13 019	13 187	13 357	13 528	13 701	13 876	14 053	14 232	14 412
340	14 594	14 778	14 964	15 152	15 342	15 533	15 727	15 922	16 120	16 320
350	16 521	16 725	16 931	17 138	17 348	17 561	17 775	17 922	18 211	18 432
360	18 655	18 881	19 100	19 340	19 574	19 809	20 048	20 289	20 533	20 780
370	21 030	21 283	21 539	21 799	22 055					

摘译自：Lide DR，Handbook of Chemistry and Physics，6－8～6－9. 78th ed. 1997～1998

附录 2 常用酸碱指示剂

指示剂名称	变色 pH 范围	颜色变化	溶液配制方法
甲基紫 （第一变色范围）	0.13 ~ 0.5	黄 - 绿	0.1%或0.05%的水溶液
苦味酸	0.0 ~ 1.3	无色 - 黄	0.1%水溶液
甲基绿	0.1 ~ 2.0	黄 - 绿 - 浅蓝	0.05%水深液
孔雀绿 （第一变色范围）	0.13 ~ 2.0	黄 - 浅蓝 - 绿	0.1%水溶液
甲酚红 （第一变色范围）	0.2 ~ 1.8	红 - 黄	0.04g 指示剂溶于 100mL 50% 乙醇中
甲基紫 （第二变色范围）	1.0 ~ 1.5	绿 - 蓝	0.1%水溶液
百里酚蓝 （麝香草酚蓝） （第一变色范围）	1.2 ~ 2.8	红 - 黄	0.1g 指示剂溶于 100mL 20% 乙醇中
甲基紫 （第三变色范围）	2.0 ~ 3.0	蓝 - 紫	0.1%水溶液
茜素黄 R （第一变色范围）	1.9 ~ 3.3	红 - 黄	0.1%水溶液
二甲基黄	2.9 ~ 4.0	红 - 黄	0.1g 或 0.01g 指示剂溶于 100mL 90% 乙醇中
甲基橙	3.1 ~ 4.4	红 - 橙黄	0.1%水溶液
溴酚蓝	3.0 ~ 4.6	黄 - 蓝	0.1g 指示剂溶于 100mL 20% 乙醇中
刚果红	3.0 ~ 5.2	蓝紫 - 红	0.1%水溶液
茜素红 S （第一变色范围）	3.7 ~ 5.2	黄 - 紫	0.1%水溶液
溴甲酚绿	3.8 ~ 5.4	黄 - 蓝	0.1g 指示溶于 100mL 20% 乙醇中
甲基红	4.4 ~ 6.2	红 - 黄	0.1g 或 0.2g 指示剂溶于 100mL 60% 乙醇中
溴酚红	5.0 ~ 6.8	黄 - 红	0.1g 或 0.04g 指示剂溶于 100mL 20% 乙醇中
溴甲酚紫	5.2 ~ 6.8	黄 - 紫红	0.1g 指示剂溶于 100mL 20% 乙醇中
溴百里酚蓝	6.0 ~ 7.6	黄 - 蓝	0.05g 指示剂溶于 100mL 20% 乙醇中
中性红	6.8 ~ 8.0	红 - 亮黄	0.1g 指示剂溶于 100mL 60% 乙醇中
酚红	6.8 ~ 8.0	黄 - 红	0.1g 指示剂溶于 100mL 20% 乙醇中

（续表）

指示剂名称	变色 pH 范围	颜色变化	溶液配制方法
甲酚红	7.2～8.8	亮黄－紫红	0.1g 指示剂溶于 100mL 50% 乙醇中
百里酚蓝 （麝香草酚蓝） （第二变色范围）	8.0～9.0	黄－蓝	参看第一变色范围
酚酞	8.2～10.0	无色－紫红	(1) 0.1g 指示剂溶于 100mL 60% 乙醇中 (2) 1g 酚酞溶于 100mL 90% 乙醇中
百里酚酞	9.4～10.6	无色－蓝	0.1g 指示剂溶于 100mL 90% 乙醇中
茜素红 S （第二变色范围）	10.0～12.0	紫－淡黄	参看第一变色范围
茜素黄 R （第二变色范围）	10.1～12.1	黄－淡紫	0.1% 水溶液
孔雀绿 （第二变色范围）	11.5～13.2	蓝绿－无色	参看第一变色范围
达旦黄	12.0～13.0	黄－红	0.1% 水溶液

附录 3 常用酸碱的浓度

试剂名称	密 度	质量分数	物质的量浓度	试剂名称	密 度	质量分数	物质的量浓度
	$g \cdot mL^{-1}$	%	$mol \cdot L^{-1}$		$g \cdot mL^{-1}$	%	$mol \cdot L^{-1}$
浓硫酸	1.84	98	18	氢溴酸	1.38	40	7
稀硫酸	1.1	9	2	氢碘酸	1.70	57	7.5
浓盐酸	1.19	38	12	冰醋酸	1.05	99	17.5
稀盐酸	1.0	7	2	稀醋酸	1.04	30	5
浓硝酸	1.4	68	16	稀醋酸	1.0	12	2
稀硝酸	1.2	32	6	浓氢氧化钠	1.44	～41	～14.4
稀硝酸	1.1	12	2	稀氢氧化钠	1.1	8	2
浓磷酸	1.7	85	14.7	浓氨水	0.91	～28	14.8
稀磷酸	1.05	9	1	稀氨水	1.0	3.5	2
浓高氯酸	1.67	70	11.6	氢氧化钙水溶液		0.15	
稀高氯酸	1.12	19	2	氢氧化钡溶液		2	～0.1
浓氢氟酸	1.13	40	23				

附录4　弱酸弱碱在水中的解离常数

(一)弱酸的解离常数

酸	t/℃	级	Ka	pKa
砷酸(H_3AsO_4)	25	1	6.3×10^{-3}	2.20
	25	2	1.0×10^{-7}	7.00
	25	3	5.1×10^{-12}	11.50
亚砷酸(H_3AsO_3)	25		5.1×10^{-10}	9.29
正硼酸(H_3BO_3)	20		5.4×10^{-10}	9.27
四硼酸($H_2B_4O_7$)	25	1	1×10^{-4}	4
	25	2	1×10^{-9}	9
碳酸(H_2CO_3)	25	1	4.5×10^{-7}	6.35
	25	2	4.7×10^{-11}	10.33
铬酸(H_2CrO_4)	25	1	1.8×10^{-1}	0.74
	25	2	3.2×10^{-7}	6.49
氢氰酸(HCN)	25		6.2×10^{-10}	9.21
氢氟酸(HF)	25		6.3×10^{-4}	3.20
氢硫酸(H_2S)	25	1	8.9×10^{-8}	7.05
	25	2	1×10^{-19}	19
过氧化氢(H_2O_2)	25	1	2.4×10^{-12}	11.62
次溴酸(HBrO)	18		2.8×10^{-9}	8.55
次氯酸(HClO)	25		2.95×10^{-8}	7.53
次碘酸(HIO)	25		3×10^{-11}	10.5
碘酸(HIO_3)	25		1.7×10^{-1}	0.78
亚硝酸(HNO_2)	25		5.6×10^{-4}	3.25
高碘酸(HIO_4)	25		2.3×10^{-2}	1.64
正磷酸(H_3PO_4)	25	1	6.9×10^{-3}	2.16
	25	2	6.23×10^{-8}	7.21
	25	3	4.8×10^{-13}	12.32

（续表）

酸	t/℃	级	Ka	pKa
亚磷酸（H_3PO_3）	20	1	5×10^{-2}	1.3
	20	2	2.0×10^{-7}	6.70
焦磷酸（$H_4P_2O_7$）	25	1	1.2×10^{-1}	0.91
	25	2	7.9×10^{-3}	2.10
	25	3	2.0×10^{-7}	6.70
	25	4	4.8×10^{-10}	9.32
硒酸（H_2SeO_4）	25	2	2×10^{-2}	1.7
亚硒酸（H_2SeO_3）	25	1	2.4×10^{-3}	2.62
	25	2	4.8×10^{-9}	8.32
硅酸（H_2SiO_3）	30	1	1×10^{-10}	9.9
	30	2	2×10^{-12}	11.8
硫酸（H_2SO_4）	25	2	1.0×10^{-2}	1.99
亚硫酸（H_2SO_3）	25	1	1.4×10^{-2}	1.85
亚硝酸（HNO_2）	25	1	5.1×10^{-4}	3.29
	25	2	6×10^{-8}	7.2
甲酸（HCOOH）	20		1.77×10^{-4}	3.75
醋酸（HAc）	25		1.76×10^{-5}	4.75
草酸（$H_2C_2O_4$）	25	1	5.90×10^{-2}	1.23
	25	2	6.40×10^{-5}	4.19
一氯乙酸（$CH_2ClCOOH$）	25	1	1.4×10^{-3}	2.86
二氯乙酸（$CHCl_2COOH$）	25	1	5.0×10^{-2}	1.30
三氯乙酸（CCl_3COOH）	25	1	0.23	0.64
乳酸（$CH_3CHOHCOOH$）	25	1	1.4×10^{-4}	3.86
苯甲酸（C_6H_5COOH）	25	1	6.2×10^{-5}	4.21
d－酒石酸（CH(OH)COOH | CH(OH)COOH）	25	1	9.1×10^{-4} (Ka1)	3.04
		2	4.3×10^{-5} (Ka2)	4.37
邻苯二甲酸（$C_6H_4(COOH)_2$）	25	1	1.1×10^{-3} (Ka1)	2.95
		2	3.9×10^{-6} (Ka2)	5.41

（续表）

酸	t/℃	级	Ka	pKa
柠檬酸 $\left(\begin{matrix}CH_2COOH\\ \vert\\ C(OH)COOH\\ \vert\\ CH_2COOH\end{matrix}\right)$	25	1 2 3	7.4×10^{-4}(Ka1) 1.7×10^{-5}(Ka2) 4.0×10^{-7}(Ka3)	3.13 4.76 6.40
苯酚(C6H5OH)	25		1.1×10^{-10}	9.95
乙二胺四乙酸（H_6-EDTA^{2+}） （H_5-EDTA^{+}） （H_4-EDTA） （H_3-EDTA^{-}） （H_2-EDTA^{2-}） （$H-EDTA^{3-}$）	25	1 2 3 4 5 6	0.1(Ka1) 3×10^{-2}(Ka2) 1×10^{-2}(Ka3) 2.1×10^{-3}(Ka4) 6.9×10^{-7}(Ka5) 5.5×10^{-11}(Ka6)	0.9 1.6 2.0 2.67 6.16 10.26

(二)弱碱的解离常数

碱	t/℃	级	Kb	pKb
氨水($NH_3\cdot H2O$)	25		1.79×10^{-5}	4.75
氢氧化铍［Be（$OH)_2$］	25	2	5×10^{-11}	10.30
氢氧化钙［Be（$OH)_2$］	25 30	1 2	3.74×10^{-3} 4.0×10^{-2}	2.43 1.4
联氨(NH_2NH_2)	25	1 2	3.0×10^{-6} 7.6×10^{-15}	5.52 14.12
羟氨(NH_2OH)	25		8.71×10^{-9}	8.06
氢氧化铅［Pb（$OH)_2$］	25		9.6×10^{-4}	3.02
氢氧化银(AgOH)	25		1.1×10^{-4}	3.96
氢氧化锌［Zn（$OH)_2$］	25		9.6×10^{-4}	3.02
甲胺(CH_3NH_2)	25		4.2×10^{-4}	3.38
乙胺($C_2H_5NH_2$)	25		5.6×10^{-4}	3.25
二甲胺［（$CH_3)_2NH$］	25		1.2×10^{-4}	3.93
二乙胺［（$C_2H_5)_2NH$］	25		1.3×10^{-3}	2.89
乙醇胺($HOCH_2CH_2NH_2$)	25		3.2×10^{-5}	4.50

（续表）

碱	t/℃	级	Kb	pKb
三乙醇胺[$(HOCH_2CH_2)_3N$]	25		5.8×10^{-7}	6.24
六亚甲基四胺[$(CH_2)_6N_4$]	25		1.4×10^{-9}	8.85
乙二胺($H_2NCH_2CH_2NH_2$)	25	1	8.5×10^{-5}(Kb_1)、	4.07
		2	7.1×10^{-8}(Kb_2)	7.15
吡啶(C_5H_5N)	25		1.7×10^{-9}	8.77

数据主要摘译自：Lide D R. Handbook of Chemistry and Physics. 78th ed. 1997—1998. 8 - 43 - 8 - 44。

标的数据自：Weast R C. Handbook of Chemistry and physics. Vol 66. 1985—1986. D159 - D163。

附录 5 微溶化合物的溶度积

（18 ~ 25℃，I = 0）

微溶化合物	K_{sp}^{θ}	pK_{sp}^{θ}	微溶化合物	K_{sp}^{θ}	pK_{sp}^{θ}
$Ag_3A_sO_4$	1×10^{-22}	22.0	$AI(OH)_3$（无定型）	1.3×10^{-33}	32.9
$AgBrO_3$	5.38×10^{-5}	4.27	AS_2S_3	2.1×10^{-22}	21.68
$AgIO_3$	3.17×10^{-8}	7.50	$BaCO_3$	5.1×10^{-9}	8.29
AgBr	4.1×10^{-13}	12.39	$BaCrO_4$	1.2×10^{-10}	9.93
Ag_2CO_3	8.1×10^{-12}	11.09	BaF_2	1×10^{-6}	6.0
Ag_2Cl	1.8×10^{-10}	9.75	$BaC_2O_4\cdot H_2O$	2.3×10^{-8}	7.64
Ag_2CrO_4	2.0×10^{-12}	11.71	$Ba(IO_3)_2$	4.01×10^{-9}	8.40
$Ag_2Cr_2O_7$	2×10^{-7}	6.69	$BaSO_4$	1.1×10^{-10}	9.96
AgCN	1.2×10^{-16}	15.92	$Bi(OH)_3$	4×10^{-31}	30.4
AgOH	2.0×10^{-8}	7.71	BiOH	4×10^{-10}	9.4
AgI	9.3×10^{-17}	16.03	BiI_3	8.1×10^{-19}	18.09
$Ag_2C_2O_4$	3.5×10^{-11}	10.46	BiOCl	1.8×10^{-31}	30.75
Ag_3PO_4	1.4×10^{-16}	15.84	$BiPO_4$	1.3×10^{-23}	22.89
Ag_2SO_4	1.4×10^{-5}	4.84	Bi_2S_3	1×10^{-97}	97.0

（续表）

微溶化合物	K_{sp}^{θ}	pK_{sp}^{θ}	微溶化合物		K_{sp}^{θ}	pK_{sp}^{θ}
Ag_2S	2×10^{-49}	48.7	$CaCO_3$		2.9×10^{-9}	8.54
AgSCN	1.0×10^{-12}	12.00	CaF_2		2.7×10^{-11}	10.57
$CaC_2O_4\cdot H_2O$	2.0×10^{-9}	8.70	FeC_2O_4		2.1×10^{-7}	6.68
$Ca_3(PO_4)_2$	2.0×10^{-29}	28.70	$Cu(OH)_2$		2.2×10^{-20}	19.66
$Ca(IO_3)_2$	6.47×10^{-6}	5.19	CuS		8.5×10^{-45}	44.07
$CaSO_4$	9.1×10^{-6}	5.04	$FeCO_3$		3.2×10^{-11}	10.50
$CaWO_4$	8.7×10^{-9}	8.06	$Fe(OH)_2$		8×10^{-16}	15.1
$CdCO_3$	5.2×10^{-12}	11.28	FeS		6×10^{-18}	17.2
$Cd_2[Fe(CN)_6]$	3.2×10^{-17}	16.49	$Fe(OH)_3$		2.79×10^{-39}	38.55
$Cd(OH)_2$(新析出)	2.5×10^{-14}	13.60	$FePO_4$		1.3×10^{-22}	21.89
$CdC_2O_4\cdot 3H_2O$	9.1×10^{-8}	7.04	Hg_2Br_2		5.8×10^{-23}	22.24
CdS	8×10^{-27}	26.1	Hg_2CO_3		8.9×10^{-17}	16.05
$CoCO_3$	1.4×10^{-13}	12.84	Hg_2Cl_2		1.3×10^{-18}	17.88
$Co_2[Fe(CN)_6]$	1.8×10^{-15}	14.74	$Hg_2(OH)_2$		2×10^{-24}	23.7
$Co(OH)_2$(新析出)	2×10^{-15}	14.7	Hg_2I_2		4.5×10^{-29}	28.35
$Co(OH)_3$	2×10^{-44}	43.7	Hg_2SO_4		7.4×10^{-7}	6.13
$Co[Hg(SCN)_4]$	1.5×10^{-8}	7.82	Hg_2S		1×10^{-47}	47.0
α-CoS	4×10^{-21}	20.4	$Hg(OH)_2$		3.0×10^{-26}	25.52
β-CoS	2×10^{-25}	24.7	HgS	红色	4×10^{-53}	52.4
$Co_3(PO_4)_2$	2×10^{-35}	34.7		黑色	2×10^{-52}	51.7
$Cr(OH)_3$	6×10^{-31}	30.2	Li_2CO_3		8.15×10^{-4}	3.09
CuBr	5.2×10^{-9}	8.28	$MgNH_4PO_4$		2×10^{-13}	12.7
CuCl	1.2×10^{-8}	7.92	$MgCO_3$		6.82×10^{-6}	5.17
CuCN	3.2×10^{-20}	19.49	MgF_2		5.16×10^{-11}	10.29
CuI	1.1×10^{-12}	11.96	$Mg(OH)_2$		5.61×10^{-12}	11.25
CuOH	1×10^{-14}	14.0	$MgC_2O_4\cdot 2H_2O$		4.83×10^{-6}	5.32
Cu_2S	2×10^{-47}	46.7	$MnCO_3$		1.8×10^{-11}	10.74

（续表）

微溶化合物	K_{sp}^{θ}	pK_{sp}^{θ}	微溶化合物	K_{sp}^{θ}	pK_{sp}^{θ}
$Cu(IO_3)_2 \cdot H_2O$	6.94×10^{-8}	7.16	$Mn(OH)_2$	1.9×10^{-13}	12.72
CuC_2O_4	4.43×10^{-10}	9.35	MnS(无定形)	2×10^{-10}	9.7
CuSCN	4.8×10^{-15}	14.32	MnS(晶形)	2×10^{-13}	12.7
$Cu_2[Fe(CN)_6]$	1.3×10^{-16}	15.88	$NiCO_3$	6.6×10^{-9}	8.18
$CuCO_3$	1.4×10^{-10}	9.86	$Ni(OH)_2$(新析出)	2×10^{-15}	14.7
$Ni_3(PO)_4$	5×10^{-31}	30.3	Sb_2S_3	2×10^{-93}	92.8
α－NiS	3×10^{-19}	18.5	$Sn(OH)_2$	1.4×10^{-25}	27.85
β－NiS	1×10^{-24}	24.0	SnS	1×10^{-25}	25.0
γ－NiS	2×10^{-26}	25.7	$Sn(OH)_4$	1×10^{-56}	56.0
PbClF	2.4×10^{-9}	8.62	SnS_2	2×10^{-27}	26.7
$PbCrO_4$	2.8×10^{-13}	12.55	$SrCO_3$	1.1×10^{-10}	9.96
$PbCO_3$	7.4×10^{-14}	13.13	$SrCrO_4$	2.2×10^{-5}	4.65
$Pb(IO_3)_2$	3.69×10^{-13}	12.43	SrF_2	2.4×10^{-9}	8,61
PbC_2O_4	2.74×10^{-11}	10.56	$SrC_2O_4 \cdot H_2O$	1.6×10^{-7}	6,80
$PbCl_2$	1.6×10^{-5}	4.79	$Sr_3(PO_4)_2$	4.1×10^{-28}	27.39
PbF_2	2.7×10^{-8}	7.57	$SrSO_4$	3.2×10^{-7}	6.49
$Pb(OH)_2$	1.2×10^{-15}	14.93	$Ti(OH)_3$	1×10^{-40}	40.0
PbI_2	7.1×10^{-9}	8.15	$Ti(OH)_2$	1×10^{-29}	29.0
$PbMoO_4$	1×10^{-13}	13.0	$ZnCO_3$	1.4×10^{-11}	10.84
$PbSO_4$	8.0×10^{-43}	42.10	$Zn[Fe(CN)_6]$	4.1×10^{-16}	15.39
$Pb_3(PO_4)_2$	1.6×10^{-8}	7.79	$Zn(OH)_2$	1.2×10^{-17}	16.92
PbS	8×10^{-28}	27.9	$Zn_3(PO_4)_2$	9.1×10^{-33}	32.04
$Pb(OH)_4$	3×10^{-66}	65.5	$ZnC_2O_4 \cdot 2H_2O$	1.38×10^{-9}	8.86
$Sb(OH)_3$	4×10^{-42}	41.4	ZnS	2×10^{-22}	21.7

附录6　标准电极电势

由于电极处于一定的介质条件下，因此，把明显地要求碱性介质的反应列于表(二)，其余列入表(一)；另外以元素符号的英文字母顺序和氧化数由低到高变化的次序编排，以便查阅。

(一)在酸性溶液中

电偶氧化态	电极反应	E^{θ}/V
Ag (Ⅰ)—(0)	$Ag^+ + e^- \rightleftharpoons Ag$	+0.7996
(Ⅰ)—(0)	$AgBr + e^- \rightleftharpoons Ag + Br^-$	+0.07133
(Ⅰ)—(0)	$AgCl + e^- \rightleftharpoons Ag + Cl^-$	+0.22233
(Ⅰ)—(0)	$AgI + e^- \rightleftharpoons Ag + I^-$	-0.15224
(Ⅰ)—(0)	$[Ag(S_2O_3)]^{3-} + e^- \rightleftharpoons Ag + 2S_2O_3^{2-}$	+0.01
(Ⅰ)—(0)	$Ag_2CrO_4 + 2e^- \rightleftharpoons 2Ag + CrO_4^{2-}$	+0.04470
(Ⅱ)—(Ⅰ)	$Ag^{2+} + e^- \rightleftharpoons Ag^+$	+1.980
(Ⅲ)—(Ⅰ)	$Ag_2O_3(s) + 6H^+ + 4e^- \rightleftharpoons 2Ag^+ + 3H_2O$	+1.76
(Ⅲ)—(Ⅱ)	$Ag_2O_3(s) + 2H^+ + 2e^- \rightleftharpoons 2AgO\downarrow + H_2O$	+1.71
Al (Ⅲ)—(0)	$Al^{3+} + 3e^- \rightleftharpoons Al$	-1.662
(Ⅲ)—(0)	$[AlF_6]^{3-} + 3e^- \rightleftharpoons Al + 6F^-$	-2.069
As (0)—(-Ⅲ)	$As + 3H^+ + 3e^- \rightleftharpoons AsH_3$	-0.608
(Ⅲ)—(0)	$HAsO_2^+(aq) + 3H^+ + 3e^- \rightleftharpoons As + 2H_2O$	0.248
(Ⅴ)—(Ⅲ)	$H_3AsO_4 + 2H^+ + 2e^- \rightleftharpoons HAsO_2 + 2H_2O(1mol\cdot L^{-1})$	+0.560
Au (Ⅰ)—(0)	$Au^+ + e^- \rightleftharpoons Au$	+1.692
(Ⅰ)—(0)	$[AuCl_2]^- + e^- \rightleftharpoons Au(s) + 2Cl^-$	+1.15
(Ⅲ)—(0)	$Au^{3+} + 3e^- \rightleftharpoons Au$	+1.498
(Ⅲ)—(0)	$[AuCl_4]^- + 3e^- \rightleftharpoons Au + 4Cl^-$	+1.002
(Ⅲ)—(Ⅰ)	$Au^{3+} + 2e^- \rightleftharpoons Au^+$	+1.401
B (Ⅲ)—(0)	$H_3BO_3 + 3H^+ + 3e^- \rightleftharpoons B + 3H_2O$	-0.8698

（续表）

电偶氧化态	电极反应	E^θ/V
Ba（Ⅱ）—(0)	$Ba^{2+}+2e^- \rightleftharpoons Ba$	-2.912
Be（Ⅱ）—(0)	$Be^{2+}+2e^- \rightleftharpoons Be$	-1.847
Bi（Ⅲ）—(0)	$Bi^{3+}+3e^- \rightleftharpoons Bi(s)$	+0.308
（Ⅲ）—(0)	$BiO^+ +2H^+ \rightleftharpoons Bi+H_2O$	+0.320
（Ⅲ）—(0)	$BiOCl+2H^+ +3e^- \rightleftharpoons Bi+Cl^- +H_2O$	+0.1583
（Ⅴ）—（Ⅲ）	$Bi_2O_5+6H^+ +4e^- \rightleftharpoons 2BiO^+ +3H_2O$	+1.6
Br (0)—(-Ⅰ)	$Br_2(aq)+2e^- \rightleftharpoons 2Br^-$	+1.0873
(0)—(-Ⅰ)	$Br_2(l)+2e^- \rightleftharpoons 2Br^-$	+1.066
（Ⅰ）—（Ⅰ）	$HBrO+H^+ +2e^- \rightleftharpoons Br^- +H_2O$	+1.331
（Ⅰ）—(0)	$HBrO+H^+ +2e^- \rightleftharpoons 1/2Br_2(l)+H_2O$	+1.596
Br（Ⅴ）—(-Ⅰ)	$BrO_3{}^- +6H^+ +6e^- \rightleftharpoons Br^- +3H_2O$	+1.423
（Ⅴ）—(0)	$BrO_3{}^- +6H^+ +5e^- \rightleftharpoons \cdot Br^- +3H_2O$	+1.482
C（Ⅴ）—（Ⅱ）	$CO_2(g)+2H^+ +2e^- \rightleftharpoons HCOOH(aq)$	-0.119
（Ⅴ）—（Ⅱ）	$CO_2(g)+2H^+ +2e^- \rightleftharpoons CO(g)+H_2O$	-0.12
（Ⅳ）—（Ⅲ）	$2CO_2(g)+2H^+ +2e^- \rightleftharpoons H_2C_2O_4(aq)$	-0.49
（Ⅳ）—（Ⅲ）	$2HCNO+2H^+ +2e^- \rightleftharpoons (CN)_2+2H_2O$	+0.33
Ca（Ⅱ）—(0)	$Ca^{2+}+2e^- \rightleftharpoons Ca$	-2.868
Cd（Ⅱ）—(0)	$Cd^{2+}+2e^- \rightleftharpoons Cd$	-0.4030
（Ⅱ）—(0)	Cd^{2+}(Hg，饱和)$+2e^- \rightleftharpoons Cd$(Hg，饱和)	-0.3521
Ce（Ⅲ）—(0)	$Ce^{3+}+3e^- \rightleftharpoons Ce$	-2.336
（Ⅳ）—（Ⅲ）	$Ce^{4+}+e^- \rightleftharpoons Ce^{3+}(1mol \cdot L^{-1} H_2SO_4)$	+1.443
（Ⅳ）—（Ⅲ）	$Ce^{4+}+e^- \rightleftharpoons Ce^{3+}(0.5 \sim 2mol \cdot L^{-1} HNO_3)$	+1.616
（Ⅳ）—（Ⅲ）	$Ce^{4+}+e^- \rightleftharpoons Ce^{3+}(1mol \cdot L^{-1} HClO_4)$	+1.70
Cl (0)—(-Ⅰ)	$Cl_2(g)+2e^- \rightleftharpoons 2Cl^-$	+1.35827
（Ⅰ）—(-Ⅰ)	$HClO+H^+ +2e^- \rightleftharpoons Cl^- +H_2O$	+1.482
（Ⅰ）—(0)	$HClO+H^+ +2e^- \rightleftharpoons \cdot Cl_2+H_2O$	+1.611
Cl（Ⅲ）—（Ⅰ）	$HClO_2+2H^+ +2e^- \rightleftharpoons HClO+H_2O$	+1.645

（续表）

电偶氧化态	电极反应	E^{θ}/V
(Ⅳ)—(Ⅲ)	$ClO_2 + H^+ + e^- \rightleftharpoons HClO_2$	+1.277
(Ⅴ)—(-Ⅰ)	$ClO_3^- + 6H^+ + 6e^- \rightleftharpoons Cl^- + 3H_2O$	+1.451
(Ⅴ)—(0)	$ClO_3^- + 6H^+ + 2e^- \rightleftharpoons \cdot Cl^- + 3H_2O$	+1.47
(Ⅴ)—(Ⅲ)	$ClO_3^- + 3H^+ + 5e^- \rightleftharpoons HClO_2 + H_2O$	+1.214
(Ⅴ)—(Ⅴ)	$ClO_3^- + 2H^+ + e^- \rightleftharpoons ClO_2(g) + H_2O$	+1.512
(Ⅶ)—(-Ⅰ)	$ClO_4^- + 8H^+ + 8e^- \rightleftharpoons Cl^- + 4H_2O$	+1.389
(Ⅶ)—(0)	$ClO_4^- + 8H^+ + 7e^- \rightleftharpoons \cdot Cl_2 + 4H_2O$	+1.39
(Ⅶ)—(Ⅴ)	$ClO_4^- + 2H^+ + 2e^- \rightleftharpoons ClO_3^- + H_2O$	+1.189
Co (Ⅱ)—(0)	$Co^{2+} + 2e^- \rightleftharpoons Co$	-0.24
(Ⅲ)—(Ⅱ)	$Co^{3+} + e^- \rightleftharpoons Co^{2+}(3mol \cdot L^{-1} HNO_3)$	+1.842
Cr (Ⅲ)—(0)	$Cr^{3+} + 3e^- \rightleftharpoons Cr$	-0.744
(Ⅱ)—(0)	$Cr^{2+} + 2e^- \rightleftharpoons Cr$	-0.913
(Ⅲ)—(Ⅱ)	$Cr^{3+} + e^- \rightleftharpoons Cr^{2+}$	-0.407
(Ⅳ)—(Ⅲ)	$Cr_2O_7^- + 14H^+ + 6e^- \rightleftharpoons 2Cr^{3+} + 7H_2O$	+1.232
(Ⅳ)—(Ⅲ)	$HCrO_4^- + 7H^+ + 3e^- \rightleftharpoons Cr^{3+} + 4H_2O$	+1.350
Cs (Ⅰ)—(0)	$Cs^+ + e^- \rightleftharpoons Cs$	-3.026
Cu (Ⅰ)—(0)	$Cu^+ + e^- \rightleftharpoons Cu$	+0.521
(Ⅰ)—(0)	$Cu_2O(s) + 2H^+ + 2e^- \rightleftharpoons 2Cu + H_2O$	-0.36
(Ⅰ)—(0)	$CuI + e^- \rightleftharpoons Cu + I^-$	-0.185
(Ⅰ)—(0)	$CuBr + e^- \rightleftharpoons Cu + Br^-$	+0.033
(Ⅰ)—(0)	$CuCl + e^- \rightleftharpoons Cu + Cl^-$	0.137
(Ⅱ)—(0)	$Cu^{2+} + 2e^- \rightleftharpoons Cu$	+0.3419
(Ⅱ)—(Ⅰ)	$Cu^{2+} + e^- \rightleftharpoons Cu^+$	+0.153
(Ⅱ)—(Ⅰ)	$Cu^{2+} + Br^- + e^- \rightleftharpoons CuBr$	+0.640
(Ⅱ)—(Ⅰ)	$Cu^{2+} + Cl^- + e^- \rightleftharpoons CuCl$	+0.538
(Ⅱ)—(Ⅰ)	$Cu^{2+} + I^- + e^- \rightleftharpoons CuI$	+0.86
F (0)—(-Ⅰ)	$F_2(g) + 2e^- \rightleftharpoons 2F^-$	+2.866

（续表）

电偶氧化态	电极反应	E^{θ}/V
(0)—(-Ⅰ)	$F_2(g)+2H^++2e^- \rightleftharpoons 2HF(aq)$	+3.053
Fe (Ⅱ)—(0)	$Fe^{2+}+2e^- \rightleftharpoons Fe$	-0.447
(Ⅲ)—(0)	$Fe^{3+}+3e^- \rightleftharpoons Fe$	-0.037
(Ⅲ)—(Ⅱ)	$Fe^{3+}+e^- \rightleftharpoons Fe^{2+}$	+0.771
(Ⅲ)—(Ⅱ)	$[Fe(CN)_6]^{3-}+e^- \rightleftharpoons [Fe(CN)_6]^{4-}$	+0.358
(Ⅵ)—(Ⅲ)	$FeO_4^{2-}+8H^++3e^- \rightleftharpoons Fe^{3+}+4H_2O$	+2.20
(8/3)—(Ⅱ)	$Fe_3O_4+8H^++2e^- \rightleftharpoons 3Fe^{2+}+4H_2O$	+1.23
Ga (Ⅲ)—(0)	$Ga^{3+}+3e^- \rightleftharpoons Ga$	-0.549
Ge (Ⅵ)—(0)	$H_2GeO_3+4H^++4e^- \rightleftharpoons Ge+3H_2O$	-0.182
H (0)—(-Ⅰ)	$H_2(g)+2e^- \rightleftharpoons 2H^-$	-2.25
(Ⅰ)—(0)	$2H^++2e \rightleftharpoons H_2(g)$	0
(Ⅰ)—(0)	$2H^+([H^+]=10^{-7}mol\cdot L^{-1})+2e \rightleftharpoons H_2$	-0.414
Hg (Ⅰ)—(0)	$Hg_2^{2+}+2e \rightleftharpoons 2Hg$	+0.7973
(Ⅰ)—(0)	$Hg_2Cl_2+2e^- \rightleftharpoons 2Hg+2Cl^-$	0.26808
(Ⅰ)—(0)	$Hg_2I_2+2e \rightleftharpoons 2Hg+2I^-$	-0.0405
(Ⅱ)—(0)	$Hg^{2+}+2e \rightleftharpoons Hg$	+0.851
(Ⅱ)—(0)	$[HgI_4]^{2-}+2e \rightleftharpoons Hg+4I^-$	-0.04
(Ⅱ)—(Ⅰ)	$2Hg^{2+}+2e \rightleftharpoons Hg_2^{2+}$	+0.920
I (0)—(-Ⅰ)	$I_2+2e \rightleftharpoons 2I^-$	+0.5355
(0)—(-Ⅰ)	$I_3^-+2e \rightleftharpoons 3I^-$	+0.536
(Ⅰ)—(-Ⅰ)	$HIO+H^++2e \rightleftharpoons 2I+H_2O$	+0.987
(Ⅰ)—(0)	$HIO+H^++e \rightleftharpoons \cdot I_2+H_2O$	+1.439
(Ⅴ)—(Ⅰ)	$IO_3^-+6H^++6e^- \rightleftharpoons I^-+3H_2O$	+1.085
(Ⅴ)—(0)	$IO_3^-+6H^++5e^- \rightleftharpoons \cdot I_2^-+3H_2O$	+1.195
(Ⅶ)—(Ⅴ)	$H_5IO_6+H^++2e^- \rightleftharpoons IO_3^-+3H_2O$	+1.601
In (Ⅰ)—(0)	$In^++e^- \rightleftharpoons In$	-0.14
(Ⅲ)—(0)	$In^{3+}+3e^- \rightleftharpoons In$	-0.3382

（续表）

电偶氧化态	电极反应	E^θ/V
K（Ⅰ）—(0)	$K^+ + e^- \rightleftharpoons K$	-2.931
La（Ⅲ）—(0)	$La^{3+} + 3e^- \rightleftharpoons La$	-2.379
Li（Ⅰ）—(0)	$Li^+ + e^- \rightleftharpoons Li$	-3.0401
Mg（Ⅱ）—(0)	$Mg^{2+} + 2e^- \rightleftharpoons Mg$	-2.372
Mn（Ⅱ）—(0)	$Mn^{2+} + 2e^- \rightleftharpoons Mn$	-1.185
（Ⅲ）—（Ⅱ）	$Mn^{3+} + e^- \rightleftharpoons Mn^{2+}$	+1.5415
（Ⅳ）—（Ⅱ）	$MnO_2 + 4H^+ + 2e^- \rightleftharpoons Mn^{2+} + 2H_2O$	+1.224
（Ⅳ）—（Ⅲ）	$2MnO_2(s) + 2H^+ + 2e^- \rightleftharpoons Mn_2O_3(s) + H_2O$	+1.04
（Ⅶ）—（Ⅱ）	$MnO_4^- + 8H^+ + 5e^- \rightleftharpoons Mn^{2+} + 4H_2O$	+1.507
（Ⅶ）—（Ⅳ）	$MnO_4^- + 4H^+ + 3e^- \rightleftharpoons MnO_2 + 2H_2O$	+1.679
（Ⅶ）—（Ⅵ）	$MnO_4^- + e^- \rightleftharpoons MnO_4^{2-}$	+0.558
Mo（Ⅲ）—(0)	$Mo^{3+} + 3e^- \rightleftharpoons Mo$	-0.200
（Ⅳ）—(0)	$H_2MoO_4 + 6H^+ + 6e^- \rightleftharpoons Mo + 4H_2O$	0.0
N（Ⅰ）—(0)	$N_2O + 2H^+ + 2e^- \rightleftharpoons N_2 + H_2O$	+1.766
N（Ⅱ）—（Ⅰ）	$2NO + 2H^+ + 2e^- \rightleftharpoons N_2O + H_2O$	+1.591
（Ⅲ）—（Ⅰ）	$2HNO_2 + 4H^+ + 4e^- \rightleftharpoons N_2O + 3H_2O$	+1.297
（Ⅲ）—（Ⅱ）	$HNO_2 + H^+ + e^- \rightleftharpoons NO + H_2O$	+0.983
（Ⅳ）—（Ⅱ）	$N_2O_4 + 4H^+ + 4e^- \rightleftharpoons NO + 2H_2O$	+1.035
（Ⅳ）—（Ⅲ）	$N_2O_4 + 2H^+ + 2e^- \rightleftharpoons 2HNO_2$	+1.065
（Ⅴ）—（Ⅲ）	$NO_3^- + 3H^+ + 2e^- \rightleftharpoons HNO_2 + H_2O$	+0.934
（Ⅴ）—（Ⅱ）	$NO_3^- + 4H^+ + 3e^- \rightleftharpoons NO + 2H_2O$	+0.957
（Ⅴ）—（Ⅳ）	$NO_3^- + 4H^+ + 2e^- \rightleftharpoons N_2O_4 + 2H_2O$	+0.803
Na（Ⅰ）—(0)	$Na^+ + e^- \rightleftharpoons Na$	-2.7
（Ⅰ）—(0)	$Na^+ + (Hg) + e^- \rightleftharpoons Na(Hg)$	-1.84
Ni（Ⅱ）—(0)	$Ni^{2+} + 2e^- \rightleftharpoons Ni$	-0.257
Ni（Ⅲ）—（Ⅱ）	$Ni(OH)_3 + 3H^+ + e^- \rightleftharpoons Ni^{2+} + 3H_2O$	+2.08
（Ⅳ）—（Ⅱ）	$NiO_2 + 4H^+ + 2e^- \rightleftharpoons Ni + 2H_2O$	+1.678

（续表）

电偶氧化态	电极反应	E^{θ}/V
O (0)—(－Ⅱ)	$O_3 + 2H^+ + 2e^- \rightleftharpoons O_2 + 2H_2O$	+2.076
(0)—(－Ⅱ)	$O_2 + 4H^+ + 4e^- \rightleftharpoons 2H_2O$	+1.229
(0)—(－Ⅱ)	$O\ (g) + 2H^+ + 2e^- \rightleftharpoons H_2O$	+2.421
(0)—(－Ⅱ)	$\cdot O_2 + 2H^+(10^{-7}mol\cdot L^{-1}) + 2e^- \rightleftharpoons H_2O$	+0.815
(0)—(－Ⅰ)	$O_2 + 2H^+ + 2e^- \rightleftharpoons H_2O_2$	+0.695
(－Ⅰ)—(－Ⅱ)	$H_2O_2 + 2H^+ + 2e^- \rightleftharpoons 2H_2O$	+1.776
(Ⅱ)—(－Ⅱ)	$F_2O + 2H^+ + 2e^- \rightleftharpoons H_2O + F^-$	+2.153
P (0)—(－Ⅲ)	$P + 3H^+ + 3e^- \rightleftharpoons PH_3(g)$	−0.063
(Ⅰ)—(0)	$H_3PO_2 + H^+ + e^- \rightleftharpoons P + 2H_2O$	−0.508
(Ⅲ)—(Ⅰ)	$H_3PO_3 + 2H^+ + 2e^- \rightleftharpoons H_3PO_2 + H_2O$	−0.499
(Ⅴ)—(Ⅲ)	$H_3PO_4 + 2H^+ + 2e^- \rightleftharpoons H_3PO_3 + H_2O$	−0.276
Pb (Ⅱ)—(0)	$Pb^{2+} + 2e^- \rightleftharpoons Pb$	−0.1262
(Ⅱ)—(0)	$PbCl_2 + 2e^- \rightleftharpoons Pb + Cl^-$	−0.2675
(Ⅱ)—(0)	$PbI_2 + 2e^- \rightleftharpoons Pb + I^-$	−0.365
(Ⅱ)—(0)	$PbSO_4 + 2e^- \rightleftharpoons Pb + SO_4^-$	−0.3588
(Ⅱ)—(0)	$Pb + (Hg) + 2e^- \rightleftharpoons Pb(Hg) + SO_4^{2-}$	−0.3505
(Ⅳ)—(Ⅱ)	$PbO_2 + 4H^+ + 2e^- \rightleftharpoons Pb^{2+} + 2H_2O$	+1.455
(Ⅳ)—(Ⅱ)	$PbO_2 + SO_4^{2-} + 4H^+ + 2e^- \rightleftharpoons PbSO_4 + 2H_2O$	+1.6913
(Ⅳ)—(Ⅱ)	$PbO_2 + 2H^+ + 2e^- \rightleftharpoons PbO(s) + H_2O$	+0.28
Pd (Ⅱ)—(0)	$Pd^{2+} + 2e^- \rightleftharpoons Pd$	+0.951
(Ⅳ)—(Ⅱ)	$[PdCl_6]^{2-} + 2e^- \rightleftharpoons [PdCl_4]^{2-} + 2Cl^-$	+1.288
Pt (Ⅱ)—(0)	$Pt^{2+} + 2e^- \rightleftharpoons Pt$	+1.118
Pt (Ⅱ)—(0)	$[PtCl_4]^{2-} + 2e^- \rightleftharpoons Pt^- + 4Cl^-$	+0.7555
(Ⅱ)—(0)	$Pt(OH)_2 + 2H^+ + 2e^- \rightleftharpoons Pt + 2H_2O$	+0.98
(Ⅳ)—(Ⅱ)	$[PtCl_6]^{2-} + 2e^- \rightleftharpoons [PtCl_4]^{2-} + 2Cl^-$	+0.68
Rb (Ⅰ)—(0)	$Rb^+ + e^- \rightleftharpoons Rb$	−2.98
S(－Ⅰ)—(－Ⅱ)	$(CNS)_2 + 2e^- \rightleftharpoons 2CNS^-$	+0.77

（续表）

电偶氧化态	电极反应	E^θ/V
(0)—(-Ⅱ)	$S + 2H^+ + 2e^- \rightleftharpoons H_2S(aq)$	+0.142
(Ⅳ)—(0)	$H_2SO_3 + 4H^+ + 4e^- \rightleftharpoons S + 3H_2O$	+0.449
(Ⅳ)—(0)	$S_2O_3^{2-} + 6H^+ + 4e^- \rightleftharpoons S + 3H_2O$	+0.5
(Ⅳ)—(Ⅱ)	$2H_2SO_3 + 2H^+ + 4e^- \rightleftharpoons S_2O_3^{2-} + 3H_2O$	+0.40
(Ⅳ)—(5/2)	$H_2SO_3 + 4H^+ + 6e^- \rightleftharpoons S_4O_6{}^{2-} + 6H_2O$	+0.51
(Ⅵ)—(Ⅳ)	$SO_4^{2-} + 4H^+ + 2e^- \rightleftharpoons H_2SO_3 + H_2O$	+0.172
(Ⅶ)—(Ⅵ)	$S_2O_8^{2-} + 2e^- \rightleftharpoons 2SO_4^{2-}$	+2.010
Sb (Ⅲ)—(0)	$Sb_2O_3 + 6H^+ + 6e^- \rightleftharpoons 2Sb + 3H_2O$	+0.152
(Ⅲ)—(0)	$SbO^+ + 2H^+ + 3e^- \rightleftharpoons Sb + H_2O$	+0.212
(Ⅴ)—(Ⅲ)	$Sb_2O_5 + 6H^+ + 4e^- \rightleftharpoons 2SbO^+ + 3H_2O$	+0.581
Se (0)—(-Ⅱ)	$Se + 2e^- \rightleftharpoons Se^{2-}$	-0.924
(0)—(-Ⅱ)	$Se + 2H^+ + 2e^- \rightleftharpoons H_2Se(aq)$	-0.399
(Ⅳ)—(0)	$H_2SeO_3 + 4H^+ + 4e^- \rightleftharpoons Se + 3H_2O$	+0.74
(Ⅵ)—(Ⅳ)	$SeO_4^{2-} + 4H^+ + 2e^- \rightleftharpoons H_2SeO_3 + H_2O$	+1.151
Si (0)—(-Ⅳ)	$Si + 4H^+ + 4e^- \rightleftharpoons SiH_4$	+0.102
(Ⅳ)—(0)	$SiO_2 + 4H^+ + 4e^- \rightleftharpoons Si + 2H_2O$	-0.857
(Ⅳ)—(0)	$[SiF_6]^{2-} + 4e^- \rightleftharpoons Si + 6F^-$	-0.124
Sn (Ⅱ)—(0)	$Sn^{2+} + 2e^- \rightleftharpoons Sn$	-0.1375
(Ⅳ)—(Ⅱ)	$Sn^{4+} + 2e^- \rightleftharpoons Sn^{2+}$	+0.151
Sr (Ⅱ)—(0)	$Sr^{2+} + 2e^- \rightleftharpoons Sr$	-2.899
Ti (Ⅱ)—(0)	$Ti^{2+} + 2e^- \rightleftharpoons Ti$	-1.630
(Ⅳ)—(0)	$TiO^{2+} + 2H^+ + 4e^- \rightleftharpoons Ti + H_2O$	-0.89
(Ⅳ)—(0)	$TiO_2 + 4H^+ + 4e^- \rightleftharpoons Ti + 2H_2O$	-0.86
(Ⅳ)—(Ⅲ)	$TiO^{2+} + 2H^+ \rightleftharpoons Ti^{3+} + H_2O$	+0.1
(Ⅲ)—(Ⅱ)	$Ti^{3+} + e^- \rightleftharpoons Ti^{2+}$	-0.9
V (Ⅱ)—(0)	$V^{2+} + 2e^- \rightleftharpoons V$	-1.175
(Ⅲ)—(Ⅱ)	$V^{3+} + e^- \rightleftharpoons V^{2+}$	-0.255

（续表）

电偶氧化态	电极反应	E^θ/V
(Ⅳ)—(Ⅱ)	$V^{4+} + 2e^- \rightleftharpoons V^{2+}$	-1.186
(Ⅳ)—(Ⅲ)	$VO^{2+}\ 2H^+ + e^- \rightleftharpoons V^{3+} + H_2O$	+0.337
(Ⅴ)—(0)	$V(OH)_4^+ + 4H^+ + 5e^- \rightleftharpoons V + 4H_2O$	-0.254
(Ⅴ)—(Ⅳ)	$V(OH)_4^+ + 2H^+ + e^- \rightleftharpoons VO^{2+} + 3H_2O$	+1.00
(Ⅵ)—(Ⅳ)	$VO_2^{2+} + 4H^+ + 2e^- \rightleftharpoons V^{4+} + 2H_2O$	+0.62
Zn (Ⅱ)—(0)	$Zn^{2+} + 2e^- \rightleftharpoons Zn$	-0.7618

（二）在碱性溶液中

电偶氧化态	电极反应	E^θ/V
Ag (Ⅰ)—(0)	$AgCN + e^- \rightleftharpoons Ag + CN^-$	-0.017
(Ⅰ)—(0)	$[Ag(CN)_2]^- + e^- \rightleftharpoons Ag + 2\ CN^-$	-0.31
(Ⅰ)—(0)	$[Ag(NH_3)_2]^+ + e^- \rightleftharpoons Ag + 2NH_3$	+0.373
(Ⅰ)—(0)	$Ag_2O + H_2O + 2e^- \rightleftharpoons 2Ag + 2OH^-$	+0.342
(Ⅰ)—(0)	$Ag_2S + 2e^- \rightleftharpoons 2Ag + S^{2-}$	-0.691
(Ⅱ)—(Ⅰ)	$2AgO + H_2O + 2e^- \rightleftharpoons Ag_2O + 2OH^-$	+0.607
Al (Ⅲ)—(0)	$H_2AlO_3^- + H_2O + 3e^- \rightleftharpoons Al + 4OH^-$	-2.33
As (Ⅲ)—(0)	$AsO_2^- + 2H_2O + 3e^- \rightleftharpoons As + 4OH^-$	-0.68
(Ⅴ)—(Ⅲ)	$AsO_4^{3-} + 2H_2O + 2e^- \rightleftharpoons AsO_2^- + 4OH^-$	-0.71
Au (Ⅰ)—(0)	$[Au(CN)_2]^- + e^- \rightleftharpoons Au + 2CN^-$	-0.60
B (Ⅲ)—(0)	$H_2BO_3^- + H_2O + 3e^- \rightleftharpoons B + 4OH^-$	-1.79
Ba (Ⅱ)—(0)	$Ba(OH)_2 \cdot 8H_2O + 2e^- \rightleftharpoons Ba + 2OH^- + 8H_2O$	-2.99
Be (Ⅱ)—(0)	$Be_2O_3^{2-} + 3H_2O + 4e^- \rightleftharpoons 2Be + 6OH^-$	-2.63
Bi (Ⅲ)—(0)	$Be_iO_3 + 3H_2O + 6e^- \rightleftharpoons 2Bi + 6OH^-$	-0.46
Br (Ⅰ)—(-Ⅰ)	$BrO^- + H_2O + 2e^- \rightleftharpoons Br^- + 2OH^-$ ($1mol \cdot L^{-1}$ NaOH)	+0.761
(Ⅰ)—(0)	$2BrO^- + H_2O + 2e^- \rightleftharpoons Br_2 + 4OH^-$	+0.45
(Ⅴ)—(Ⅰ)	$BrO_3^- + 3H_2O + 6e^- \rightleftharpoons Br^- + 6OH^-$	+0.61
Ca (Ⅱ)—(0)	$Ca(OH)_2 + 2e^- \rightleftharpoons Ca + 2OH^-$	-3.02

（续表）

电偶氧化态	电极反应	E^{θ}/V
Cd（Ⅱ）—(0)	$Cd(OH)_2 + 2e^- \rightleftharpoons d + 2OH^-$	−0.809
Cl（Ⅰ）—(−Ⅰ)	$ClO^- + H_2O + 2e^- \rightleftharpoons Cl^- + 2OH^-$	+0.81
（Ⅲ）—(−Ⅰ)	$ClO_2^- + 2H_2O + 4e^- \rightleftharpoons Cl^- + 4OH^-$	+0.76
（Ⅲ）—(Ⅰ)	$ClO_2^- + H_2O + 2e^- \rightleftharpoons ClO^- + 2OH^-$	+0.66
（Ⅴ）—(Ⅰ)	$ClO_3^- + 3H_2O + 6e^- \rightleftharpoons Cl^- + 6OH^-$	+0.62
（Ⅴ）—(Ⅲ)	$ClO_3^- + H_2O + 2e^- \rightleftharpoons ClO^{2-} + 2OH^-$	+0.33
（Ⅶ）—(Ⅴ)	$ClO_4^- + H_2O + 2e^- \rightleftharpoons ClO_3^- + 2OH^-$	+0.36
Co（Ⅱ）—(0)	$Co(OH)_2 + 2e^- \rightleftharpoons Co + 2OH^-$	−0.73
（Ⅲ）—(Ⅱ)	$Co(OH)_3 + e^- \rightleftharpoons Co(OH)_2 + OH^-$	+0.17
（Ⅲ）—(Ⅱ)	$[Co(NH_3)_6]^{3+} + e^- \rightleftharpoons [Co(NH_3)_6]^{2+}$	+0.108
Cr（Ⅲ）—(0)	$Cr(OH)_3 + 3e^- \rightleftharpoons Cr + 3OH^-$	−1.48
（Ⅲ）—(0)	$CrO_2^- + 3H_2O + 3e^- \rightleftharpoons Cr + 4OH^-$	−1.2
（Ⅵ）—(Ⅲ)	$CrO_4^- + 4H_2O + 3e^- \rightleftharpoons Cr(OH)_3 + 5OH^-$	−0.13
Cu（Ⅰ）—(0)	$[Cu(CN)_2]^- + e^- \rightleftharpoons Cu + 2CN^-$	−0.429
（Ⅰ）—(0)	$[Cu(NH_3)_2]^+ + e^- \rightleftharpoons Cu + 2NH_3$	−0.12
（Ⅰ）—(0)	$Cu_2O + H_2O + 2e^- \rightleftharpoons 2Cu + 2OH^-$	−0.360
Fe（Ⅱ）—(0)	$Fe(OH)_2 + 2e^- \rightleftharpoons Fe + 2OH^-$	−0.877
（Ⅲ）—(Ⅱ)	$Fe(OH)_3 + e^- \rightleftharpoons Fe(OH)_2 + OH^-$	−0.56
（Ⅲ）—(Ⅱ)	$[Fe(CN)_6]^{3-} + e^- \rightleftharpoons [Fe(CN)_6]^{4-}$ (0.01mol·L^{-1} NaOH)	+0.358
H（Ⅰ）—(0)	$2H_2O + 2e^- \rightleftharpoons H_2 + 2OH^-$	−0.8277
Hg（Ⅱ）—(0)	$HgO + H_2O + 2e^- \rightleftharpoons Hg + 2OH^-$	+0.0977
I（Ⅰ）—(−Ⅱ)	$IO^- + 3H_2O + 6e^- \rightleftharpoons I^- + 6OH^-$	+0.485
（Ⅴ）—(−Ⅰ)	$IO_3^- + H_2O + 2e^- \rightleftharpoons I^- + 2OH^-$	+0.26
（Ⅶ）—(Ⅴ)	$H_3IO_6^{2-} + 2e^- \rightleftharpoons IO_3^- + 3OH^-$	+0.7
La（Ⅲ）—(0)	$La(OH)_3 + 3e^- \rightleftharpoons La + 3OH^-$	−2.90
Mg（Ⅱ）—(0)	$Mg(OH)_2 + 2e^- \rightleftharpoons Mg + 2OH^-$	−2.690
Mn（Ⅱ）—(0)	$Mn(OH)_2 + 2e^- \rightleftharpoons Mn + 2OH^-$	−1.56

（续表）

电偶氧化态	电极反应	E^{θ}/V
(Ⅳ)—(Ⅱ)	$MnO_2 + 2H_2O + 2e^- \rightleftharpoons Mn(OH)_2 + 2OH^-$	−0.05
(Ⅵ)—(Ⅳ)	$MnO_4^{2-} + 2H_2O + 2e^- \rightleftharpoons MnO_2 + 4OH^-$	+0.60
(Ⅶ)—(Ⅳ)	$MnO_4^{2-} + 2H_2O + 3e^- \rightleftharpoons MnO_2 + 4OH^-$	+0.595
Mo (Ⅴ)—(Ⅳ)	$MoO_4^{2-} + 4H_2O + 6e^- \rightleftharpoons Mo + 8OH^-$	−0.92
N (Ⅴ)—(Ⅲ)	$NO_3^- + H_2O + 2e^- \rightleftharpoons NO_2^- + 2OH^-$	+0.01
(Ⅴ)—(Ⅳ)	$2NO_3^- + 2H_2O + 2e^- \rightleftharpoons N_2O_4 + 4OH^-$	−0.85
Ni (Ⅱ)—(0)	$Ni(OH)_2 + 2e^- \rightleftharpoons Ni + 2OH^-$	−0.72
(Ⅲ)—(Ⅱ)	$Ni(OH)_3 + e^- \rightleftharpoons Ni(OH)_2 + OH^-$	+0.48
O (0)—(−Ⅱ)	$O_2 + 2H_2O + 4e^- \rightleftharpoons 4OH^-$	+0.401
(0)—(−Ⅱ)	$O_3 + H_2O + 2e^- \rightleftharpoons O_2 + 2OH^-$	+1.24
P (0)—(−Ⅲ)	$P + 3H_2O + 3e^- \rightleftharpoons PH_3(g) + 3OH^-$	−0.87
(Ⅴ)—(Ⅲ)	$PO_4^{3-} + 2H_2O + 2e^- \rightleftharpoons HPO_3^{2-} + 3OH^-$	−1.05
Pb (Ⅳ)—(Ⅱ)	$PbO_2 + H_2O + 2e^- \rightleftharpoons PbO + 2OH^-$	+0.47
Pt (Ⅱ)—(0)	$Pt(OH)_2 + 2e^- \rightleftharpoons Pt + 2OH^-$	+0.14
S (0)—(−Ⅱ)	$S + 2e^- \cdot S^{2-}$	−0.47627
(5/2)—(Ⅱ)	$S_4O_6^{2-} + 2e^- \rightleftharpoons 2S_2O_3^{2-}$	+0.08
(Ⅳ)—(−Ⅱ)	$SO_3^{2-} + 3H_2O + 6e^- \rightleftharpoons S^{2-} + 6OH^-$	−0.66
S (Ⅳ)—(Ⅱ)	$2SO_3^{2-} + 3H_2O + 4e^- \rightleftharpoons S_2O_3^{2-} + 6OH^-$	−0.571
(Ⅵ)—(Ⅳ)	$SO_4^{2-} + H_2O + 2e^- \rightleftharpoons SO_3^{2-} + 2OH^-$	−0.93
Sb (Ⅲ)—(0)	$SbO_2^- + 2H_2O + 3e^- \rightleftharpoons Sb + 4OH^-$	−0.66
(Ⅴ)—(Ⅲ)	$H_3SbO_6^{4-} + H_2O + 2e^- \rightleftharpoons SbO_2^- + 5OH^-$	−0.40
Se (Ⅵ)—(Ⅳ)	$SeO_4^{2-} + H_2O + 2e^- \rightleftharpoons SeO_3^{2-} + 2OH^-$	+0.05
Si (Ⅳ)—(0)	$SiO_3^{2-} + 3H_2O + 4e^- \rightleftharpoons Si + 6OH^-$	−1.697
Sn (Ⅱ)—(0)	$SnS + 2e^- \rightleftharpoons Sn + S^{2-}$	−0.94
(Ⅱ)—(0)	$HSnO_2^- + H_2O + 2e^- \rightleftharpoons Sn + 3OH^-$	−0.909
(Ⅳ)—(Ⅱ)	$[Sn(CH)_6]^{2-} + 2e^- \rightleftharpoons HSnO_2^- + H_2O + 3OH^-$	−0.93
Zn (Ⅱ)—(0)	$[Zn(CN)_4]^{2-} + 2e^- \rightleftharpoons Zn + 4CN^-$	−1.26

（续表）

电偶氧化态	电极反应	E^θ/V
(Ⅱ)—(0)	$[ZnNH_3]_4]^{2+} + 2e^- \rightleftharpoons Zn + 4NH_3(aq)$	-1.04
(Ⅱ)—(0)	$Zn(OH)_2 + 2e^- \rightleftharpoons Zn + 2OH^-$	-1.249
(Ⅱ)—(0)	$ZnO_2^{2-} + 2H_2O + 2e^- \rightleftharpoons Zn + 4OH^-$	-1.216
(Ⅱ)—(0)	$ZnS + 2e^- \rightleftharpoons Zn + S^{2-}$	-1.44

附录7　某些特殊试剂的配制

试　剂	浓度/(mol·L^{-1})	配制方法
三氯化铋 $BiCl_3$	0.1	溶解 31.6g $BiCl_3$ 于 330mL 6mol·L^{-1}HCl 中，加水稀释至1L
三氯化锑 $SbCl_3$	0.1	溶解 22.8g $SbCl_3$ 于 330mL 6mol·L^{-1}HCl 中，加水稀释至1L
氯化亚锡 $SnCl_2$	0.1	溶解 22.6g $SnCl_2 \cdot 2H_2O$ 于 330mL 6mol·L^{-1} HCl 中，加水稀释至1L，并加入数粒纯锡，以防氧化
硝酸汞 $Hg(NO_3)_2$	0.1	溶解 33.4g $Hg(NO_3)_2 \cdot H_2O$ 于 0.6mol·L^{-1} HNO_3 中，加水稀释至1L
硝酸亚汞 $Hg_2(NO_3)_2$	0.1	溶解 56.1g $Hg_2(NO_3)_2 \cdot 2H_2O$ 于 0.6mol·L^{-1} HNO_3 中，加水稀释至1L，并加入少许金属汞
碳酸铵 $(NH_4)_2CO_3$	1	96g 研细的碳酸铵溶于 1L 2mol·L^{-1}的氨水中
硫酸铵 $(NH_4)_2SO_4$	饱和	50g $(NH_4)_2SO_4$ 溶于 100mL 热水，冷却后过滤
氯化铁 $FeCl_3$	0.5	称取 135.2g $FeCl_3 \cdot 6H_2O$ 溶于 100mLmol·L^{-1} HCl 中，加水稀释至1L
三氯化铬 $CrCl_3$	0.1	称取 26.7g $CrCl_3 \cdot 6H_2O$ 溶于 30mL 6mol·L^{-1} HCl 中，加水稀释至1L
硝酸铅 $Pb(NO_3)_2$	0.25	称取 83g $Pb(NO_3)_2$ 溶于少量水中，加入 15mL 6mol·L^{-1} HNO_3，用水稀释至1L

（续表）

试 剂	浓度/（$mol \cdot L^{-1}$）	配 制 方 法
硫酸亚铁 $FeSO_4$	0.5	溶解 69.5g $FeSO_4 \cdot 7H_2O$ 于适量水中，加入 5mL 18$mol \cdot L^{-1}$ H_2SO_4，在用水稀释至 1L，置入小铁钉数枚
六羟基锑酸钠 $Na[Sb(OH)_6]$	0.1	溶解 12.2g 锑粉于 50mL 浓 HNO_3 中微热，使锑粉全部作用成白色粉末，用倾析法洗涤数次，然后加入 50mL $mol \cdot L^{-1}$ NaOH，使之溶解，稀释至 1L
六硝基钴酸钠 $Na_3[Co(NO_2)_6]$		溶解 230g $NaNO_2$ 于 500mL H_2O 中，加入 165mL 6$mol \cdot L^{-1}$ HAc 和 30g$Co(NO_3)_2 \cdot 6H_2O$ 放置 24h，取其清液，稀释至 1L，并保存在棕色瓶中。此溶液应呈现橙色，若变成红色，表示已分解，应重新配制
醋酸铀酰锌		（1）10g $UO_2(Ac)_2 \cdot 2H_2O$ 和 6mL 6$mol \cdot L^{-1}$ HAc 溶于 50mL 水中 （2）30g Zn（Ac）$_2 \cdot 2H_2O$ 和 3mL 6$mol \cdot L^{-1}$HCl 溶于 50mL 水中，将(1)，(2)两种溶液混合，24h 后取清液使用
硫化钠 Na_2S	2	溶解 240g $Na_2S \cdot 9H_2O$ 和 40g NaOH 于水中，稀释至 1L
仲钼酸铵 $(NH_4)_6Mo_7O_{24} \cdot 4H_2O$	0.1	溶解 124g $(NH_4)_6Mo_7O_{24} \cdot 4H_2O$ 于 1 L 水中，将所得溶液倒入 1 L$mol \cdot L^{-1}$$HNO_3$ 中，放置 24 后取清使用
硫化铵 $(NH_4)_2S$	3	取一定量氨水，将其均分为两份，往其中一份通硫化氢至饱和，而后与另一份氨水混合
铁氰化钾 $K_3[Fe(CN)_6]$		取铁氰化钾约 0.7～1g 溶解于水，稀释至 100mL（使用前临时配制）
硫代乙酰胺	50$g \cdot L^{-1}$	5g 硫代乙酰胺溶于 100mL 水中
钙指示剂	2$g \cdot L^{-1}$	0.2g 钙指示剂溶于 100mL 水中

（续表）

试 剂	浓度/($mol\cdot L^{-1}$)	配制方法
铬黑T		将铬黑T和烘干的NaCl按1∶100的比研细，均匀混合，贮于棕色瓶中
二苯胺		将1g二苯胺在搅拌下溶于100mL密度1.84g·mL^{-1}硫酸或100mL密度1.70g·mL^{-1}磷酸中(该溶液可保存较长时间)
镍试剂(丁二酮肟)		溶解10g镍试剂(二乙酰二肟)于1L 95%的酒精中
镁试剂		溶解0.01g镁试剂于1 L 1$mol\cdot L^{-1}$NaOH溶液中
铝试剂		1g铝试剂溶于1 L水中
镁铵试剂		将100g $MgCl_2\cdot 6H_2O$和100g NH_4Cl溶于水中，加50mL浓氨水，用水稀释至1L
奈氏试剂		溶解115g HgI_2和80g KI于水中，稀释至500mL，加入500mL 6$mol\cdot L^{-1}$NaOH溶液，静置后，取其清液，保存在棕色瓶中
五氰氧氮合铁(Ⅲ)酸钠 $Na_2[Fe(CN)_5NO]$		10g亚硝酰铁氰酸钠溶解于100mL水中，保存于棕色瓶内，如果溶液变绿就不能用了
格里斯试剂		(1) 在加热下溶解0.5g对氨基苯磺酸于50mL 30% HAc中，贮于暗处保存 (2) 将0.4g α-萘胺与100mL,水混合煮沸，在从蓝色渣滓中倾出的无色溶液中加入6mL 80% HAc 使用前将 (1), (2) 两液等体积混合
对氨基苯磺酸	0.34	0.5g对氨基苯磺酸溶于150mL 2$mol\cdot L^{-1}$ HAc溶液中
α-萘胺	0.12	0.3g α-萘胺加20mL水，加热煮沸，在所得溶液中加入150mL 2$mol\cdot L^{-1}$HAc

（续表）

试 剂	浓度/（mol·L⁻¹）	配 制 方 法
二苯碳酰二肼（二苯偕肼）	0.04	0.04g 二苯碳酰二肼溶于 20mL 95% 乙醇中，边搅拌，边加入 80mL（1:9）H_2SO_4（存于冰箱中可用一个月）
二苯硫腙	0.01	10mg 二苯硫腙溶于 1mL CCl_4 中
打萨宗（二苯缩氨硫脲）		溶解 0.1g 打萨宗于 1 L CCl_4或 $CHCl_3$ 中
甲基红		每升 60% 乙醇中溶解 2g
甲基橙	$1g \cdot L^{-1}$	每升水中溶解 1g
酚酞		每升 90% 乙醇中溶解 1g
溴甲酚蓝（溴甲酚绿）		0.1g 该指示剂与 2.9mL 0.05$mol \cdot L^{-1}$ NaOH 一起搅匀，用水稀释至 250mL；或每升 20% 乙醇中溶解 1g 该指示剂
石蕊		2g 石蕊溶于 50mL 水中，静置一昼夜后过滤，在溴液中加 30mL 95% 乙醇，再加水稀至 100mL
氯水		在水中滴入氯气直至饱和，该溶液使用时临时配制
溴水		在水中滴入液溴至饱和
碘液	0.01	溶解 1.3g 碘和 5g KI 于少量的水中，加水稀释至 1L
品红溶液		0.1% 的水溶液
淀粉溶液	$2g \cdot L^{-1}$	将 0.2g 淀粉和少量冷水调成糊状，倒入 100mL 沸水中，煮沸后冷却即可
NH_3-NH_4Cl 缓冲溶液		20g NH_4Cl 溶于适量水中，加入 100mL 氨水（密度为 0.9% $g \cdot mL^{-1}$），混合稀释至 1L，即为 pH = 10 的缓冲溶液
邻苯二甲酸氢钾 - 氢氧化钠缓冲溶液	pH = 4.00	量取 0.2$mol \cdot L^{-1}$ 邻苯二甲酸氢钾溶液 250.00mL，0.1$mol \cdot L^{-1}$ 氢氧化钠溶液 4.00mL，混合后稀释至 1L，即为 pH = 4 的缓冲溶液

附录8 金属配合物累积生成常数

离子强度0，温度293－298K

	lg β_1	lg β_2	lg β_3	lg β_4	lg β_5	lg β_6
1. NH_3						
Cd（Ⅱ）	2.65	4.75	6.19	7.12	6.80	5.14
Co（Ⅰ）	2.11	3.74	4.79	5.55	5.73	5.11
Co（Ⅱ）	6.7	14.0	20.1	25.7	30.8	35.2
Cu（Ⅰ）	5.93	10.86				
Cu（Ⅱ）	4.31	7.98	11.02	13.32	12.86	
Fe（Ⅱ）	1.4	2.2				
Mn（Ⅱ）	0.8	1.3				
Hg（Ⅱ）	8.8	17.5	18.5	19.28		
Ni（Ⅱ）	2.80	5.04	6.77	7.96	8.71	8.74
Pt（Ⅱ）						35.3
Ag（Ⅰ）	3.24	7.05				
Zn（Ⅱ）	2.37	4.81	7.31	9.46		
2. F^-						
Al（Ⅲ）	6.13	11.15	15.00	17.75	19.37	19.84
Fe（Ⅱ）	5.28	9.30	12.06			
3. OH^-						
Al（Ⅲ）	9.27			33.03		
Sb（Ⅲ）		24.3	35.7	38.3		
Cr（Ⅲ）	10.2	18.3		29.9		
Cu（Ⅱ）	7.0	13.68	17.00	18.5		
Pb（Ⅱ）	7.82	10.85	14.58			
Zn（Ⅱ）	4.40	11.1	14.2	15.5		61.0

（续表）

	lg β_1	lg β_2	lg β_3	lg β_4	lg β_5	lg β_6
4. Cl^-						
Sb（Ⅲ）	2.26	3.49	4.18	4.72	4.11	
Bi（Ⅲ）	2.44	4.7	5.0	5.6		
Cu（Ⅰ）		5.5	5.7			
Fe（Ⅱ）	1.17					
Fe（Ⅲ）	1.48	2.13	1.99	0.01		
Pb（Ⅱ）	1.62	2.44	1.70	1.60		
Hg（Ⅱ）	6.74	13.22	14.07	15.07		
Pt（Ⅱ）		11.5	14.5	16.0		
Ag（Ⅰ）	3.48	5.23	5.70	5.30		
Sn（Ⅱ）	1.51	2.24	2.03	1.48		
Zn（Ⅱ）	0.43	0.61	0.53	0.20		
5. CN^-						
Cd（Ⅱ）	5.48	10.60	15.23	18.78		
Cu（Ⅰ）		24.0	28.59	30.30		
Au（Ⅰ）		38.3				
Fe（Ⅱ）						35
Fe（Ⅲ）						42
Hg（Ⅱ）				41.4		
Ni（Ⅱ）				31.3		
Ag（Ⅰ）		21.1	21.7	20.6		
Zn（Ⅱ）				16.7		
6. SO_3^{2-}						
Cu（Ⅰ）	7.5	8.5	9.2			
Hg（Ⅱ）		29.86	32.26	33.61		
Ag（Ⅰ）	8.82	13.46	14.15			
7. SCN^-						

（续表）

	lg β_1	lg β_2	lg β_3	lg β_4	lg β_5	lg β_6
Bi（Ⅲ）	1.15	2.26	3.41	4.23		
Cd（Ⅱ）	1.39	1.98	2.58	3.6		
Co（Ⅱ）	-0.04	-0.70	0	3.00		
Cu（Ⅰ）	12.11	5.18				
Au（Ⅰ）		23		42		
Fe（Ⅲ）	2.95	3.36				
Hg（Ⅱ）		17.47		21.23		
8. $S_2O_3^{2-}$						
Cd（Ⅱ）	3.92	6.44				
Cu（Ⅰ）	10.27	12.22	13.84			
Pb（Ⅱ）		5.13	6.35			
Hg（Ⅱ）		29.44	31.90	33.24		
Ag（Ⅰ）	8.82	13.46				
9. I^-						
Bi（Ⅲ）	3.63			14.93	16.80	18.80
Cd（Ⅱ）	2.10	3.43	4.49	5.41		
Cu（Ⅰ）		8.85				
I_2	2.89	5.79				
Pb（Ⅱ）	2.00	3.15	3.92	4.47		
Hg（Ⅰ）	12.87	23.82	27.60	29.83		
Ag（Ⅰ）	6.58	11.74	13.68			
10. Br^-						
Cd（Ⅱ）	1.75	2.34	3.32	3.70		
Cu（Ⅰ）		5.89				
Au（Ⅰ）		12.45				
Hg（Ⅱ）	9.05	17.32	19.74	21.00		
Pt（Ⅱ）				20.5		

（续表）

	$\lg \beta_1$	$\lg \beta_2$	$\lg \beta_3$	$\lg \beta_4$	$\lg \beta_5$	$\lg \beta_6$
Ag（I）	4.38	7.33	8.00	8.73		
11. 乙酸 CH_3COOH						
Ag（I）	0.73	0.64				
Hg（II）		8.43				
Mg（II）	0.8					
Mn（II）	9.84	2.06				
Pb（II）	2.52	4.0	6.4	8.5		
12. 草酸 $H_2C_2O_4$						
Ag（I）	2.41					
Al（Ⅲ）	7.26	13.0	16.3			
Ba（II）	2.31					
Ca（II）	3.0					
Cd（II）	3.52	5.77				
Co（II）	4.79	6.7	9.7			
Co（Ⅲ）			~20			
Cu（II）	6.16	8.5				
Fe（II）	2.9	4.52	5.22			
Fe（Ⅲ）	9.4	16.2	20.2			
Hg（II）		6.98				
Mg（II）	2.76	4.38				
Mn（II）	3.97	5.80				
Ni（II）	5.3	7.64	~8.5			
Sr（II）	2.54					
Zn（II）	4.80	7.60	8.15			
13. 酒石酸						
COOH | CHOH | CHOH						

（续表）

	lg β_1	lg β_2	lg β_3	lg β_4	lg β_5	lg β_6
Ba（Ⅱ）		1.62				
Bi（Ⅲ）			8.30			
Ca（Ⅱ）	2.98	9.01				
Cd（Ⅱ）	2.8					
Co（Ⅱ）	2.1					
Cu（Ⅱ）	3.2	5.11	4.78	6.51		
Fe（Ⅲ）	7.49					
Mg（Ⅱ）		1.36				
Sr（Ⅱ）	1.60					
Zn（Ⅱ）	2.40	8.32				
14. 1，2－乙二胺－N，N，N，N－四乙酸（EDTA）						
Ag（Ⅰ）	7.32					
Al（Ⅲ）	16.11					
Ba（Ⅱ）	7.78					
Bi（Ⅲ）	22.8					
Ca（Ⅱ）	11.0					
Cd（Ⅱ）	16.4					
Co（Ⅱ）	16.31					
Cr（Ⅲ）	23					
Cu（Ⅰ）	18.7					
Fe（Ⅱ）	14.33					
Fe（Ⅲ）	24.23					
Hg（Ⅱ）	21.80					
Mg（Ⅱ）	8.64					
Mn（Ⅱ）	13.8					
Na（Ⅰ）	1.66					

（续表）

	lg β_1	lg β_2	lg β_3	lg β_4	lg β_5	lg β_6
Ni（II）	18.56					
Pb（II）	18.3					
Sn（II）	22.1					
Sr（II）	8.80					
Zn（II）	16.4					

此表摘录自 Dean J A. Lange's Handbook of Chemistry 14th. ed，8.2.2，New York：McGraw Hill. 1992

附录9　不同温度下无机化合物和有机酸的金属盐在水中的溶解度

（物质的溶解度用该物质在温度为T℃时，溶解在100g水中配置成饱和溶液所需克数）

物　质	分子式	T/℃								
		0	10	20	30	40	60	80	90	100
氯化铝	$AlCl_3$	43.9	44.9	45.8	46.6	47.3	48.1	48.6		49.0
硝酸铝	$Al(NO_3)_3$	60.0	56.7	73.9	81.8	88.7	106	132	153	160
硫酸铝	$Al2(SO_4)_3$	31.2	33.5	36.4	40.4	45.8	59.2	73.0	80.8	89.0
氯化铵	NH_4Cl	29.4	33.2	37.2	41.4	45.8	55.3	65.6	71.2	77.3
磷酸二氢铵	$NH_4H_2PO_4$	22.7	29.5	37.4	46.4	56.7	82.5	118		173
碳酸氢铵	$(N_4H)HCO_3$	11.9	16.1	21.7	28.4	36.6	59.2	109	170	354
磷酸氢铵	$(NH_4)_2HPO_4$	42.9	62.9	68.9	75.1	81.8	97.2			
硫酸亚铁铵	$(NH_4)_2Fe(SO_4)_2$	12.5	17.2	26.4	33	46				
硝酸铵	NH_4NO_3	118	150	192	242	297	421	580	740	871
草酸铵	$(NH_4)_2C_2O_4$	2.2	3.21	4.45	6.09	8.18	14.0	22.4	27.9	34.7
硫酸铵	$(NH_4)_2SO_4$	70.6	73.0	75.4	78.0	81	88	95		10.3
亚硫酸铵	$(NH_4)_2SO_3$	47.9	54.0	60.8	68.8	78.4	104	114	150	153
硫氰酸铵	NH_4SCN	120	144	170	208	234	346			
三氯化锑	$SbCl_2$	602		910	1087	1368	72℃完全混溶			
五氧化二砷	As_2O_3	59.5	62.1	65.8	69.8	71.2	73.0	75.1		75.7
三氧化二砷	As_2O_3	1.20	1.49	1.82	2.31	2.93	4.31	6.11		8.2
二水合氯化钡	$BaCl_2 \cdot 2H_2O$	31.2	33.5	35.8	38.1	40.8	46.2	52.5	55.8	59.4
氢氧化钡	$Ba(OH)_2$	1.67	2.48	3.89	5.59	8.22	20.94	101.4		
碘酸钡	$Ba(IO_3)_2$			0.035	0.046	0.057				
硝酸钡	$Ba(NO_3)_2$	4.95	6.67	9.02	11.48	14.1	20.4	27.2		34.4
硼酸	H_3BO_3	2.67	3.73	5.04	6.72	8.72	14.81	23.62	30.38	40.25
硝酸镉	$Cd(NO_3)_2$	122	136	150	167	194	310	713		
硫酸镉	$CdSO_4$	75.4	76.0	76.6		78.5	81.8	66.7	63.1	60.3
氢氧化钙	$Cd(OH)_2$	0.189	0.182	0.173	0.160	0.141	0.121		0.085	0.076
四水合硝酸钙	$Ca(NO_3)_2 \cdot 4H_2O$	102	115	129	152	191		358		363

（续表）

物 质	分子式	T/℃								
		0	10	20	30	40	60	80	90	100
$\frac{1}{2}$水合硫酸钙	$CaSO_4 \cdot \frac{1}{2}H_2O$			0.32	25℃ 0.29	35℃ 0.26	45℃ 0.21	65℃ 0.1445	75℃ 0.12	0.071
二水合硫酸钙	$CaSO_4 \cdot 2H_2O$	0.223	0.244	18℃ 0.255	0.264	0.265	65℃ 0.244	75℃ 0.234		0.205
六水合硫酸镍	$NiSO_4 \cdot 6H_2O$ （淡蓝）			40.1	43.6	47.6				
	（绿）			44.4	46.6	49.2	55.6	64.5	70.1	76.7
七水合硫酸镍	$NiSO_4 \cdot 7H_2O$	26.2	32.4	37.7	43.4	50.4				
草酸	$H_2C_2O_4$	3.54	6.08	9.52	14.23	21.52	44.32	84.5	120	
硫酸铝钾	$KAl(SO_4)_2$	3.00	3.99	5.90	8.39	11.7	24.8	71.0	109	
溴酸钾	$KBrO_3$	3.09	4.72	6.91	9.64	13.1	22.7	34.1		49.9
溴化钾	KBr	53.6	59.5	65.3	70.7	75.4	85.5	94.9	99.2	104
碳酸钾	K_2CO_3	105	108	111	114	117	127	140	148	156
氯酸钾	$KClO_3$	3.3	5.2	7.3	10.1	13.9	23.8	37.6	46.0	56.3
氯化钾	KCl	28.0	31.2	34.2	37.2	40.1	45.8	51.3	53.9	56.3
铬酸钾	K_2CrO_4	56.3	60.0	63.7	66.7	67.8	70.1		74.5	
重铬酸钾	K_2CO_7	4.7	7.0	12.3	18.1	26.3	45.6	73.0		
铁氰化钾	$K_3Fe(CN)_6$	30.2	38	46	53	59.3	70			91
亚铁氰化钾	$K_4Fe(CN)_6$	14.3	21.1	28.2	35.1	41.4	54.8	66.9	71.5	74.2
碘酸钾	KIO_3	4.60	6.27	8.08	10.3	12.6	18.3	24.8		32.3
碘化钾	KI	128	136	144	153	162	176	192	198	206
草酸钾	$K_2C_2O_4$	25.5	31.9	36.4	39.9	43.8	53.2	63.6	69.2	75.3
高锰酸钾	$KMnO_4$	2.83	4.31	6.34	9.03	12.6	22.1			
过二硫酸钾	$K_2S_2O_8$	1.65	2.67	4.70	7.75	11.0				
硫酸钾	K_2SO_4	7.4	9.3	11.1	13.0	14.8	18.2	21.4	22.9	24.1
硫氰酸钾	KSCN	177	198	224	255	289	372	492	571	675
硝酸银	$AgNO_3$	122	167	216	265	311	440	585	652	733
硫酸银	Ag_2NO_3	0.57	0.70	0.80	0.89	0.98	1.15	1.36	1.36	1.41
乙酸钠	$NaC_2H_2O_2$	36.2	40.8	46.4	54.6	65.6	139	153	161	170
四硫酸二钠	$Na_2B_4O_7$	1.11	1.60	2.56	3.86	6.67	19.0	31.4	41.0	52.5

（续表）

物质	分子式	T/℃								
		0	10	20	30	40	60	80	90	100
溴化钠	NaBr	80.2	85.2	90.8	98.4	107	118	120	121	121
碳酸钠	Na_2CO_3	7.00	12.5	21.5	39.7	49.0	46.0	43.9	43.9	
氯酸钠	$NaClO_3$	79.6	87.6	95.9	105	115	137	167	184	204
氯化钠	NaCl	35.7	35.8	35.9	36.1	36.4	37.1	38.0	38.5	39.2
硝酸铵锌(Ⅲ)	$Ce(NH_4)_2(NO_3)_5$		242	276	318	376	681			
硝酸铵锌(Ⅳ)	$Ce(NH_4)_2(NO_3)_4$			135	150	169	213			
硫酸铵锌(Ⅱ)	$Ce(NH_4)(SO_4)_2$			5.53	4.49	3.48	2.02	1.33		
硝酸铬(Ⅱ)	$Cr(NO_3)_3$	5℃ 108	15℃ 124	25℃ 130	35℃ 152					
氯化钴	$CoCl_2$	43.5	47.7	52.9	59.7	69.5	93.8	97.6	101	106
硝酸钴	$Co(NO_3)_2$	84.0	89.6	97.4	111	125	174	204	300	
硫酸钴	$CoSO_4$	25.5	30.5	36.1	42.0	48.8	55.0	53.8	45.3	38.9
七水合硫酸钴	$CoSO_4 \cdot 7H_2O$	44.8	56.3	55.4	73.0	88.1	101			
氯化铜	$CuCl_2$	68.6	70.9	73.0	77.3	87.6	96.5	104	108	120
硝酸铜	$Cu(NO_3)_2$	83.5	100	125	156	163	182	208	222	247
五水合硫酸铜	$CuSO_4 \cdot 5H_2O$	23.1	27.5	32.0	37.8	44.6	61.8	83.8		114
氯化氢	HCl	82.3	77.2	72.1	67.3	63.3	56.1			
碘	I_2	0.014	0.020	0.029	0.039	0.052	0.100	0.225	0.315	0.445
六水合三氯化铁	$FeCl_3 \cdot 6H_2O$	74.4		91.8	106.8					
六水合硝酸铁(Ⅱ)	$Fe(NO_2)_2 \cdot 6H_2O$	113	134				266			
七水合硫酸亚铁	$FeSO_4 \cdot 7H_2O$	28.8	40.0	48.0	60.0	73.3	100.7	79.9	68.3	57.3
乙酸铅	$Pb(C_2H_3O_2)_2$	19.8	29.5	44.3	69.8	116				
硝酸铅	$Pb(NO_3)_2$	37.5	46.2	54.3	63.4	72.1	91.6	111		133
氯化锂	LiCl	69.2	74.5	83.5	86.2	89.8	98.4	112	121	128
氢氧化锂	LiOH	11.91	12.11	12.35	12.70	13.22	14.63	16.56		19.12
硝酸锂	$LiNO_3$	53.4	60.8	70.1	138	152	175			
氯化镁	$MgCl_2$	52.9	53.6	54.6	55.8	57.5	61.0	66.1	69.5	73.3
硝酸镁	$Mg(NO_3)_2$	62.1	66.0	69.5	73.6	78.9	78.9	91.6	106	

（续表）

物质	分子式	T/℃								
		0	10	20	30	40	60	80	90	100
硫酸镁	$MgSO_4$	22.0	28.2	33.7	38.9	44.5	54.6	55.8	52.9	50.4
硝酸锰	$Mn(NO_3)_2$	102	118	139	206					
硫酸锰	$MnSO_4$	52.9	59.7	62.9	62.9	60.0	53.6	45.6	40.9	35.3
氯化镍	$NiCl_2$	53.4	56.3	60.8	70.6	73.2	81.2	86.6		87.6
硝酸镍	$Ni(NO_3)_2$	79.2		94.2	105	119	158	187	188	
铬酸钠	$NaCrO_4$	31.7	50.1	84.0	88.0	96.0	115	125		126
重铬酸钠	$Na_2Cr_2O_7$	163	172	183	198	215	269	376	405	415
正磷酸二氢钠	NaH_2PO_4	56.5	69.8	86.9	107	133	172	211	234	
氟化钠	NaF	3.66		4.06	4.22	4.40	4.68	4.89		5.08
甲酸钠	$NaCHO_2$	43.9	62.5	81.2	102	108	122	138	147	160
碳酸氢钠	$NaHCO_3$	7.0	8.1	9.6	11.1	12.7	16.0			
磷酸氢二钠	Na_2HPO_4	1.58	3.53	7.83	22.0	55.3	82.8	92.3	102	
氢氧化钠	$NaOH$		98	109	119	129	174			
次氯酸钠	$NaClO$	29.4	36.4	53.4	100	110				
碘酸钠	$NaIO_3$	2.48	4.59	8.08	10.7	13.3	19.8	26.6	29.5	33.0
硝酸钠	$NaNO_3$	73.0	80.8	87.6	94.9	102	122	148		180
亚硝酸钠	Na_3NO_2	71.2	75.1	80.8	87.6	94.9	111	133		160
磷酸钠	Na_3PO_4	4.5	8.2	12.1	16.3	20.2	29.9	60.0	68.1	77.0
硫酸钠	Na_2SO_4	4.9	9.1	19.5	40.8	48.8	45.3	43.7	42.7	42.5
硫化钠	Na_2S	9.6	12.1	15.7	20.5	26.6	39.1	55.0	65.3	
亚硫酸钠	Na_2SO_3	14.4	19.5	26.3	35.5	37.2	32.6	29.4	27.9	
五水合硫化硫酸钠	$Na_2S_2O_3 \cdot 5H_2O$	50.2	59.7	70.1	83.2	104				
钨酸钠	Na_2WO_4	71.5		73.0		77.0		90.8		97.2
氯化锶	$SrCl_2$	43.5	47.7	52.9	58.7	65.3	81.8	90.5		101
氢氧化锶	$Sr(OH)_2$	0.91	1.25	1.77	2.64	3.95	8.42	20.2	44.5	91.2
硝酸锶	$Sr(NO_3)_2$	39.5	52.9	69.5	88.7	89.4	93.4	96.9	98.4	
氟化锌	ZnF_2	342	363	395	437	452	488	541		614
硝酸锌	$Zn(NO_3)_2$	98			138	211				
硫酸锌(正交)	$ZnSO_4$	41.6	47.2	53.8	61.3	70.5	75.4	71.1		60.5
硫酸锌(单斜)			54.4	60.0	65.5					

表中数据项目 Dean J A. Lange' s Handbook of Chemstry. 14th ed . 5. 1 . New York：McCraw Hill. 1992

附录 10　常见离子和化合物的颜色

（一）离子

序号	物质	颜色	序号	物质	颜色
1	$[Ti(H_2O_6)]^{3+}$	紫色	4	$[Mn(H_2O)_6]^{2+}$	肉色
	$[TiO(H_2O_2)]^{2+}$	橘黄色		MnO_4^{2-}	绿色
	$[TiCl(H_2O)_5]^{2+}$	绿色		MnO_4^-	紫红色
	TiO^{2+}	无色	5	$[Fe(H_2O)_6]^{2+}$	浅绿色
2	$[V(H2O)_6]^{2+}$	蓝紫色		$[Fe(H_2O)_6]^{3+}$	淡紫色①
	$[V(H_2O_6)]^{3+}$	绿色		$[Fe(SCN)_n]^{3-n}$	血红色(n≤6)
	VO^{2+}	蓝色		$[Fe(CN)_6]^{4-}$	黄色
	VO_2^+	黄色		$[Fe(CN)_6]^{3-}$	红棕色
	$[VO_2(O_2)_2]^{3-}$	黄色		$[FeCl_6]^{3-}$	黄色
	$[V(O_2)]^{3+}$	深红色		$[FeF_6]^{3-}$	无色
	$[Cr(H_2O)_6]^{2+}$	天蓝色		$[Fe(C_2O_4)]^{3-}$	黄色
	$[Cr(H_2O_6)]^{3+}$	蓝紫色	6	$[Co(H_2O)_6]^{2+}$	粉红色
	$[Cr(NH_3)_6]^{3+}$	黄色		$[Co(NH_3)_6]^{2+}$	土黄色
	$[Cr(H_2O)_5Cl]^{2+}$	蓝绿色		$[Co(NH_3)_6]^{3+}$	红棕色
	$[Cr(H_2O)_4Cl_2]^+$	绿色		$[CoCl(NH_3)]^{2+}$	红紫色
	$[Cr(OH)_4]^-$	亮绿色		$[Co(NH_3)_5(H_2O)^{3+}$	粉红色
3	$[Cr(NH_3)_2(H_2O)_4]^{3+}$	紫红色		$[Co(NH_3)_4CO_3]^+$	紫红色
	$[Cr(NH_3)_3(H_2O)_3]^{3+}$	浅红色		$[Co(CN)_6]^{3-}$	紫色
	$[Cr(NH_3)_4(H_2O)_2]^{3+}$	橙红色		$[Co(SCN)_4]^{2-}$	蓝色
	$[Cr(NH_3)_5(H_2O)]^{3+}$	橙黄色	7	$[Ni(H_2O)_6]^{2+}$	亮绿色
	$[Cr(NH_3)_6]^{3+}$	黄色		$[Ni(NH_3)_6]^{2+}$	蓝色
	CrO_4^{2-}	黄色		$[Ni(NH_3)_6]^{3+}$	蓝紫色
	$Cr_2O_7^{2-}$	橙色	8	$[Cu(H_2O_4)]^{2+}$	蓝色

① 溶液中因为水解生成$[Fe(H_2O)5(OH)]^{2+}$而呈现棕黄色，未水解的 $FeCl_3$ 溶液因为生成 $FeCl_4^-$ 出会呈棕黄色。

（续表）

序号	物质	颜色	序号	物质	颜色
8	$[Cu(NH_3)_4]^{2+}$	深蓝色	8	$[Cu(NH_3)_2]^+$	无色
	$[Cu(OH)_4]^{2-}$	亮蓝色		$[CuCl_4]^{2-}$	黄色
	$[CuCl_2]^-$	泥黄色	9	I_3^-	浅棕黄色

（二）化合物

序号	物质	颜色	序号	物质	颜色
1. 氧化物	PbO	黄色	1. 氧化物	Ni_2O_3	黑色
	PbO_2	棕褐色		CuO	黑色
	Pb_3O_4	红色		Cu_2O	暗红色
	Pb_2O_3	橙色		Ag_2O	褐色
	Sb_2O_3	白色		ZnO	白色
	Bi_2O_3	黄色		CdO	棕黄色
	TiO_2	白色		Hg_2O	黑色
	V_2O_5	红棕色		HgO	红色或黄色
	VO_2	深蓝色	2. 氢氧化物	$Mg(OH)_2$	白色
	V_2O_3	黑色		$Al(OH)_3$	白色
	VO	亮灰色		$Sn(OH)_2$	白色
	Gr_2O_3	绿色		$Sn(OH)_4$	白色
	GrO_3	橙红色		Pb(OH)2	白色
	MoO_2	铅灰色		$Sb(OH)_3$	白色
	WO_2	棕红色		$Bi(OH)_3$	白色
	MnO_2	棕色		BiO(OH)	灰黄色
	FeO	黑色		$Cr(OH)_3$	灰绿色
	Fe_2O_3	棕红色		$Mn(OH)_2$	白色
	Fe_3O_4	红色		$MnO(OH)_2$	棕黑色
	CoO	灰绿色		$Fe(OH)_2$	白色或苍绿色
	Co_2O_3	黑色		$Fe(OH)_3$	红棕色
	NiO	暗绿色		$Co(OH)_2$	粉红色

（续表）

序号	物质	颜色	序号	物质	颜色
2. 氢氧化物	$Co(OH)_3$	褐色	4. 溴化物	$CuBr_2$	黑紫色
	$Ni(OH)_2$	绿色		$PbBr_2$	白色
	$NiO(OH)$	黑色		$AgBr$	淡黄色
	$Cu(OH)$	黄色	5. 碘化物	PbI_2	黄色
	$Cu(OH)_2$	浅蓝色		SbI_3	黄色
	$Zn(OH)_2$	白色		BiI_3	褐色
	$Cd(OH)_2$	白色		TiI_4	暗棕色
3. 氯化物	$Sn(OH)Cl$	白色		CuI	白色
	$PbCl_2$	白色		AgI	黄色
	$SbOCl$	白色		Hg_2I_2	黄绿色
	$BiOCl$	白色		HgI_2	红色
	$TiCl_2$	黑色	6. 硫化物	SnS	褐色
	$TiCl_2 \cdot 6H_2O$	紫色或绿色		SnS_2	黄色
	$GrCl_3 \cdot 6H_2O$	绿色		PbS	黑色
	$FeCl_3 \cdot 6H_2O$	棕黄色		As_2S_3	黄色
	$CoCl_2$	蓝色		As_2S_5	黄色
	$CoCl_2 \cdot H2O$	蓝紫色		Sb_2S_3	橙色
	$CoCl_2 \cdot 2H2O$	紫红色		Sb_2S_5	橙色
	$CoCl_2 \cdot 6H_2O$	粉红色		Bi_2S_3	黑色
	$Co(OH)Cl$	蓝色		Bi_2S_5	黑褐色
	$CuCl_2 \cdot 2H2O$	蓝色		MnS	肉色
	$CuCl_2$	棕色		FeS	黑色
	$CuCl$	白色		Fe_2S_3	黑色
	$AgCl$	白色		CoS	黑色
	Hg_2Cl_2	白色		NiS	黑色
	$Hg(NH_2)Cl$	白色		Cu_2S	黑色

（续表）

序号	物质	颜色	序号	物质	颜色
6. 硫化物	CuS	黑色	8. 碳酸盐	MnCO3	白色
	Ag_2S	黑色		$FeCO_3$	白色
	ZnS	白色		$CdCO_3$	白色
	CdS	黄色		$Co_2(OH)_2CO_3$	红色
	HgS	红色或黑色		$Ni_2(OH)_2CO_3$	浅绿色
7. 硫酸盐	$CaSO_4$	白色		$Cu_2(OH)_2CO_3$	蓝色或暗绿色
	$SrSO_4$	白色		$Zn_2(OH)_2CO_3$	白色
	$BaSO_4$	白色		$Cd_2(OH)_2CO_3$	白色
	$PbSO_4$	白色		$Hg_2(OH)_2$CO3	红褐
	$Cr_2(SO_4)_3$	桃红色		Ag_2CO_3	白色
	$Cr_2(SO_4)_3 \cdot 18H_2O$	紫色		Hg_2CO3	浅黄色
	$Cr_2(SO_4)_3 \cdot 6H_2O$	绿色	9. 磷酸盐	$Ca_3(PO_4)_2$	白色
	$[Fe(NO)]SO_4$	深棕色		$BaHPO_4$	白色
	$(NH_4)_2Fe(SO_4)_2 \cdot 6H_2O$	浅绿色		$BaHPO_4$	白色
	$NH_4Fe(SO_4)_2 \cdot 12H_2O$	浅紫色		NH_4MgPO_4	白色
	$CoSO_4 \cdot 7H_2O$	红色		$FePO_4$	浅黄色
	$Cu_2(OH)$2SO4	浅蓝色		Ag3PO_4	黄色
	CuSO4 · 5H2O	蓝色	10. 硅酸盐	$BaSiO_3$	白色
	Ag_2SO_4	白色		$MnSiO_3$	肉色
	Hg_2SO_4	白色		Fe2$(SiO_3)_3$	棕红色
	$HgSO_4 \cdot HgO$	黄色		$CoSiO_3$	紫色
8. 碳酸盐	$CaCO_3$	白色		$NiSiO_3$	翠绿色
	$Mg_2(OH)_2CO_3$	白色		$CuSiO_3$	蓝色
	$SrCO_3$	白色		$ZnSiO_3$	白色
	$BaCO_3$	白色		Ag_2SiO_3	黄色
	$Pb_2(OH)_2CO_3$	白色	11. 铬酸盐	CaCrO4	黄色
	$Bi(OH)CO_3$	白色		$SrGrO_4$	浅黄色

（续表）

序号	物质	颜色
11. 铬酸盐	$BaCrO_4$	黄色
	$FeCrO_4 \cdot 2H_2O$	黄色
	$PbCrO_4$	黄色
	Ag_2CrO_4	砖红色
	Hg_2CrO_4	棕色
	$CdCrO_4$	黄色
	$HgCrO_4$	红色
12. 草酸盐	CaC_2O_4	白色
	BaC_2O_4	白色
	PbC_2O_4	白色
	$FeC_2O_4 \cdot 2H_2O$	浅黄色
	$Ag_2C_2O_4$	白色
13. 拟卤化物	CuCN	白色
	$Cu(CN)_2$	黄色
	$Ni(CN)_2$	浅绿色
	AgCN	白色
	AgSCN	白色
	$Cu(SCN)_2$	暗绿色
14. 其他含氧酸盐	$SrSO_3$	白色
	$BaSO_3$	白色
	BaS_2O_3	白色
	NH_4MgAsO_4	白色
	Ag_3AsO_4	红褐色
	$NaBiO_3$	浅黄色
	$Ag_2S_2O_3$	白色
15. 其他化合物	Mn2[Fe(CN)$_6$]	白色
	K[Fe(CN)$_6$Fe]	深蓝色

序号	物质	颜色
15. 其他化合物	$Co_2[Fe(CN)_6]$	绿色
	$Ni[Fe(CN)_6]$	浅绿色
	Zn2[Fe(CN)$_6$]	白色
	$Cu_2[Fe(CN)_6]$	棕红色
	$Ag_4[Fe(CN)_6]$	白色
	$K_2Ba[Fe(CN)_6]$	白色
	$Pb_2[Fe(CN)_6]$	白色
	$Cd_2[Fe(CN)_6]$	白色
	$Ag_3[Fe(CN)_6]$	橙色
	$Zn_3[Fe(CN)_6]_2$	黄褐色
	$K_3[Co(NO_2)_6]$	黄色
	$K_2Na[Co(VO_2)_6]$	黄色
	$(NH_4)_2Na[Co(No_2)_6]$	黄色
	$K_2[PtCl_6]$	黄色
	$KHC_4H_4O_6$	白色
	$Na[Sb(OH)_6]$	白色
	$Na_2[Fe(CN)_5NO] \cdot 2H_2O$	红色
	$NaAc \cdot Zn(Ac)_2 \cdot 3[UO_2(Ac)_2] \cdot 9H_2O$	黄色
	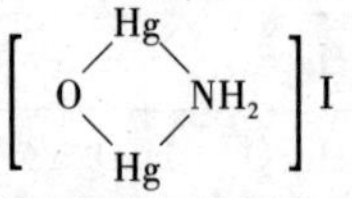	红棕色
	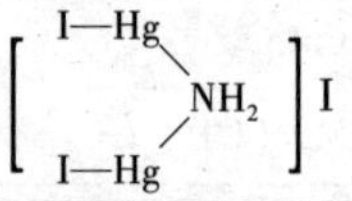	深褐色或红棕色
	$(NH_4)_2MoS_4$	血红色
	$(NH_4)_3PO_4 \cdot 12MoO_3 \cdot 6H_2O$	黄色
	三丁二酮肟合镍(II)	桃红色

附录 11 国际相对原子质量表

序数	名称	符号	相对原子质量	序数	名称	符号	相对原子质量
1	氢	H	1.007 94	19	钾	K	39.098 3
2	氦	He	4.002 602	20	钙	Ca	40.078
3	锂	Li	6.941	21	钪	Sc	44.955 910
4	铍	Be	9.012 182	22	钛	Ti	47.867
5	硼	B	10.811	23	钒	V	50.941 5
6	碳	C	12.010 7	24	铬	Cr	51.996 1
7	氮	N	14.006 74	25	锰	Mn	54.938 049
8	氧	O	15.999 4	26	铁	Fe	55.845
9	氟	F	18.998 403 2	27	钴	Co	58.933 200
10	氖	Ne	20.179 7	28	镍	Ni	58.693 4
11	钠	Na	22.989 770	29	铜	Cu	63.546
12	镁	Mg	24.305 0	30	锌	Zn	65.39
13	铝	AI	26.981 538	31	镓	Ga	69.723
14	硅	Si	28.085 5	32	锗	Ge	72.61
15	磷	P	30.973 761	33	砷	As	74.921 60
16	硫	S	32.066	34	硒	Se	78.96
17	氯	Cl	35.452 7	35	溴	Br	79.904
18	氩	Ar	39.948	36	氪	Kr	83.80
37	铷	Rb	85.467 8	75	铼	Re	186.207
38	锶	Sr	87.62	76	锇	Os	190.23
39	钇	Y	88.905 85	77	铱	Ir	192.217
40	锆	Zr	91.224	78	铂	Pt	195.078
41	铌	Nb	92.906 38	79	金	Au	196.966 55
42	钼	Mo	95.94	80	汞	Hg	200.59
43	锝	Tc	(98)	81	铊	Tl	204.383 3
44	钌	Ru	101.07	82	铅	Pb	207.2
45	铑	Rh	102.905 50	83	铋	Bi	208.980 38

（续表）

序数	名称	符号	相对原子质量	序数	名称	符号	相对原子质量
46	钯	Pd	106.42	84	钋	Po	(209)
47	银	Ag	107.868 2	85	砹	At	(210)
48	镉	Cd	112.411	86	氡	Rn	(222)
49	铟	In	114.818	87	钫	Fr	(223)
50	锡	Sn	118.710	88	镭	Ra	(226)
51	锑	Sb	121.760	89	锕	Ac	(227)
52	碲	Te	127.60	90	钍	Th	232.038 1
53	碘	I	126.904 47	91	镤	Pa	231.035 88
54	氙	Xe	131.29	92	铀	U	238.028 9
55	铯	Cs	132.905 43	93	镎	Np	(237)
56	钡	Ba	137.327	94	钚	Pu	(244)
57	镧	La	138.905 5	95	镅	Am	(243)
58	铈	Ce	140.116	96	锔	Cm	(247)
59	镨	Pr	140.907 65	97	锫	Bk	(247)
60	钕	Nd	144.23	98	锎	Cf	(251)
61	钷	Pm	(145)	99	锿	Es	(252)
62	钐	Sm	150.36	100	镄	Fm	(257)
63	铕	Eu	151.964	101	钔	Md	(258)
64	钆	Gd	157.25	102	锘	No	(259)
65	铽	Tb	158.925 34	103	铹	Lr	(262)
66	镝	Dy	162.50	104	鈩	Rf	(261)
67	钬	Ho	164.930 32	105		Db	(262)
68	铒	Er	167.26	106		Sg	(263)
69	铥	Tm	168.934 21	107		Bh	(262)
70	镱	Yb	173.04	108		Hs	(265)
71	镥	Lu	174.967	109		Mt	(266)
72	铪	Hf	178.49	110		Uun	(269)
73	钽	Ta	180.947 9	111		Uuu	
74	钨	W	183.84	112		Uub	

附录12 实验预习报告书写示例

这里将实验4-1的实验预习报告与实验记录格式作一介绍，其他的定量分析化学实验，可参照此例自行编写和绘制表格。

实验4-1 酸碱标准溶液的配制与标定

日期： 年 月 日

一、方法摘要

1. 配制0.1mol·L^{-1} HCl溶液500mL。

2. 配制0.1mol·L^{-1} NaOH溶液1000mL。

3. 以甲基橙为指示剂进行HCl与NaOH溶液的相互滴定，反复练习，求出NaOH溶液与HCl溶液的准确体积比。

4. 差减法称取邻苯二甲酸氢钾标定NaOH溶液的浓度，以酚酞为指示剂。

二、记录与计算

1. 配制0.1mol·L^{-1} HCl溶液500mL，需取浓盐酸______mL。

2. 配制0.1mol·L^{-1} NaOH溶液1000mL，需取固体NaOH ______g。

3. HCl与NaOH溶液相互滴定体积比，甲基橙指示。实验结果记录见表1。

表1 HCl与NaOH溶液相互滴定体积比

项 目	平行测定结果		
	第一次	第二次	第三次
NaOH终读数	______mL	______mL	______mL
NaOH初读数	______mL	______mL	______mL
V_{NaOH}	______mL	______mL	______mL
HCl终读数	______mL	______mL	______mL
HCl初读数	______mL	______mL	______mL
V_{HCl}	______mL	______mL	______mL

（续表）

项 目	平行测定结果		
	第一次	第二次	第三次
V_{NaOH}/V_{HCl}			
体积比平均值			
个别测定绝对偏差			
相对平均偏差			

4. 用邻苯二甲酸氢钾标定 NaOH 溶液，假定 NaOH 溶液浓度为 $0.1mol\cdot L^{-1}$，使其滴定消耗 20～30mL，需称取基准物质约________g 范围之内。滴定以酚酞为指示剂，实验结果见表 2。

表 2　NaOH 溶液的标定

项 目	平行测定结果		
	第一次	第二次	第三次
称量瓶 + $KHC_8H_4O_4$（前）	______g	______g	______g
称量瓶 + $KHC_8H_4O_4$（后）	______g	______g	______g
$KHC_8H_4O_4$ 质量	______g	______g	______g
NaOH 终读数	______mL	______mL	______mL
NaOH 初读数	______mL	______mL	______mL
V_{NaOH}	______mL	______mL	______mL
c_{NaOH}			
NaOH 浓度平均值			
个别测定绝对偏差			
相对平均偏差			

5. 根据测得的 NaOH 溶液准确浓度和 V_{NaOH}/V_{HCl} 的体积比，得出所配制的 $0.1mol\cdot L^{-1}$ HCl 浓度准确值为__________$mol\cdot L^{-1}$。

三、误差及结果讨论

附录 13 常用的物理和化学参考资料简介

化学文献是化学领域中科学研究、生产实践等的记录和总结，在学习和研究工作中，经常需要了解各种物质的物理和化学性质、制备或提纯方法及原理，或需要了解某个研究课题的历史、目前国内外水平和发展动向等，都需要查阅参考资料。为此，学会如何从已出版的各种期刊论文、科技报告、会议资料、专利说明书、技术标准、百科全书、大全、手册、专题述评、文献指南、教材等各种各样的图书资料中找出所需的资料尤为重要，这些丰富的资料能为我们提供大量的信息，充实我们的头脑，开拓我们的视野。学会查阅化学文献，对提高分析问题和解决问题的能力，提高综合能力和创新能力是十分重要的。

常用的有关化学文献和手册简介如下：

一、工具书

1. 《化学文献及查阅方法》，余向春，黄海. 北京：科学出版社，2004

本书是一本化学文献手工检索和计算机检索双用的指南和教材。它系统和全面地介绍了各类化学文献检索工具书及其手检和机检的方法、计算机检索的各种渠道、网上检索和阅览技能以及相关网站。

书中对美国《化学文摘》的介绍尤为详细。从文摘编排类目、子目、著录、十一种索引到现代化光盘检索和 DIALOG 检索，从化合物命名法及索引词选择到检索和阅览过程中常见问题解答等，都做了详尽介绍，它约占本书篇幅的 1/5，是重中之重。

书中不少章节编有检索实例和原书或网上的直观样例。读者在学习时有较强的直观感。

本书可作为高等院校化学、化工、材化、石化、生化、医学、药学、能源、轻工、冶金、地质、农业等，各专业本科生、研究生的教材或教学参考，也是从事化学化工等专业的科技工作者、研究人员及教师必备的工具书。

2. 《科学技术百科全书》，科学出版社，1981

译自 *McGraw-Hill Encyclopedia of Science and Technology* 1977 年第 4 版，共 15 卷。其中，第七卷为无机化学，第八卷有机化学，第九卷物理化学、分析化学，介绍了各专业有关论题的定义、基本概念、基本原理、发展动向、新近成果和实际应用等。

3. 《化学化工大辞典（上下）》

本书由化学化工大辞典编委会，在化工出版社出版。作为“十五”国家重点图书——《化学化工大辞典》出版释义性大型专业辞典。根据科学技术的发展，以及化学化工及其相关专业近年来所取得的新进展，依据学科分类的科学性及具体组织编写工作的可操作性，分设了24个分编委会。它们是无机化学(含宇宙化学、地球化学)，有机化学，物理化学，分析化学(含分析仪器)，高分子科学，放射化学与核化工，环境科学与工程、安全，电化学与电化工，生物化学与生物技术，无机化工与化学矿，石油化工与煤化工，农业化学与化肥，农药，染料，涂料及涂装，精细化工，高分子工程与材料，橡胶，化学工程与经济管理，化工机械与防腐蚀，化工自动化与计算机应用，轻化工，医药，常用金属及非金属材料。

《化学化工大辞典》是一部大型、综合性专业辞书，也是我国目前收词量最多、专业覆盖面最广、释义较为详细的化学化工专业辞典，共收录50000余词条。本书在总体框架、收词原则与范围、词目释义、编排体例和检索系统等方面力求做到科学、准确、实用、新颖、简明和方便查阅。

在收词方面兼顾了较宽的专业覆盖面和较全的专业词汇。主要收录化学和化工中基本知识、原理和技术方面的词目，包括定义、概念、现象、术语、物质、方法、过程、机械设备、仪表和自动化等方面。主要收集化学、化工及相关专业的基础词、派生词和近期出现的新词目。能在普通词典中查到的非专业性基础词(如面积、时间、力等)，时间性、地方性或区域性很强的词目，昙花一现的不稳定词目，人名、地名及公司名一般均未予收录。

本辞典中的化学物质名称均采用通用名称，学名采用中国化学会1980年颁布《化学命名原则》；本辞典中的专业名词、术语尽可能采用全国科学技术名词审定委员会颁布的标准名词，有些执行有关专业的名词术语国家标准、部颁标准的有关规定。对个别既无标准，又无统一规定的名词术语，则根据约定俗成原则采用本行业的习惯叫法。

4. *Handbook of Chemistry and Physics*

这是世界上最著名的英文版化学与物理手册，初版于1913年，每隔一两年再版一次。该书分数学用表、元素、无机化合物、有机化合物、普通化学、普通物理常数等六个部分。查阅时，若知道化合物的英文名称，便可很快查出化合物的分子式及其物理常数。如不知化合物的英文名称，可查该部分分子式索引(Formula Index)。

5.《英汉精细化学品辞典》

本书作者为樊能廷等，于1994年在北京理工大学出版社出版。本书是一本综合性英汉精细化学品辞典，全书约357万字。搜集的化学品包括至九十年代初已商品化的无机化学产品、有机化学产品、生物化学产品、矿产化学品和天然化合物等，共有精细化工产品一万八千余种。每种产品列有英文名称、化学文摘登录号、中文名称、别名、结构式、分子或、分子量、理化性质、功能与用途、制造方法、参考文献等项内容。书末附有分子式索引，便于读者检索。本书内容丰富、文字规范、资料新颖、实用性强，是一本重要的专业工具书。本书可供从事化工产品贸易、生产、经营、管理者，以及从事与化学化工有关行业的教学和科研的科技人员使用，也适合大中专学生和研究生使用。

6. *Gmelin's Handbuch der anorganischen Chemie*《Gmelin 无机化学手册》

世界上最有威望和最完整的无机化合物手册。该手册创始于1817—1819年，第1版共有3卷，原名为《理论化学手册》(*handbuch der theoretischen chemie*)。1924年后由德国化学会主编，1927年出到第7版。德国化学会于1946年成立了Gmelin研究院，负责编纂第8版、第8版的补编及新补编。第8版所包括的文献是从18世纪中期到1963年。到1973年底为止，共出版了225册。第8版的补编仍在陆续出版中。

此外，从1971年开始，该手册同时出版新补编，并不断增加英文版本，或部分采用英文的版本。新补编不再用系统号，而单独按出版先后确定卷号。由于采用新补编的卷号出版，并配备索引，因此以后不会再出第9版。

该手册对每种无机物的摘录内容一般为：化合物的发现、生成和制备，物理性质(包括熔点、密度、晶体结构、光谱线、磁性质等)，化学性质(对空气、水、热、非金属、金属、酸、有机物质等的反应)。

该手册的编制方式与一般手册不同，每种元素是分别编写的。多数元素有固定的系统号，共有71个系统号，每一个号算一编。除三种同族元素(稀有气体、稀土元素、铀后元素)外，每种元素和氨均有一系统号。但系统号的确定不是按元素名称顺序，也不是按周期表的顺序，而是根据阴离子型元素的系统号较小、阳离子型元素系统号较大这样一个原则确定的。同时，几种元素的化合物以“最后位置优先的原则”排列。读者一般不太习惯这种排列顺序。所以在查阅前要查知元素系统号和几种元素化合物的系统号。

7.《现代化学试剂手册》

本书是由段长强等编写，在北京化学工业出版社出版。该书介绍了化学试剂的组成、结构、理化性质、合成方法、提纯方法、贮存等方面的知识。全书现已出版通用试剂、化学分析试剂、生化试剂、无机离子显色剂、金属有机试剂、仪器分析试剂六个分册。与同类书相比，本书的主要特色是：读者对象以试剂应用者为主，兼顾生产者，适用面十分广泛；收集品种数量多，数据资料齐全；每个品种均有合成和提纯方法，对于用户十分必要；引尽量收集别名，便于查阅；各分册都编有中文名称笔画索引、中文名称拼音索引和英文名称索引，最后一册编制总索引，可兼作英汉化学试剂名称词典使用，对于读者检索查阅十分方便。

8.《分析化学手册》

本书是美国 J. A. 迪安教授为帮助分析化学、生物化学、环境化学及化学工程专业人员评价和选择特定情况下最恰当的分析方法而编辑的一本单卷式的实验室指南。本书于 2003 年在科学出版社出版,全书共分 23 章,除提供必备的基础知识外,重点介绍了 19 个方面的权威性的最新资料：

(1)分析的初级操作和预分离技术;(2)重量和容量分析;(3)色谱法;(4)电子吸收、发光、红外、拉曼和原子光谱法;(5)光学活性和旋光色散;(6)折射法;(7)X 射线法;(8)放射化学方法;(9)核磁共振波谱法;(10)电子顺磁共振;(11)质谱法；(12)电分析和热分析；(13)磁化率；(14)有机元素分析；(15)有机化合物中功能团的检测和定量；(16)气、液、固态水的测定方法；(17)统计学；(18)地质和无机材料；(19)水分析。本书编者独具匠心，内容丰富，资料翔实，数据准确，具有很高的权威性和很强的实用性，由北京大学化学系博士生导师常文保教授组织北京大学等单位相关专家翻译、校订，是高等学校分析化学、生物化学、环境化学、化学工程等专业本科生、研究生、教师及科研院所、生产部门分析工作者必备的工具书。

9. *Lange's Handbook of Chemistry*（蓝氏化学手册）Mc-Graw-Hill Book Company 出版

本书是一部资料齐全、数据翔实、使用方便、供化学及相关科学工作者使用的单卷式化学数据手册，是两代作者花费了半个多世纪的心血搜集、编纂而成的，在国际上享有盛誉。自 1934 年第 1 版问世以来，一直受到各国化学工作者的重视和欢迎。1999 年出的第 15 版，由 J. A. Dean 主编，McGraw-Hill Company 出版。第 1 版至第 10 版由 N. A. Lange 主编 ，第 11 版至第 15 版由 J. A. Dean 主编。

本书为综合性化学手册，包括了综合的数据和换算表，以及化学各学科中物质的光谱学、热力学性质。中译本(科学出版社,第 2 版,2003 年 5 月)根据原书 1998 年第 15 版译出，共分 11 部分，内容包括有机化合物，通用数据，换算表和数学，无机化合物，原子、自由基和键的性质，物理性质，热力学性质，光谱学，电解质、电动势和化学平衡，物理化学关系，聚合物、橡胶、脂肪、油和蜡及实用实验室资料等。

本书所列数据和命名原则均取自国际纯粹化学与应用化学联合会最新数据和规定。化合物中文名称按中国化学会 1980 年命名原则命名。

本书是从事化学、物理、生物、矿物、医药、石油、化工、材料、工程、能源、地质、环保、专利、管理等方面工作的科技人员、生产人员、大专院校师生和各类图书馆必备的工具书。

二、原始研究论文

原始研究论文是定期发表于专业学术期刊上的最重要的第一手信息来源，一般以全文、研究简报、短文和研究快报形式发表。全文一般刊登重要发现的进展和历史概况、合成新化合物的实验细节和结论。研究简报和研究快报一般刊登一些新颖简要的阶段性结果。下面列出一些主要的期刊。

1. *Journal of the American Chemical Society*（美国化学会会志，缩写为 J. Am. Chem. Soc）

1879 年创刊，由美国化学会主办。发表所有化学学科领域高水平的研究论文和简报，目前每年刊登化学各方面的研究论文 2000 多篇，是世界上最有影响的综合性化学期刊之一。

2. *Angewandte Chemie*，*International Edition*（应用化学国际版，缩写为 Angew. Chem）

该刊 1888 年创刊（德文），由德国化学会主办，从 1962 年起出版英文国际版。其主要刊登覆盖整个化学学科研究领域的高水平研究论文和综述文章，是目前化学学科期刊中影响因子最高的期刊之一。

3. *Journal of the Chemical Society*（英国皇家化学会会志，缩写为 J. Chem. Soc）

1848 年创刊，由英国皇家化学会主办，为综合性化学期刊。1972 年起分 6 辑出版，其中 Perkin Transactions 的 Ⅰ 和 Ⅱ 分别刊登有机化学、生物有机化学和物理有机化学方面的全文。Ⅳ 为 Dalton Transactions 报道无机化学领域内容。

4.《中国科学》化学专辑

《中国科学》化学专辑由中国科学院主办，1950 年创刊，最初为季刊，1974 年改为双月刊，1979 年改为月刊，有中、英文版。1982 年起中、英文版同时分 A 和 B 两辑出版，化学在 B 辑中刊出。从 1997 年起，《中国科学》分成 6 个专辑，化学专辑主要反映我国化学学科各领域重要的基础理论方面的和创造性的研究成果。目前为 SCI 收录刊物。

5.《化学学报》

《化学学报》由中国化学会主办，1933 年创刊，原名为 Journal of the Chinese Society，1952 年改为《化学学报》，编辑部设在中国科学院上海有机所。主要刊登化学学科基础和应用基础研究方面的创造性研究论文的全文、研究简报和研究快报。目前为SCI收录刊物。

6.《高等学校化学学报》

《高等学校化学学报》是教育部主办的化学学科综合学术性刊物，1964年创刊，两年后停刊，1980年复刊。有机化学方面的论文由南开大学分编辑部负责审理，其他学科的论文由吉林大学负责审理。该刊物主要刊登我国高校化学学科各领域创造性的研究论文、全文、研究简报和研究快报。目前为SCI收录刊物。

三、文摘

文摘提供了发表在杂志、期刊、综述、专利和著作中原始论文的简明摘要。虽然文摘是检索化学信息的快速工具，但它们终究是不完全的，有时还容易引起误导，因此，不能将化学文摘的信息作为最终的结论，全面的文献检索 一定要参考原始文献。以下主要介绍 Chemical Abstracts（美国化学文摘）。

Chemical Abstracts（美国化学文摘）简称为CA，是检索原始论文最重要的参考来源。它创刊于1907年。每年发表50多万条包括了9000多种期刊、综述、专利、会议和著作中原始论文的简明摘要，提供了最全面的化学文献摘要。化学文摘每周出版一期，每6个月的月末汇集成一卷。1940年以来，其索引包括了作者、一般主题、化学物质、专利号、环系索引和分子式索引。1956年以前每10年还出版一套10年累积索引，目前每5年出版一套5年累积索引。

要有效地使用CA，特别是化学物质索引，需要了解化学物质的系统命名法。如今的CA命名方法已总结在1987年和1991年出版的索引指南中，该指南中也介绍了索引规律和目前CA的使用步骤。例如在CA中对每一个文献中提到的物质都给予一个唯一的登录号，这些登录号已广泛在整个化学文献中使用。描述一种特定化合物的制备和反应的文献可以方便地通过查阅该化合物的登录号来找到原始文献的出处。当然，也可通过分子式索引搞清楚某化合物在CA中的命名，然后通过化学物质索引查到该物质中所需要的条目，从而找到关于该物质的文摘。

在CA的文摘中一般可以看到以下几个内容：（1）文题；（2）作者姓名；（3）作者单位和通讯地址；（4）原始文献的来源（期刊、杂志、著作、专利和会议等）；（5）文摘内容；（5）文摘摘录人姓名。

目前，从一些不同的网站检索CA在线是可能的。CA在线是一个称为STN的网站，它提供访问一些相关文件和数据库服务系统。该CA文件内容与

1967 年以来的 CA 印刷版是一致的。其登录文件构成了目前世界上最大的化学结构数据库，储存有总数超过 1500 万条的关于化学物质、聚合物、生物产品和其他物质的记录。

还可以利用光盘来检索 CA，只要键入作者的姓名、关键词、文章题目、登录号、特定物质的分子式或化学结构，就能迅速检索到包含上述项目的文摘。在 CA 的光盘版文摘中，除了包含有文摘的卷号、顺序号和与印刷版相同的内容外，还包括了一些与所查项目相关的文摘。可见，计算机信息检索的逐步应用可使我们能更迅速、更广泛、更全面地了解国际上化学学科的发展状况。

参考文献

[1] 王清华，王本根，王春华. 大学化学实验(第二版). 北京：化学工业出版社，2014.

[2] 北京师范大学无机化学教研室. 无机化学实验. 北京：高等教育出版社，2007.

Allan Blackman, Steve Bottle, Siebert Schmid, Mauro Mocerino, Uta Wille. Chemistry. John Wiley & Sons, 2007.

[4] 倪静安. 无机及分析化学实验. 北京：高等教育出版社，2007.

[5] 傅献彩. 大学化学. 北京：高等教育出版社，2007.

[6] 李华民. 基础化学实验操作规范. 北京：北京师范大学出版集团，2010

[7] 古国榜，李朴，徐立宏. 大学化学实验. 北京：化工出版社，2010.

[8] 王明华. 普通化学. 北京：高等教育出版社，2002.

[9] 华中师范大学，东北师范大学，陕西师范大学，北京师范大学. 分析化学. 北京：高等教育出版社，2008.

[10] 天津大学无机化学教研室. 大学化学实验. 天津：天津大学出版社，2003.

[11] 刘汉标，石建新，邹小勇. 基础化学实验. 北京：科学出版社，2008.

[12] 周井炎. 基础化学实验. 湖北：华中科技大学出版社，2008.

[13] 胡立江. 工科大学化学实验. 哈尔滨：哈尔滨工业大学出版社，1999.

[14] 田玉美. 新大学化学实验. 北京：科学出版社，2008.

[15] 王玲，何娉婷. 大学化学实验. 北京：国防工业出版社，2004.

[16] 古凤才，肖衍繁. 基础化学实验教程. 北京：科学出版社，2000.

[17] 李生英，白林，徐飞. 无机化学实验. 北京：化学工业出版社，2007.

[18] 马志领，李志林. 无机及分析化学. 北京：化学工业出版社，2007.

[19] 史德，苏广和，李震. 潜艇舱室空气污染与治理技术. 北京：国防工业出版社，2005.

[20] 杨丁. 金属蚀刻技术. 北京：国防工业出版社，2008.

[21] 张统，方小军，董春宏，候瑞琴. 军事特种废水治理技术及应用. 北京：国防工业出版社，2008.

[22] Catherine Housecroft, Alan G. Sharpe. Inorganic chemistry, 3th Edition. Prentice Hall, 2007.

[23] 2009 年第二届湖南省大学生化学实验技能竞赛无机及分析化学实验试题.

[24] 兰州大学化学化工学院. 大学化学实验——基础化学实验 I. 兰州：兰州大学出版社，2004.

[25] 2010 年首届江苏省大学生化学化工实验竞赛化学组 A 方向操作试题.

[26] 于桂生. 蛋氨酸锌的制备与组成的测定. 天津化工，2005，19(4)：50-51.